材料物性の基礎

Fundamentals of Materials Science

沼居 貴陽 著

共立出版

まえがき

　本書は，拙著「固体物性の基礎」（共立出版）に続く物性の教科書あるいは自習書として執筆しました．「固体物性の基礎」では，まず固体物理学を学ぶために必要な，数学，電磁気学，統計物理学，量子力学について復習し，固体物性に関しては，結晶の構造，結晶結合，固体の比熱，エネルギーバンドについて説明しています．本書では，これらの基礎に引き続いて，誘電体，磁性体・超伝導体，金属・合金，半導体，表面と界面，格子欠陥などの材料についてまとめています．

　大学の教科書は，講義において先生が重要なことを説明されることを前提にしています．そこで，先生の講義中における説明の自由度が大きくなるように，教科書ではあえて説明を省略していることがあります．また，学生が自分で計算することも期待して，計算過程の一部を省略することも稀ではありません．筆者も，講義において教科書に書いていない考え方や勘どころを中心に説明してきました．さらに，教科書では省略されていた計算過程についても，いっさい省略することなく示してきました．

　ただし，前述のような教科書では，学生が予習や復習をする場合，必ずしも十分とは言えません．講義内容をよく理解し，講義中に作成したノートに要点がまとめられていれば，教科書とノートをもとに復習ができるでしょう．しかし，講義の一部を聞き洩らしたり，先生の口頭による説明をノートに記述せず，板書やスライドをノートに写しているだけだったりした場合，ノートと現状の教科書だけで復習することは難しいでしょう．そこで，本書では，固体物

性の講義後の復習にふさわしい書籍を実現することを目指して，筆者が講義中に説明してきた考え方や，計算過程をできるだけ取り入れてみました．もちろん，講義前の予習にも十分役立つことを念頭におき，学生が1人で本書を読んだだけで理解できるよう心がけました．一方，講義では，先生ご自身の考え方をお話しいただくことを期待しており，その際には先生の視点と本書の視点とを比較検討していただければ幸いです．

さて，本書では，各章のはじめに章ごとの目的とキーワードをまとめたうえで，各項目の説明をしています．固体物性のテーマについては，例題も随所に設けています．例題については，解答をいきなり読むのではなく，まずは自分の頭でじっくり考え，ぜひ自分の手を動かして取り組んでほしいと思います．問題を解き終わったら，本書の解答と比べてみるだけでなく，ぜひハンドブックなどを調べて物性値を代入し，物理量のオーダーを頭に入れておきましょう．物理量のオーダーをつかんでおくことは，研究開発にたずさわるうえで，とても大切なことにいずれ気づくでしょう．また，解答を終えた後で復習することは，理解を深めるうえで有効だと思います．例題を活用して，固体物性に対する理解を深めてもらえれば，このうえない喜びです．丸暗記ではなく，理解することに重点をおいて，本書を読み進めていただくことを願っています．単位系としては，特に断りのない限り，国際単位系 (Système International d'Unités) を用いています．それぞれの物理量の単位に留意して，勉学に取り組んでほしいと願っています．そして，本書を卒業したら，ぜひ参考文献に示した書籍を学びましょう．

筆者が，これまで研究や若手の指導に従事してくることができたのは，学生時代からご指導いただいている東京大学名誉教授（元慶應義塾大学教授）霜田光一先生，慶應義塾大学名誉教授 上原喜代治先生，元慶應義塾大学教授 藤岡知夫先生，慶應義塾大学名誉教授 小原實先生のおかげだと思っています．この場をお借りして，改めて感謝いたします．最後に，本書を出版する機会をいただいた共立出版株式会社山内千尋さん，木村邦光さんはじめ関係者の方々にお礼を申し上げます．

2019年7月

沼 居 貴 陽

目 次

第 1 章 誘電体　　1
  1.1　分極　　1
  1.2　相転移　　15
  1.3　光の反射　　20
  1.4　クラマース–クローニッヒの関係　　23

第 2 章 磁性体と超伝導体　　27
  2.1　磁化と磁化率　　27
  2.2　常磁性体　　29
  2.3　反磁性体　　37
  2.4　強磁性体　　40
  2.5　フェリ磁性体　　42
  2.6　核磁気共鳴　　45
  2.7　超伝導　　52
  2.8　ロンドン方程式　　55
  2.9　ジョゼフソン効果　　57

第 3 章 金属と合金　　61
  3.1　電気伝導　　61
  3.2　自由電子気体の誘電関数　　66
  3.3　静電しゃへい　　70

iv　目次

　　3.4　合金　　　　　　　　　　　　　　　　　　　　76
　　3.5　二元合金における秩序化の理論　　　　　　　　77

第4章　半導体　　　　　　　　　　　　　　　　　85
　　4.1　真性半導体　　　　　　　　　　　　　　　　　85
　　4.2　不純物半導体　　　　　　　　　　　　　　　　96
　　4.3　半導体中の電気伝導　　　　　　　　　　　　　104
　　4.4　非平衡半導体　　　　　　　　　　　　　　　　109
　　4.5　エネルギーバンドと有効質量　　　　　　　　　116
　　4.6　原子間距離とエネルギー準位（バンド）　　　　118
　　4.7　バンド理論の基礎（$\bm{k}\cdot\hat{\bm{p}}$ 摂動）　　　　　　119
　　4.8　量子構造におけるバンド　　　　　　　　　　　141
　　4.9　量子構造の分類と特徴　　　　　　　　　　　　151
　　4.10　励起子　　　　　　　　　　　　　　　　　　154

第5章　半導体電子デバイス　　　　　　　　　　159
　　5.1　金属–半導体接合　　　　　　　　　　　　　　159
　　5.2　ショットキーダイオード　　　　　　　　　　　170
　　5.3　pn接合ダイオード　　　　　　　　　　　　　172
　　5.4　バイポーラトランジスタ　　　　　　　　　　　196
　　5.5　ユニポーラトランジスタ　　　　　　　　　　　199
　　5.6　サイリスタ　　　　　　　　　　　　　　　　　220
　　5.7　ガンダイオード　　　　　　　　　　　　　　　227
　　5.8　インパットダイオード　　　　　　　　　　　　229

第6章　半導体光デバイス　　　　　　　　　　　231
　　6.1　半導体の光物性　　　　　　　　　　　　　　　231
　　6.2　光検出デバイス　　　　　　　　　　　　　　　234
　　6.3　発光ダイオード　　　　　　　　　　　　　　　239
　　6.4　半導体レーザー　　　　　　　　　　　　　　　242

第7章　表面と界面　249
　7.1　表面再構成　・・・・・・・・・・・・・・・・・　249
　7.2　界面伝導チャネル　・・・・・・・・・・・・・　253

第8章　格子欠陥　259
　8.1　ショットキー欠陥とフレンケル欠陥　・・・・・　259
　8.2　色中心　・・・・・・・・・・・・・・・・・・　265
　8.3　転位　・・・・・・・・・・・・・・・・・・・　265

参考文献　267

索　引　277

本書でよく用いられる物理定数

名称	記号	値
アボガドロ定数（定義値）	N_A	$6.02214076 \times 10^{23}\,\mathrm{mol^{-1}}$
真空中の光速（定義値）	c	$299792458\,\mathrm{m\,s^{-1}}$
真空中の電子の質量	m_0	$9.109 \times 10^{-31}\,\mathrm{kg}$
真空の透磁率	μ_0	$1.25664 \times 10^{-6}\,\mathrm{H\,m^{-1}}$
真空の誘電率	ε_0	$8.854 \times 10^{-12}\,\mathrm{F\,m^{-1}}$
電気素量（定義値）	e	$1.602176634 \times 10^{-19}\,\mathrm{C}$
ディラック定数	$\hbar = \frac{h}{2\pi}$	$1.054571818 \times 10^{-34}\,\mathrm{J\,s}$
プランク定数（定義値）	h	$6.62607015 \times 10^{-34}\,\mathrm{J\,s}$
ボルツマン定数（定義値）	k_B	$1.380649 \times 10^{-23}\,\mathrm{J\,K^{-1}}$

物理量と単位（国際単位系，E–B 対応）

物理量	物理量の記号	単位	単位の読み方
時間	t	s	
質量	m	kg	キログラム
速度	$\boldsymbol{v}$	$\mathrm{m\,s^{-1}}$	
加速度	$\boldsymbol{a}=\mathrm{d}\boldsymbol{v}/\mathrm{d}t$	$\mathrm{m\,s^{-2}}$	
力	$\boldsymbol{F}$	$\mathrm{N}=\mathrm{kg\,m\,s^{-2}}$	ニュートン
エネルギー	U	$\mathrm{J}=\mathrm{N\,m}$	ジュール
パワー	W	$\mathrm{W}=\mathrm{J\,s^{-1}}$	ワット
電荷	q	C	クーロン
電界	$\boldsymbol{E}$	$\mathrm{V\,m^{-1}}=\mathrm{N\,C^{-1}}$	
電位	ϕ	V	ボルト
電流	I	$\mathrm{A}=\mathrm{C\,s^{-1}}$	アンペア
電気双極子モーメント	$\boldsymbol{p}$	$\mathrm{C\,m}$	
分極	$\boldsymbol{P}$	$\mathrm{C\,m^{-2}}$	
電束密度	$\boldsymbol{D}$	$\mathrm{C\,m^{-2}}$	
磁荷	q_m	$\mathrm{A\,m}$	
磁界	H	$\mathrm{A\,m^{-1}}$	
磁位	ϕ_m	A	
磁気双極子モーメント	$\boldsymbol{m}$	$\mathrm{A\,m^2}$	
磁化	$\boldsymbol{M}$	$\mathrm{A\,m^{-1}}$	
磁気分極	$\mu_0\boldsymbol{M}$	$\mathrm{T}=\mathrm{Wb\,m^{-2}}$	テスラ
磁束密度	$\boldsymbol{B}$	$\mathrm{T}=\mathrm{Wb\,m^{-2}}$	
磁束	Φ	Wb	ウェーバ
スカラーポテンシャル	ϕ	V	
ベクトルポテンシャル	$\boldsymbol{A}$	$\mathrm{T\,m}=\mathrm{Wb\,m^{-1}}$	
電気抵抗	R	$\Omega=\mathrm{V\,A^{-1}}$	オーム
電気容量	C	$\mathrm{F}=\mathrm{C\,V^{-1}}$	ファラド
インダクタンス	L	$\mathrm{H}=\mathrm{Wb\,A^{-1}}$	ヘンリー

ギリシャ文字のアルファベット

小文字, 大文字	英語表記	日本語表記
α, A	alpha	アルファ
β, B	beta	ベータ
γ, Γ	gamma	ガンマ
δ, Δ	delta	デルタ
ϵ, E	epsilon	イプシロン
ζ, Z	zeta	ゼータ
η, H	eta	イータ
θ, Θ	theta	シータ
ι, I	iota	イオタ
κ, K	kappa	カッパ
λ, Λ	lambda	ラムダ
μ, M	mu	ミュー
ν, N	nu	ニュー
ξ, Ξ	xi	クシー
o, O	omicron	オミクロン
π, Π	pi	パイ
ρ, P	rho	ロー
σ, Σ	sigma	シグマ
τ, T	tau	タウ
υ, Υ	upsilon	ウプシロン
ϕ, Φ	phi	ファイ
χ, X	chi	カイ
ψ, Ψ	psi	プサイ
ω, Ω	omega	オメガ

第 1 章

誘電体

この章の目的
　誘電体には，キャリアが存在しない．そして，誘電体に外部から静電界が印加されると電荷分布が変化し，分極が生ずる．この章では，分極の振る舞いから，誘電体の性質を説明する．

キーワード
　分極，電気双極子モーメント，反分極電界，電気感受率，局所電界，ローレンツ電界，ローレンツの関係，分極率，強誘電体，相転移，ランダウの自由エネルギー，キュリー温度

1.1 分極

1.1.1 誘電体と分極

　誘電体 (dielectrics) には，電荷を運搬する粒子すなわち**キャリア** (carrier) が存在しない．したがって，誘電体に外部から静電界を印加しても，誘電体に電流は流れない．このことから，誘電体は，**絶縁体** (insulator) ともよばれる．ただし，誘電体に外部から時間的に変動する電界を印加すると，変位電流が流れる．

　誘電体に外部から静電界 $E_0\,(\mathrm{V\,m^{-1}})$ が印加されると，図 1.1 のように電荷分布が変化する．図 1.1 (a) が中性原子を，図 1.1 (b) が電気双極子を表してい

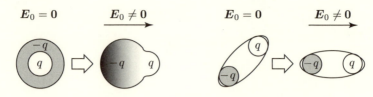

(a) 中性原子　　　　　　(b) 電気双極子

図1.1　外部から電界が印加されたときの電荷分布の変化

る．なお，$q\,(\mathrm{C})$, $-q\,(\mathrm{C})$ は，それぞれ正負の電荷である．電荷分布の変化によって**分極** (polarization) $\boldsymbol{P}\,(\mathrm{C\,m^{-2}})$ が生じ，誘電体の特性は分極 $\boldsymbol{P}$ によって表される．

1.1.2　マクスウェル方程式

マクスウェル方程式 (Maxwell equations) は，次のように表される．

$$\mathrm{rot}\,\boldsymbol{H} = \nabla \times \boldsymbol{H} = \boldsymbol{i} + \frac{\partial \boldsymbol{D}}{\partial t} \tag{1.1}$$

$$\mathrm{rot}\,\boldsymbol{E} = \nabla \times \boldsymbol{E} = -\frac{\partial \boldsymbol{B}}{\partial t} \tag{1.2}$$

$$\mathrm{div}\,\boldsymbol{E} = \nabla \cdot \boldsymbol{E} = \frac{\rho}{\varepsilon_0} = \frac{\rho_0 + \rho_{\mathrm{ind}}}{\varepsilon_0} \tag{1.3}$$

$$\mathrm{div}\,\boldsymbol{B} = \nabla \cdot \boldsymbol{B} = 0 \tag{1.4}$$

ここで，$\boldsymbol{H}\,(\mathrm{A\,m^{-1}})$ は磁界，$\boldsymbol{i}\,(\mathrm{A\,m^{-2}})$ は電流密度，$\boldsymbol{D}\,(\mathrm{C\,m^{-2}})$ は電束密度，$\boldsymbol{E}\,(\mathrm{V\,m^{-1}})$ は電界，$\boldsymbol{B}\,(\mathrm{T})$ は磁束密度，$\rho\,(\mathrm{C\,m^{-3}})$ は電荷密度，$\varepsilon_0\,(\mathrm{F\,m^{-1}})$ は真空の誘電率，$\rho_0\,(\mathrm{C\,m^{-3}})$ は真電荷密度，$\rho_{\mathrm{ind}}\,(\mathrm{C\,m^{-3}})$ は誘導電荷密度である．なお，電束密度 $\boldsymbol{D}$ は，分極 $\boldsymbol{P}$ を用いて次式によって与えられる．

$$\boldsymbol{D} = \varepsilon_0 \boldsymbol{E} + \boldsymbol{P} = \varepsilon_0 \varepsilon_{\mathrm{r}} \boldsymbol{E} = \varepsilon \boldsymbol{E} \tag{1.5}$$

ただし，ε_{r} は**比誘電率** (relative dielectric constant)，$\varepsilon\,(\mathrm{F\,m^{-1}})$ は**誘電率** (dielectric constant) である．ここで，電界 $\boldsymbol{E}$ が，外部から印加した電界 $\boldsymbol{E}_0$ と，分極 $\boldsymbol{P}$ によって外部電界 $\boldsymbol{E}_0$ を打ち消すように生じた**反分極電界** (depolarizing field) との合成電界であることに注意しよう．

1.1.3 分極

分極 $P\,(\mathrm{C\,m^{-2}})$ とは,電気双極子モーメント (electric dipole moment) $p\,(\mathrm{C\,m})$ の総ベクトル和を体積で割ったもの,つまり単位体積あたりの電気双極子モーメントである.図1.2 (a) のように,電荷 $q_n, -q_n$ が存在するとき,電気双極子モーメント p は図1.2 (b) のように表され,次式によって与えられる.

$$p = q_n r_n \tag{1.6}$$

ここで,$r_n\,(\mathrm{m})$ は電荷 $-q_n$ から電荷 q_n に向かう位置ベクトルであって,$|r_n|$ は $10^{-10}\,\mathrm{m} = 0.1\,\mathrm{nm}$ のオーダーである.電荷が移動するときは,電気双極子モーメント p と分極 P の方向は,正の電荷が移動する方向であると約束する.つまり,電気双極子モーメント p と分極 P の方向は,負の電荷が移動する方向と反対方向である.

(a) 電気双極子   (b) 電気双極子モーメント

図 **1.2** 電気双極子モーメント

比誘電率 ε_r の誘電体中において,電気双極子の中心が原点に存在するとき,原点を始点とする位置ベクトル r の終点における電界は,次のようになる.

$$E(r) = \frac{3(p \cdot r)r - r^2 p}{4\pi\varepsilon_0\varepsilon_\mathrm{r} r^5} \tag{1.7}$$

電気双極子モーメント p が z 軸方向を向いているとき,円柱座標 (r, θ) を用いると,電位 ϕ と電界の各軸方向成分 E_x, E_y, E_z は,次式によって表される.

$$\phi = p\frac{\cos\theta}{4\pi\varepsilon_0\varepsilon_\mathrm{r} r^2} \tag{1.8}$$

$$E_x = E_y = 3p\frac{\sin\theta\cos\theta}{4\pi\varepsilon_0\varepsilon_\mathrm{r} r^3},\quad E_z = p\frac{3\cos^2\theta - 1}{4\pi\varepsilon_0\varepsilon_\mathrm{r} r^3} \tag{1.9}$$

4　第1章　誘電体

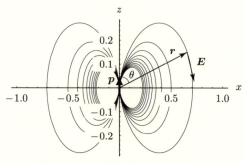

図 1.3　電気双極子による電界 E

電気双極子モーメント p が z 軸の正の方向を向いているとき，電気双極子モーメント p とその周囲の電界 E を図 1.3 に示す．

【例題 1.1】

式 (1.7)–(1.9) を導け．

解

図 1.4 のように，xyz-座標系を用い，正の点電荷 $q_1 = q$ と負の点電荷 $q_2 = -q$ の位置をそれぞれ $(0, 0, a/2)$，$(0, 0, -a/2)$，点 P の位置を $r = (x, y, z)$ とする．なお，正の点電荷を始点として点 P を終点とするベクトルを r_1，負の点電荷を始点として点 P を終点とするベクトルを r_2 とする．

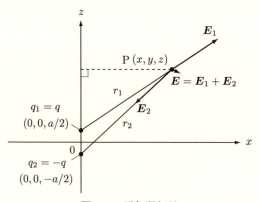

図 1.4　電気双極子

閉曲面として，正の点電荷 $q_1 = q$ の位置に中心をもつ半径 $|\boldsymbol{r}_1| = r_1$ の球を考え，ガウスの法則を適用すると次のようになる．

$$\iint \boldsymbol{E} \cdot \boldsymbol{n}\, dS = E_1 \times 4\pi r_1{}^2 = \frac{1}{\varepsilon}q = \frac{1}{\varepsilon_0 \varepsilon_\mathrm{r}}q \tag{1.10}$$

ここで，ε は誘電体の誘電率，ε_0 は真空の誘電率，ε_r は誘電体の比誘電率である．式 (1.10) から，正の点電荷 $q_1 = q$ によって点 P に発生する静電界 $\boldsymbol{E}_1$ の大きさ E_1 は，次のようになる．

$$E_1 = \frac{q}{4\pi\varepsilon}\frac{1}{r_1{}^2} = \frac{q}{4\pi\varepsilon_0 \varepsilon_\mathrm{r}}\frac{1}{r_1{}^2} \tag{1.11}$$

閉曲面として，負の点電荷 $q_2 = -q$ の位置に中心をもつ半径 $|\boldsymbol{r}_2| = r_2$ の球を考え，ガウスの法則を適用する．ここで，$\boldsymbol{E}_2$ と $\boldsymbol{n}$ が反平行であることに注意して，ガウスの法則を適用すると次のようになる．

$$\iint \boldsymbol{E} \cdot \boldsymbol{n}\, dS = -E_2 \times 4\pi r_2{}^2 = \frac{1}{\varepsilon}(-q) = \frac{1}{\varepsilon_0 \varepsilon_\mathrm{r}}(-q) \tag{1.12}$$

式 (1.12) から，負の点電荷 $q_2 = -q$ によって点 P に発生する静電界 $\boldsymbol{E}_2$ の大きさ E_2 は，次のようになる．

$$E_2 = \frac{q}{4\pi\varepsilon}\frac{1}{r_2{}^2} = \frac{q}{4\pi\varepsilon_0 \varepsilon_\mathrm{r}}\frac{1}{r_2{}^2} \tag{1.13}$$

点 P における電位 ϕ は，電位の基準点 $\boldsymbol{r}_0$ を無限遠の点に選ぶと，式 (1.11), (1.13) から，次のように求められる．

$$\phi = -\int_{\boldsymbol{r}_0}^{\boldsymbol{r}_1} \boldsymbol{E}_1 \cdot d\boldsymbol{r}_1 - \int_{\boldsymbol{r}_0}^{\boldsymbol{r}_2} \boldsymbol{E}_2 \cdot d\boldsymbol{r}_2 = \frac{q}{4\pi\varepsilon_0\varepsilon_\mathrm{r}}\frac{1}{r_1} - \frac{q}{4\pi\varepsilon_0\varepsilon_\mathrm{r}}\frac{1}{r_2} \tag{1.14}$$

さて，三平方の定理から，次式が成り立つ．

$$|\boldsymbol{r}_1| = r_1 = \left[x^2 + y^2 + \left(z - \frac{a}{2}\right)^2\right]^{1/2} \tag{1.15}$$

$$|\boldsymbol{r}_2| = r_2 = \left[x^2 + y^2 + \left(z + \frac{a}{2}\right)^2\right]^{1/2} \tag{1.16}$$

$$|\boldsymbol{r}| = r = \left(x^2 + y^2 + z^2\right)^{1/2} \tag{1.17}$$

ここで，$r \gg a$ の場合を考え，$1/r_1$ と $1/r_2$ を a について，次のようにマクローリン展開する．まず，次のように $1/r_1 = f(a), 1/r_2 = g(a)$ とおく．

$$\frac{1}{r_1} = f(a) = \left[x^2 + y^2 + \left(z - \frac{a}{2}\right)^2\right]^{-1/2} \tag{1.18}$$

$$\frac{1}{r_2} = g(a) = \left[x^2 + y^2 + \left(z + \frac{a}{2}\right)^2\right]^{-1/2} \tag{1.19}$$

6　第1章　誘電体

式 (1.18), (1.19) から $1/r_1 = f(a)$, $1/r_2 = g(a)$ の a についての1階の偏導関数 $\partial f/\partial a$, $\partial g/\partial a$ はそれぞれ次のようになる.

$$\frac{\partial f}{\partial a} = -\frac{1}{2}\left[x^2 + y^2 + \left(z - \frac{a}{2}\right)^2\right]^{-3/2} \cdot 2\left(z - \frac{a}{2}\right) \cdot \left(-\frac{1}{2}\right)$$
$$= \frac{1}{2}\left(z - \frac{a}{2}\right)\left[x^2 + y^2 + \left(z - \frac{a}{2}\right)^2\right]^{-3/2} \tag{1.20}$$

$$\frac{\partial g}{\partial a} = -\frac{1}{2}\left[x^2 + y^2 + \left(z + \frac{a}{2}\right)^2\right]^{-3/2} \cdot 2\left(z + \frac{a}{2}\right) \cdot \frac{1}{2}$$
$$= -\frac{1}{2}\left(z + \frac{a}{2}\right)\left[x^2 + y^2 + \left(z + \frac{a}{2}\right)^2\right]^{-3/2} \tag{1.21}$$

式 (1.20), (1.21) から $a = 0$ における1階の偏微分係数 $[\partial f/\partial a]_{a=0}$, $[\partial g/\partial a]_{a=0}$ はそれぞれ次のようになる.

$$\left[\frac{\partial f}{\partial a}\right]_{a=0} = \frac{1}{2}z\left(x^2 + y^2 + z^2\right)^{-3/2} = \frac{z}{2r^3} \tag{1.22}$$

$$\left[\frac{\partial g}{\partial a}\right]_{a=0} = -\frac{1}{2}z\left(x^2 + y^2 + z^2\right)^{-3/2} = -\frac{z}{2r^3} \tag{1.23}$$

ここで, 式 (1.17) を用いた.

式 (1.22), (1.23) から, $1/r_1$ と $1/r_2$ のマクローリン展開は次のように表される.

$$\frac{1}{r_1} = f(a) \simeq f(0) + \frac{a}{1!}\left[\frac{\partial f}{\partial a}\right]_{a=0} = \frac{1}{r} + \frac{az}{2r^3} \tag{1.24}$$

$$\frac{1}{r_2} = g(a) \simeq g(0) + \frac{a}{1!}\left[\frac{\partial g}{\partial a}\right]_{a=0} = \frac{1}{r} - \frac{az}{2r^3} \tag{1.25}$$

式 (1.24), (1.25) を式 (1.14) に代入すると電気双極子の周囲の電位 ϕ は, 次のように求められる.

$$\phi = \frac{q}{4\pi\varepsilon_0\varepsilon_r}\left(\frac{1}{r_1} - \frac{1}{r_2}\right)$$
$$\simeq \frac{q}{4\pi\varepsilon_0\varepsilon_r}\left[\frac{1}{r} + \frac{az}{2r^3} - \left(\frac{1}{r} - \frac{az}{2r^3}\right)\right]$$
$$= \frac{q}{4\pi\varepsilon_0\varepsilon_r}\frac{az}{r^3} = \frac{qa}{4\pi\varepsilon_0\varepsilon_r}\frac{z}{r^3} = \frac{p}{4\pi\varepsilon_0\varepsilon_r}\frac{z}{r^3} = p\frac{\cos\theta}{4\pi\varepsilon_0\varepsilon_r r^2} \tag{1.26}$$

ここで, 電気双極子モーメント $\boldsymbol{p} = q\boldsymbol{a}$ の大きさ $p = qa$ と $z = r\cos\theta$ を用いた.

次に，式 (1.17) を式 (1.26) に代入すると，次のように表される．

$$\phi = \frac{p}{4\pi\varepsilon_0\varepsilon_\mathrm{r}} z \left(x^2 + y^2 + z^2\right)^{-3/2} \tag{1.27}$$

静電界の各成分 E_x, E_y, E_z は，式 (1.27) から次のように求められる．

$$\begin{aligned} E_x &= -\frac{\partial \phi}{\partial x} = -\frac{p}{4\pi\varepsilon_0\varepsilon_\mathrm{r}} z \left(-\frac{3}{2}\right) \left(x^2 + y^2 + z^2\right)^{-5/2} \cdot 2x \\ &= \frac{p}{4\pi\varepsilon_0\varepsilon_\mathrm{r}} \frac{3zx}{r^5} \end{aligned} \tag{1.28}$$

$$\begin{aligned} E_y &= -\frac{\partial \phi}{\partial y} = -\frac{p}{4\pi\varepsilon_0\varepsilon_\mathrm{r}} z \left(-\frac{3}{2}\right) \left(x^2 + y^2 + z^2\right)^{-5/2} \cdot 2y \\ &= \frac{p}{4\pi\varepsilon_0\varepsilon_\mathrm{r}} \frac{3yz}{r^5} \end{aligned} \tag{1.29}$$

$$\begin{aligned} E_z &= -\frac{\partial \phi}{\partial z} = -\frac{p}{4\pi\varepsilon_0\varepsilon_\mathrm{r}} z \left(-\frac{3}{2}\right) \left(x^2 + y^2 + z^2\right)^{-5/2} \cdot 2z \\ &\quad - \frac{p}{4\pi\varepsilon_0\varepsilon_\mathrm{r}} \left(x^2 + y^2 + z^2\right)^{-3/2} \\ &= \frac{p}{4\pi\varepsilon_0\varepsilon_\mathrm{r}} \frac{3z^2 - \left(x^2 + y^2 + z^2\right)}{r^5} = \frac{p}{4\pi\varepsilon_0\varepsilon_\mathrm{r}} \frac{2z^2 - x^2 - y^2}{r^5} \end{aligned} \tag{1.30}$$

ここで，式 (1.17) を用いた．

最後に，電気双極子モーメント $\boldsymbol{p}$ は，z 軸の正の方向を向いているから，$\boldsymbol{p} = (0, 0, p)$ と表すことができる．点 P の位置ベクトルは $\boldsymbol{r} = (x, y, z)$ だから，

$$\boldsymbol{p} \cdot \boldsymbol{r} = pz \tag{1.31}$$

となる．式 (1.31), (1.17) から，次の結果が得られる．

$$\begin{aligned} 3(\boldsymbol{p} \cdot \boldsymbol{r})\boldsymbol{r} - r^2 \boldsymbol{p} &= 3pz(x, y, z) - r^2(0, 0, p) \\ &= p \left(3zx, 3yz, 3z^2 - r^2\right) \\ &= p \left(3zx, 3yz, 2z^2 - x^2 - y^2\right) \end{aligned} \tag{1.32}$$

式 (1.32) を式 (1.7) の分子に代入し，各成分に分けると，式 (1.28)–(1.30) が得られる．こうして式 (1.7)–(1.9) が導かれる．

1.1.4 反分極電界

誘電体に外部から電界 E_0 を印加すると、分極 P が生ずる。この分極 P によって、外部から印加された電界 E_0 を打ち消すような**反分極電界** (depolarization electric field) E_1 が生ずる。この結果、巨視的な (macroscopic) 全電界 E は、次のようになる。

$$E = E_0 + E_1 \tag{1.33}$$

そして、反分極電界 E_1 の各軸方向成分を次のように表す。

$$E_{1x} = -\frac{N_x P_x}{\varepsilon_0},\ E_{1y} = -\frac{N_y P_y}{\varepsilon_0},\ E_{1z} = -\frac{N_z P_z}{\varepsilon_0} \tag{1.34}$$

ここで、負の符号 − は反分極電界の方向が外部電界と反対方向であることを示している。式 (1.34) で定義された N_x, N_y, N_z を**反分極因子** (depolarization factor) という。外部から印加された電界 E_0 の方向を x 軸の正の方向に選んだとき ($E_0 = E_0 \hat{x},\ E_0 > 0$)、試料の形状と反分極因子 N_x との関係は表 1.1 のようになる。

表 1.1 $E_0 = E_0 \hat{x}$ の場合の試料の形状と反分極因子 N_x との関係

試料の形状	N_x
球	1/3
yz 面に広がった薄板	1
z 軸方向の長軸をもつ円柱	1/2

【例題 1.2】
外部電界 $E_0 = E_0 \hat{x}$ を誘電体球に印加したとき、反分極因子 N_x を求めよ。

解

図 1.5 (a) のように、誘電体球に x 軸方向の電界 E_0 が外部から印加され、誘電体球が一様な分極 P をもつとする。この様子は、図 1.5 (b) のように、一様な正の電荷密度 ρ をもつ誘電体球と、一様な負の電荷密度 $-\rho$ をもつ誘電体球が、x 方向に x_0 だけ平行移動して重ね合わされたと考えられる。このとき、分極 P は次のようになる。

$$P = \rho x_0 \tag{1.35}$$

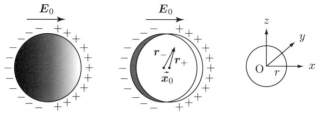

(a) 誘電体球の分極　　(b) 計算モデル　　(c) 閉曲面

図 1.5　誘電体球における分極

　図 1.5 (c) のような，誘電体球の半径よりも小さい半径 r をもつ球を閉曲面とする．そして，対称性を考慮してガウスの法則を用い，誘電体球内の電界を求める．いま，一様な正の電荷密度 ρ をもつ誘電体球の中心から，求めるべき点に引いた位置ベクトルを $\bm{r}_+$ とする．一様な正の電荷密度 ρ による誘電体球内の電界を $\bm{E}_+$ とし，$|\bm{E}_+| = E_+$, $|\bm{r}_+| = r_+$ とおくと，ガウスの法則から次のように表される．

$$4\pi r_+^2 E_+ = \frac{4\pi r_+^3}{3}\frac{\rho}{\varepsilon_0}, \quad \therefore E_+ = \frac{\rho}{3\varepsilon_0}r_+ \tag{1.36}$$

電界 $\bm{E}_+$ の方向は $\bm{r}_+$ の方向と同じだから，$\bm{E}_+$ は次のようになる．

$$\bm{E}_+ = E_+ \frac{\bm{r}_+}{r_+} = \frac{\rho}{3\varepsilon_0}r_+ \frac{\bm{r}_+}{r_+} = \frac{\rho}{3\varepsilon_0}\bm{r}_+ \tag{1.37}$$

一様な負の電荷密度 $-\rho$ をもつ誘電体球の中心から，求めるべき点に引いた位置ベクトルを $\bm{r}_-$ とすると，一様な負の電荷密度 $-\rho$ による誘電体球内の電界を $\bm{E}_-$ とし，$|\bm{E}_-| = E_-$, $|\bm{r}_-| = r_-$ とおくと，ガウスの法則から次のように表される．

$$-4\pi r_-^2 E_- = \frac{4\pi r_-^3}{3}\frac{-\rho}{\varepsilon_0}, \quad \therefore E_- = \frac{\rho}{3\varepsilon_0}r_- \tag{1.38}$$

電界 $\bm{E}_-$ の方向は $\bm{r}_-$ の方向と反対だから，$\bm{E}_-$ は次のようになる．

$$\bm{E}_- = E_- \frac{-\bm{r}_-}{r_-} = \frac{\rho}{3\varepsilon_0}r_- \frac{-\bm{r}_-}{r_-} = -\frac{\rho}{3\varepsilon_0}\bm{r}_- \tag{1.39}$$

分極 $\bm{P}$ によって生じた反分極電界 $\bm{E}_1$ は，$\bm{E}_+$ と $\bm{E}_-$ の合成電界であり，式 (1.37), (1.39) から，次のように表される．

$$\bm{E}_1 = \bm{E}_+ + \bm{E}_- = \frac{\rho}{3\varepsilon_0}(\bm{r}_+ - \bm{r}_-) \tag{1.40}$$

ここで，図 1.5 (b) から

$$\bm{r}_- = \bm{r}_+ + \bm{x}_0 \tag{1.41}$$

という関係があることに着目すると，反分極電界 E_1 は，次のように表される．

$$E_1 = -\frac{\rho}{3\varepsilon_0}x_0 = -\frac{P}{3\varepsilon_0} \tag{1.42}$$

ただし，最後の等号のところで式 (1.35) を用いた．いま，反分極電界 E_1，分極 P とも x 成分だけをもつので，式 (1.34) と (1.42) との比較から，次の結果が得られる．

$$N_x = \frac{1}{3} \tag{1.43}$$

【例題 1.3】

外部電界 $E_0 = E_0 \hat{x}$ を yz 面に広がった誘電体板に印加したとき，反分極因子 N_x を求めよ．

解

図 1.6 (a) のように，誘電体板に x 軸方向の電界 E_0 が外部から印加され，誘電体板が一様な分極 P をもつとする．この様子は，図 1.6 (b) のように，一様な正の電荷密度 ρ をもつ誘電体板と，一様な負の電荷密度 $-\rho$ をもつ誘電体板が，x 方向に x_0 だけ平行移動して重ね合わされたと考えられる．そして，誘電体板の x 軸に沿った両端に誘導電荷が集まった誘導電荷層が形成される．このとき，分極 P は次のようになる．

$$P = \rho x_0 \tag{1.44}$$

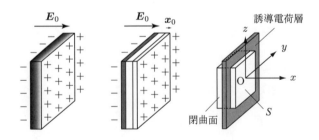

(a) 誘電体板の分極　(b) 計算モデル　(c) 閉曲面と誘導電荷層

図 **1.6**　誘電体板における分極

対称性を考慮してガウスの法則を用い，誘電体板内の電界を求める．そこで，図 1.6 (c) のような，誘導電荷層をはさむような直方体を閉曲面とする．一様な正の電荷密度 ρ による誘電体板内の電界を $\boldsymbol{E}_+$ とし，$|\boldsymbol{E}_+| = E_+, |\boldsymbol{x}_0| = x_0$ とおくと，ガウスの法則から次のように表される．

$$2SE_+ = Sx_0 \frac{\rho}{\varepsilon_0}, \quad \therefore E_+ = \frac{\rho}{2\varepsilon_0} x_0 \tag{1.45}$$

誘電体板内の電界 $\boldsymbol{E}_+$ の方向は，$\boldsymbol{x}_0$ の方向と反対だから，$\boldsymbol{E}_+$ は次のようになる．

$$\boldsymbol{E}_+ = E_+ \frac{-\boldsymbol{x}_0}{x_0} = \frac{\rho}{2\varepsilon_0} x_0 \frac{-\boldsymbol{x}_0}{x_0} = -\frac{\rho}{2\varepsilon_0} \boldsymbol{x}_0 \tag{1.46}$$

一様な負の電荷密度 $-\rho$ による誘電体板内の電界を $\boldsymbol{E}_-$ とし，$|\boldsymbol{E}_-| = E_-$ とおくと，ガウスの法則から次のように表される．

$$-2SE_- = Sx_0 \frac{-\rho}{\varepsilon_0}, \quad \therefore E_- = \frac{\rho}{2\varepsilon_0} x_0 \tag{1.47}$$

誘電体板内の電界 $\boldsymbol{E}_-$ の方向は，$\boldsymbol{x}_0$ の方向と反対だから，$\boldsymbol{E}_-$ は次のようになる．

$$\boldsymbol{E}_- = E_- \frac{-\boldsymbol{x}_0}{x_0} = \frac{\rho}{2\varepsilon_0} x_0 \frac{-\boldsymbol{x}_0}{x_0} = -\frac{\rho}{2\varepsilon_0} \boldsymbol{x}_0 \tag{1.48}$$

分極 $\boldsymbol{P}$ によって生じた反分極電界 $\boldsymbol{E}_1$ は，$\boldsymbol{E}_+$ と $\boldsymbol{E}_-$ の合成電界であり，式 (1.46), (1.48) から，次のように表される．

$$\boldsymbol{E}_1 = \boldsymbol{E}_+ + \boldsymbol{E}_- = -\frac{\rho}{\varepsilon_0} \boldsymbol{x}_0 = -\frac{\boldsymbol{P}}{\varepsilon_0} \tag{1.49}$$

ただし，最後の等号のところで式 (1.44) を用いた．反分極電界 $\boldsymbol{E}_1$，分極 $\boldsymbol{P}$ とも x 成分だけをもつので，式 (1.34) と (1.49) との比較から，次の結果が得られる．

$$N_x = 1 \tag{1.50}$$

【例題 1.4】

外部電界 $\boldsymbol{E}_0 = E_0 \hat{\boldsymbol{x}}$ を z 軸を長軸とする誘電体円柱に印加したとき，反分極因子 N_x を求めよ．

解

図 1.7 (a) のように，誘電体円柱に x 軸方向の電界 $\boldsymbol{E}_0$ が外部から印加され，誘電体円柱が一様な分極 $\boldsymbol{P}$ をもつとする．この様子は，図 1.7 (b) のように，一様な正の電荷密度 ρ をもつ誘電体円柱と，一様な負の電荷密度 $-\rho$ をもつ誘電体円柱が，x 方向に $\boldsymbol{x}_0$ だけ平行移動して重ね合わされたと考えられる．このとき，分極 $\boldsymbol{P}$ は次のようになる．

$$\boldsymbol{P} = \rho \boldsymbol{x}_0 \tag{1.51}$$

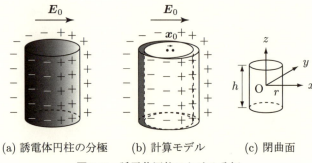

(a) 誘電体円柱の分極　(b) 計算モデル　(c) 閉曲面

図 **1.7**　誘電体円柱における分極

図 1.7 (c) のような，誘電体円柱の半径よりも小さい半径 r と誘電体円柱の長さよりも短い長さ h の長軸をもつ円柱を閉曲面とする．そして，対称性を考慮してガウスの法則を用い，誘電体円柱内の電界を求める．一様な正の電荷密度 ρ をもつ誘電体円柱の長軸から，xy 面上で求めるべき点に引いた位置ベクトルを $\boldsymbol{r}_+$ とする．また，一様な正の電荷密度 ρ による誘電体円柱内の電界を $\boldsymbol{E}_+$ とし，$|\boldsymbol{E}_+| = E_+$，$|\boldsymbol{r}_+| = r_+$ とおくと，ガウスの法則から次のように表される．

$$2\pi r_+ h E_+ = \pi r_+^2 h \frac{\rho}{\varepsilon_0}, \quad \therefore E_+ = \frac{\rho}{2\varepsilon_0} r_+ \tag{1.52}$$

電界 $\boldsymbol{E}_+$ の方向は $\boldsymbol{r}_+$ の方向と同じだから，$\boldsymbol{E}_+$ は次のようになる．

$$\boldsymbol{E}_+ = E_+ \frac{\boldsymbol{r}_+}{r_+} = \frac{\rho}{2\varepsilon_0} r_+ \frac{\boldsymbol{r}_+}{r_+} = \frac{\rho}{2\varepsilon_0} \boldsymbol{r}_+ \tag{1.53}$$

一様な負の電荷密度 $-\rho$ をもつ誘電体円柱の長軸から，xy 面上で求めるべき点に引いた位置ベクトルを $\boldsymbol{r}_-$ とすると，一様な負の電荷密度 $-\rho$ による誘電体円柱内の電界を $\boldsymbol{E}_-$ とし，$|\boldsymbol{E}_-| = E_-$，$|\boldsymbol{r}_-| = r_-$ とおくと，ガウスの法則から次のように表される．

$$-2\pi r_- h E_- = \pi r_-^2 h \frac{-\rho}{\varepsilon_0}, \quad \therefore E_- = \frac{\rho}{2\varepsilon_0} r_- \tag{1.54}$$

電界 $\boldsymbol{E}_-$ の方向は $\boldsymbol{r}_-$ の方向と反対だから，$\boldsymbol{E}_-$ は次のようになる．

$$\boldsymbol{E}_- = E_- \frac{-\boldsymbol{r}_-}{r_-} = \frac{\rho}{2\varepsilon_0} r_- \frac{-\boldsymbol{r}_-}{r_-} = -\frac{\rho}{2\varepsilon_0} \boldsymbol{r}_- \tag{1.55}$$

分極 $\boldsymbol{P}$ によって生じた反分極電界 $\boldsymbol{E}_1$ は，$\boldsymbol{E}_+$ と $\boldsymbol{E}_-$ の合成電界であり，式 (1.53), (1.55) から，次のように表される．

$$\boldsymbol{E}_1 = \boldsymbol{E}_+ + \boldsymbol{E}_- = \frac{\rho}{2\varepsilon_0} (\boldsymbol{r}_+ - \boldsymbol{r}_-) \tag{1.56}$$

ここで,
$$r_- = r_+ + x_0 \tag{1.57}$$
という関係があることに着目すると,反分極電界 E_1 は,次のように表される
$$E_1 = -\frac{\rho}{2\varepsilon_0}x_0 = -\frac{P}{2\varepsilon_0} \tag{1.58}$$
ただし,最後の等号のところで式 (1.51) を用いた.いま,反分極電界 E_1,分極 P とも x 成分だけをもつので,式 (1.34) と (1.58) との比較から,次の結果が得られる.
$$N_x = \frac{1}{2} \tag{1.59}$$

1.1.5 電気感受率

分極 P と全電界 E(印加電界 E_0 ではないことに注意)との関係から,次のように,**電気感受率** (electric susceptibility) χ を導入する.
$$P = \chi E = \chi(E_0 + E_1) \tag{1.60}$$
ここで,E_0 は外部から印加した電界,E_1 は反分極電界である.また,次のように電気感受率 χ を真空の誘電率 ε_0 で割った**比電気感受率** (specific electric susceptibility) $\overline{\chi}$ を用いることも多い.
$$\overline{\chi} = \frac{\chi}{\varepsilon_0} \tag{1.61}$$
等方的な物質あるいは立方対称性をもつ物質では,比誘電率 ε_r は,真空における誘電率に対する比として,次のように表される.
$$\varepsilon_\mathrm{r} = \frac{\varepsilon_0 E + P}{\varepsilon_0 E} = 1 + \frac{\chi}{\varepsilon_0} = 1 + \overline{\chi} \tag{1.62}$$
式 (1.62) から,比誘電率 ε_r を用いて比電気感受率 $\overline{\chi}$ は,次のように書き換えられる.
$$\overline{\chi} = \varepsilon_\mathrm{r} - 1 \tag{1.63}$$
一方,立方対称性のない物質では,分極と電界の関係は,テンソル成分を用いて,次のように表される.
$$P_\mu = \chi_{\mu\nu} E_\nu, \ \varepsilon_{\mu\nu} = \delta_{\mu\nu} + \chi_{\mu\nu} \tag{1.64}$$

1.1.6 局所電界

図 1.8 に示すように，原子の位置における局所電界 (local electric field) E_{local} は，

$$E_{\text{local}} = E_0 + E_1 + E_2 + E_3 \tag{1.65}$$

と表される．ここで，E_0 は外部から印加された電界，E_1 は試料の表面電荷による反分極電界，E_2 は仮想的な球状空洞の表面電荷によるローレンツ電界，E_3 は仮想的な球状空洞内の電気双極子による電界である．

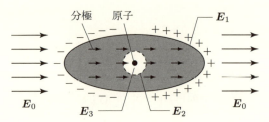

図 **1.8** 結晶中の原子にはたらく内部電界

局所電界のうち，$E_1 + E_2 + E_3$ は，試料内の他の原子の分極によるものなので，式 (1.7) から次のように表される．

$$E_1 + E_2 + E_3 = \sum_i \frac{3(\bm{p}_i \cdot \bm{r}_i)\bm{r}_i - r_i^2 \bm{p}_i}{4\pi\varepsilon_0 r_i^5} \tag{1.66}$$

1.1.7 ローレンツ電界

図 1.9 のように，仮想的な空洞として，原子の位置を中心とする半径 a の球を考える．この仮想的な空洞の表面には，分極を打ち消すような表面電荷が存在する．この表面電荷によって原子の位置に生ずるローレンツ電界 (Lorentz cavity field) E_2 は，ガウスの法則から，次式で与えられる．

$$E_2 = \frac{1}{4\pi\varepsilon_0 a^2} \int_0^\pi 2\pi a \sin\theta \, a \, d\theta \cdot \bm{P} \cos^2\theta = \frac{\bm{P}}{3\varepsilon_0} \tag{1.67}$$

ただし，ここで，P は分極である．なお，例題 1.2 のような方法を用いても，式 (1.67) と同じ結果が得られる．

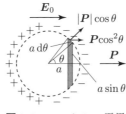

図 1.9　ローレンツ電界

1.1.8　ローレンツの関係

球状の空洞内の分極による電界 E_3 は，結晶構造に依存する．立方格子の場合，すべての原子をお互いに平行な点状の双極子で置き換えると，$E_3 = 0$ になる．このとき，局所電界 E_local は次のようになる．

$$E_\mathrm{local} = E_0 + E_1 + \frac{P}{3\varepsilon_0} = E + \frac{P}{3\varepsilon_0} \tag{1.68}$$

式 (1.68) は，巨視的な電界 $E = E_0 + E_1$ と原子の位置における局所電界 E_local との関係を表す式であり，ローレンツの関係 (Lorentz relation) とよばれている．また，分極率 (polarizability) α は，局所電界 E_local と原子の電気双極子モーメント p を用いて，次のように定義される．

$$p = \alpha E_\mathrm{local} \tag{1.69}$$

1.2　相転移

1.2.1　相転移と飽和分極

外部から電界を印加しない状態でも誘電体中に分極が存在することがある．このような分極を**自発分極** (spontaneous polarization または intrinsic polarization) という．そして，自発分極をもっている誘電体は，**強誘電体** (ferroelectrics) とよばれる．

強誘電体の温度を上げると，**強誘電状態** (ferroelectric state) から**常誘電状態** (paraelectric state) への**相転移** (phase transition) が起きる．相転移は，転

移温度 (transition temperature) における飽和分極 (saturation polarization) の変化のしかたによって特徴づけられる．転移温度において，飽和分極が不連続な変化を示すものを **1 次の相転移** (first-order phase transition)，連続的な変化を示すものを **2 次の相転移** (second-order phase transition) という．

1.2.2 ランダウの自由エネルギー

強誘電性結晶 (ferroelectric crystal) における相転移は，強誘電性結晶のエネルギーを分極 P のべき級数として表すことで説明できる．ランダウ (Landau) は，1 次元強誘電性結晶において，電界 E と分極 P を用いて，次のようなエネルギー $\hat{F}$ を導入した．

$$\hat{F} = -EP + g_0 + \frac{1}{2} g_2 P^2 + \frac{1}{4} g_4 P^4 + \frac{1}{6} g_6 P^6 + \cdots \tag{1.70}$$

ここで，$g_n\, (n = 0, 2, 4, 6, \cdots)$ は，温度に依存している係数である．式 (1.70) のエネルギー $\hat{F}$ は，**ランダウの自由エネルギー** (Landau free energy) とよばれている．

外部から誘電体に電界が印加され，平衡状態に落ち着いたときの分極，すなわち**平衡分極** (equilibrium polarization) は，次式を解くことで求めることができる．

$$\frac{\partial \hat{F}}{\partial P} = 0 = -E + g_2 P + g_4 P^3 + g_6 P^5 + \cdots \tag{1.71}$$

式 (1.71) の右辺において第 4 項までを考え，さらに $E = 0$ とすると次式が成り立つ．

$$\left(g_6 P^4 + g_4 P^2 + g_2\right) P = 0 \tag{1.72}$$

式 (1.72) から平衡分極の 2 乗 P^2 は次のようになる．

$$P^2 = \frac{-g_4 \pm \sqrt{g_4{}^2 - 4 g_6 g_2}}{2 g_6},\quad 0 \tag{1.73}$$

ここで，$E = 0$ のとき $P \neq 0$ が強誘電状態を表し，$P = 0$ が常誘電状態を表すことに注意しておこう．

強誘電状態から常誘電状態への相転移が起きるということは，温度によって平衡分極 P が二つの値をとるということである．そこで，ランダウ (Landau)

は，絶対温度 T に対して g_2 が $(T - T_0)$ に比例するとして，次のようにおいた．

$$g_2 = \gamma(T - T_0) \tag{1.74}$$

ここで，γ は比例定数で正の値をとる．そして，T_0 は転移温度あるいは転移温度よりも低い絶対温度である．このとき，$T < T_0$ つまり $g_2 < 0$ が強誘電状態を表し，$T > T_0$ つまり $g_2 > 0$ が常誘電状態を表す．

1.2.3 １次の相転移

１次の相転移が生ずるのは，式 (1.73) から $g_4 < 0, g_6 > 0$ のときである．このとき，電界 $E = 0$ に対する飽和分極を P_s とすると，式 (1.71), (1.74) から次のようになる．

$$\begin{aligned}
\left[\frac{\partial \hat{F}}{\partial P}\right]_{P=P_\mathrm{s}} &= g_2 P_\mathrm{s} - |g_4| P_\mathrm{s}^3 + g_6 P_\mathrm{s}^5 \\
&= \gamma(T - T_0) P_\mathrm{s} - |g_4| P_\mathrm{s}^3 + g_6 P_\mathrm{s}^5 \\
&= \left[g_6 P_\mathrm{s}^4 - |g_4| P_\mathrm{s}^2 + \gamma(T - T_0)\right] P_\mathrm{s} = 0
\end{aligned} \tag{1.75}$$

ただし，さらに高次の項は無視した．飽和分極 P_s が実数であることに留意すると，式 (1.75) から次の結果が得られる．

$$P_\mathrm{s} = \left(\frac{|g_4| + \sqrt{|g_4|^2 - 4g_6\gamma(T - T_0)}}{2g_6}\right)^{1/2}, \quad 0 \tag{1.76}$$

温度 T_0 では，常誘電性状態と強誘電性状態におけるランダウの自由エネルギー $\hat{F}$ は等しい．そして，式 (1.76) から，同一の $\hat{F}$ の値が，二つの異なる飽和分極 P_s の値で実現されることがわかる．つまり，温度 T_0 において，飽和分極 P_s の不連続な変化，すなわち１次の相転移が起こる．この様子を図 1.10 に示す．

18　第1章　誘電体

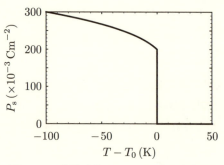

図 **1.10**　強誘電体における 1 次の相転移

1.2.4　2 次の相転移

2次の相転移が生ずるのは，$g_4 > 0$ かつ $g_6 P^6$ 以上の高次の項が無視できるときである．このとき，電界 $E = 0$ に対する飽和分極を P_s とすると，式 (1.71), (1.74) から次のようになる．

$$\left[\frac{\partial \hat{F}}{\partial P}\right]_{P=P_s} = g_2 P_s + g_4 P_s^3 = \gamma (T - T_0) P_s + g_4 P_s^3$$
$$= \left[g_4 P_s^2 + \gamma (T - T_0)\right] P_s = 0 \tag{1.77}$$

式 (1.77) から次の結果が得られる．

$$P_s = \sqrt{\frac{\gamma}{g_4}(T_0 - T)},\ \ 0 \tag{1.78}$$

ここで，γ, $g_4 > 0$ であり，飽和分極 P_s は実数だから，$T \geq T_0$ のときは $P_s = 0$ とならなければならない．一方，$T < T_0$ のときは，飽和分極 P_s は，次のようになる．

$$P_s = \sqrt{\frac{\gamma}{g_4}(T_0 - T)} \tag{1.79}$$

式 (1.79) からわかるように，$T < T_0$ において，飽和分極 P_s は絶対温度 T とともに温度 T_0 まで連続に変化する．すなわち，飽和分極 P_s は，2 次の相転移を示す．このように 2 次の相転移が起こる温度をキュリー温度 (Curie temperature) といい，温度 T_0 を特に T_C と表す．強誘電体における 2 次の相転移の様子を図 1.11 に示す．

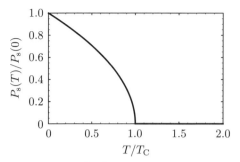

図 **1.11** 強誘電体における 2 次の相転移

さて,比誘電率 ε_r は,電界 $E \neq 0$ に対する平衡分極から与えられる.キュリー温度 T_C 以上では,P^4 以上の項を無視することができ,ランダウの自由エネルギー $\hat{F}$ は次のようになる.

$$\hat{F} = -EP + g_0 + \frac{1}{2}g_2 P^2 \tag{1.80}$$

したがって,キュリー温度 T_C 以上では,比誘電率 ε_r は式 (1.5) から次のようになる.

$$\varepsilon_r = \frac{\varepsilon_0 E + P}{\varepsilon_0 E} = 1 + \frac{P}{\varepsilon_0 E} = 1 + \frac{1}{\varepsilon_0 \gamma (T - T_C)} \tag{1.81}$$

【例題 1.5】

式 (1.81) を導け.

解

式 (1.80) から,キュリー温度 T_C 以上における平衡状態では次式が成り立つ.

$$\frac{\partial \hat{F}}{\partial P} = -E + g_2 P = 0 \tag{1.82}$$

したがって,分極 P は次のようになる.

$$P = \frac{E}{g_2} = \frac{E}{\gamma(T - T_C)} \tag{1.83}$$

ここで,式 (1.74) を用い,さらに $T_0 = T_C$ とおいた.

キュリー温度 T_C 以上における比誘電率 ε_r は,式 (1.5) から次のように求められる.

$$\varepsilon_r = \frac{\varepsilon_0 E + P}{\varepsilon_0 E} = 1 + \frac{P}{\varepsilon_0 E} = 1 + \frac{1}{\varepsilon_0 \gamma (T - T_C)} \tag{1.84}$$

1.3 光の反射

1.3.1 振幅反射率

入射光の電界に対する反射率,すなわち**振幅反射率** (reflectivity coefficient) r は,一般に複素関数である.そして,結晶面への入射電界 E_in と反射電界 E_ref の比として,次式で定義される.

$$r = \frac{E_\text{ref}}{E_\text{in}} = \rho \exp(\mathrm{i}\theta) \tag{1.85}$$

ここで,ρ は振幅反射率の振幅,θ は位相である.結晶表面に垂直に光が入射したときの反射の様子を模式的に図 1.12 に示す.

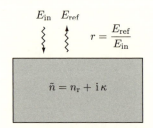

図 1.12 垂直入射時の光の反射

1.3.2 複素屈折率

結晶表面に垂直に光が入射する場合,**屈折率** (refractive index) n_r と**消衰係数** (extinction coefficient) κ を用いて,振幅反射率 r は,次式のように表される.

$$r = \frac{n_\text{r} + \mathrm{i}\kappa - 1}{n_\text{r} + \mathrm{i}\kappa + 1} \tag{1.86}$$

屈折率 n_r と消衰係数 κ は,光の角周波数 ω の関数であり,屈折率 n_r と消衰係数 κ の光の角周波数 ω に対する依存性は,**分散関係** (dispersion relation) とよばれている.

【例題 1.6】

結晶表面に垂直に光が入射するときの振幅反射率 r を与える式 (1.86) を導出せよ.

解

入射光として，x 方向に伝搬する平面波を考え，電界が y 成分のみをもつとする．そして，入射光の電界 E_y を次のようにおく．

$$E_y = A \exp[-\mathrm{i}(\omega t - kx)] \tag{1.87}$$

ここで，A は入射光の電界の振幅，ω は入射光の角周波数，$k = \omega/c$ は入射光の波数，c は真空中の光速である．また，反射光の電界 E'_y，透過光の電界 E''_y をそれぞれ次のように表す．

$$E'_y = -A' \exp[-\mathrm{i}(\omega t + kx)], \quad E''_y = A'' \exp[-\mathrm{i}(\omega t - k''x)] \tag{1.88}$$

ただし，結晶内を伝搬する透過光の波数 k'' は，結晶の複素屈折率を用いて，次式で表される．

$$k'' = (n_\mathrm{r} + \mathrm{i}\kappa)\frac{\omega}{c} = (n_\mathrm{r} + \mathrm{i}\kappa)k = \sqrt{\varepsilon}k \tag{1.89}$$

さて，マクスウェル方程式から

$$\mathrm{rot}\,\boldsymbol{E} = -\frac{\partial \boldsymbol{B}}{\partial t} \tag{1.90}$$

という関係があるので，磁界は z 成分のみをもち，入射光の磁界 H_z，反射光の磁界 H'_z，透過光の磁界 H''_z は，次のように表される．

$$H_z = -\sqrt{\frac{\varepsilon_0}{\mu_0}} A \exp[-\mathrm{i}(\omega t - kx)] \tag{1.91}$$

$$H'_z = -\sqrt{\frac{\varepsilon_0}{\mu_0}} A' \exp[-\mathrm{i}(\omega t + kx)] \tag{1.92}$$

$$H''_z = -(n_\mathrm{r} + \mathrm{i}\kappa)\sqrt{\frac{\varepsilon_0}{\mu_0}} A'' \exp[-\mathrm{i}(\omega t - k''x)] \tag{1.93}$$

ここで，ε_0 は真空の誘電率，μ_0 は真空の透磁率であり，$\sqrt{\varepsilon_0\mu_0} = 1/c$ を用いた．

境界において電界の接線成分は連続，磁界の接線成分は連続だから，空気と結晶の境界を $x = 0$ とすると，次式が成り立つ．

$$E_y + E'_y = E''_y, \quad H_z + H'_z = H''_z \tag{1.94}$$

したがって，

$$A - A' = A'', \quad A + A' = (n_\mathrm{r} + \mathrm{i}\kappa)A'' \tag{1.95}$$

が成立する．この結果，振幅反射率 r は，次のように求められる．

$$r = \frac{A'}{A} = \frac{n_\mathrm{r} + \mathrm{i}\kappa - 1}{n_\mathrm{r} + \mathrm{i}\kappa + 1} \tag{1.96}$$

屈折率 n_r と消衰係数 κ は，比誘電率 ε_r と次のような関係がある．

$$\varepsilon_r = (n_r + i\kappa)^2 = \tilde{n}^2 \tag{1.97}$$

$$\tilde{n} = n_r + i\kappa \tag{1.98}$$

ここで導入した $\tilde{n}$ を**複素屈折率** (complex refractive index) とよぶ．また，式 (1.97) の比誘電率 ε_r を特に**複素誘電率** (complex dielectric constant) という．そして，実部 ε_{rr} と虚部 ε_{ri} に分けて

$$\varepsilon_r = \varepsilon_{rr} + i\varepsilon_{ri} \tag{1.99}$$

と表すと，屈折率 n_r と消衰係数 κ との間に，次の関係が成り立つ．

$$\varepsilon_{rr} = n_r^2 - \kappa^2, \quad \varepsilon_{ri} = 2n_r\kappa \tag{1.100}$$

【例題 1.7】
進行波の伝搬にともなう減衰あるいは増幅が，消衰係数 κ によって表されることを示せ．

[解]
いま，x 方向に伝搬する進行波の電界 $\boldsymbol{E}$ を次のように表す．

$$\boldsymbol{E} = \boldsymbol{E}_0 \exp[-i(\omega t - kx)] \tag{1.101}$$

このとき，複素屈折率 $\tilde{n} = n_r + i\kappa$ を用いて，波数 k を次のようにおく．

$$k = \tilde{n}\frac{\omega}{c} = \frac{n_r \omega}{c} + i\frac{\kappa \omega}{c} \tag{1.102}$$

式 (1.102) を式 (1.101) に代入すると，次式が得られる．

$$\boldsymbol{E} = \boldsymbol{E}_0 \exp\left[-i\left(\omega t - \frac{n_r \omega}{c}x\right)\right] \exp\left(-\frac{\kappa \omega}{c}x\right) \tag{1.103}$$

式 (1.103) の $\exp(-\kappa\omega x/c)$ によって，消衰係数 κ が正であれば x 方向への伝搬にともなう減衰が，負であれば x 方向への伝搬にともなう増幅が表現できている．

1.3.3 パワー反射率

入射光の強度に対する反射率，すなわち**パワー反射率** (reflectance) R は，次式で与えられる．

$$R = \frac{E_{ref}^* E_{ref}}{E_{in}^* E_{in}} = r^* r = \rho^2 \tag{1.104}$$

ここで，観測される入射光の強度が実数であることを考慮して，パワー反射率が実数となるように工夫し，振幅反射率 r とその複素共役 r^* との積をとっていることに注意しよう．

1.4 クラマース–クローニッヒの関係

1.4.1 応答関数

質量 M_j をもつ粒子に外力 F_j がはたらき，減衰振動している系を考える．このとき，粒子の位置を x_j とすると，運動方程式は次のように表される．

$$M_j \left(\frac{d^2}{dt^2} + \rho_j \frac{d}{dt} + \omega_j{}^2 \right) x_j = F_j \tag{1.105}$$

ただし，$\rho_j > 0$ は減衰を表す係数であり，減衰係数または緩和係数とよばれる．また，ω_j は角振動数である．

この系に対する**応答関数** (response function) $\alpha(\omega)$ を次のように定義する．

$$x_j = \alpha(\omega) F_j = [\alpha_{\rm r}(\omega) + {\rm i}\,\alpha_{\rm i}(\omega)] F_j \tag{1.106}$$

たとえば，電荷 $-e$ をもつ電子に電界 E を印加したときには，外力 F_j はクーロン力 $-eE$ である．このとき，電子濃度を n とすると，分極 $P_j = -nex_j$ であり，誘電関数 $\varepsilon(\omega)$ は，応答関数 $\alpha(\omega)$ を用いて，次のように表される．

$$\varepsilon(\omega) = 1 + \frac{P_j}{\varepsilon_0 E} = 1 - \frac{nex_j}{\varepsilon_0 E} = 1 + \frac{ne^2}{\varepsilon_0} \alpha(\omega) \tag{1.107}$$

次に，電界 E が時間 t とともに振動し，電子の位置 x_j も電界 E に追随して振動する場合を考える．そして，電界 E と電子の位置 x_j を次のように仮定する．

$$E = E_0 \exp(-{\rm i}\omega t), \quad x_j = x_{j0} \exp(-{\rm i}\omega t) \tag{1.108}$$

さらに，電子ごとに位置 x_j が異なるとすると，式 (1.108) を式 (1.105) に代入し，j について和をとることで，応答関数 $\alpha(\omega)$ は，次のように求められる．

$$\alpha(\omega) = \sum_j \frac{f_j}{\omega_j{}^2 - \omega^2 - {\rm i}\omega\rho_j} = \sum_j f_j \frac{\omega_j{}^2 - \omega^2 + {\rm i}\omega\rho_j}{(\omega_j{}^2 - \omega^2)^2 + \omega^2\rho_j{}^2} \tag{1.109}$$

ただし，$f_j = 1/M_j$ とおいた．

1.4.2 コーシーの主値積分

次のようなコーシー (Cauchy) の主値積分を考えよう.

$$\alpha(\omega) = \frac{1}{i\pi} P \int_{-\infty}^{\infty} \frac{\alpha(s)}{s - \omega} ds \tag{1.110}$$

ここで, 積分記号 $\int$ の前の P は, 主値 (principal value) の頭文字であり, P $\int$ によって, 主値積分であることを示している. そして, $\alpha(\omega)$ の極は実軸よりも下に存在し, 実数 ω に対して $\alpha(\omega)$ の実部 $\alpha_\mathrm{r}(\omega)$ は偶関数, 虚部 $\alpha_\mathrm{i}(\omega)$ は奇関数であるとする.

式 (1.110) から, $\alpha(\omega)$ の実部 $\alpha_\mathrm{r}(\omega)$ は, 次のように表される.

$$\begin{aligned}
\alpha_\mathrm{r}(\omega) &= \frac{1}{\pi} P \int_{-\infty}^{\infty} \frac{\alpha_\mathrm{i}(s)}{s - \omega} ds \\
&= \frac{1}{\pi} P \left[\int_{-\infty}^{0} \frac{\alpha_\mathrm{i}(p)}{p - \omega} dp + \int_{0}^{\infty} \frac{\alpha_\mathrm{i}(s)}{s - \omega} ds \right] \\
&= \frac{1}{\pi} P \left[\int_{0}^{\infty} \frac{\alpha_\mathrm{i}(s)}{s + \omega} ds + \int_{0}^{\infty} \frac{\alpha_\mathrm{i}(s)}{s - \omega} ds \right] \\
&= \frac{2}{\pi} P \int_{0}^{\infty} \frac{s \alpha_\mathrm{i}(s)}{s^2 - \omega^2} ds
\end{aligned} \tag{1.111}$$

式 (1.111) から, 応答関数 $\alpha(\omega)$ の実部 $\alpha_\mathrm{r}(\omega)$ が, 虚部 $\alpha_\mathrm{i}(\omega)$ によって表現できていることがわかる.

一方, $\alpha(\omega)$ の虚部 $\alpha_\mathrm{i}(\omega)$ は, 次のように書くことができる.

$$\begin{aligned}
\alpha_\mathrm{i}(\omega) &= -\frac{1}{\pi} P \int_{-\infty}^{\infty} \frac{\alpha_\mathrm{r}(s)}{s - \omega} ds \\
&= -\frac{1}{\pi} P \left[\int_{-\infty}^{0} \frac{\alpha_\mathrm{r}(p)}{p - \omega} dp + \int_{0}^{\infty} \frac{\alpha_\mathrm{r}(s)}{s - \omega} ds \right] \\
&= -\frac{1}{\pi} P \left[-\int_{0}^{\infty} \frac{\alpha_\mathrm{r}(s)}{s + \omega} ds + \int_{0}^{\infty} \frac{\alpha_\mathrm{r}(s)}{s - \omega} ds \right] \\
&= -\frac{2\omega}{\pi} P \int_{0}^{\infty} \frac{\alpha_\mathrm{r}(s)}{s^2 - \omega^2} ds
\end{aligned} \tag{1.112}$$

式 (1.112) から, 応答関数 $\alpha(\omega)$ の虚部 $\alpha_\mathrm{i}(\omega)$ が, 実部 $\alpha_\mathrm{r}(\omega)$ によって表現できていることがわかる.

式 (1.111), (1.112) をまとめて，クラマース–クローニッヒの関係 (Kramers-Kronig relations) という．クラマース–クローニッヒの関係を用いると，線形受動システムにおいて，応答関数 $\alpha(\omega)$ の実部 $\alpha_\mathrm{r}(\omega)$ と虚部 $\alpha_\mathrm{i}(\omega)$ を結びつけることができる．

第 2 章

磁性体と超伝導体

この章の目的

　磁性体は，外部から静磁界が印加されると，磁化が変化する物質である．この章では，磁化の振る舞いから，磁性体の性質を説明する．また，電気抵抗が 0 である超伝導体の性質を磁気的な観点から説明する．

キーワード

　磁気双極子モーメント，磁化，磁束密度，磁気分極，磁化率，常磁性体，反磁化磁界（反磁界），反磁性体，強磁性体，フェリ磁性体，マイスナー効果，完全反磁性，ロンドン方程式，ロンドンの進入深さ，ジョゼフソン効果，クーパー対

2.1 磁化と磁化率

2.1.1 磁気双極子モーメント

　磁性体 (magnet) とは，外部から磁界を印加したときに**磁気双極子モーメント** (magnetic dipole moment) あるいは**磁気モーメント** (magnetic moment) μ (Am^2) が誘起され，**磁化** (magnetization) M (Am^{-1}) が変化する固体である．E–B 対応のもとでは，磁束密度 B (T)，磁界 H (Am^{-1})，磁化 M (Am^{-1}) の間には，次の関係がある．

$$B = \mu_0(H + M) \tag{2.1}$$

ここで，$\mu_0\,(\mathrm{Hm^{-1}})$ は真空の透磁率であり，$\mu_0 M\,(\mathrm{T})$ を **磁気分極** (magnetic polarization) という．そして，磁界 H は，外部から磁性体に印加した磁界 H_0 と磁化 M によって生じた反磁化磁界（反磁界）H_1 との合成磁界であり，次式によって与えられる．

$$H = H_0 + H_1 \tag{2.2}$$

なお，E–H 対応のもとでは，$B = \mu_0 H + M$ と表され，E–H 対応における磁化 M の単位は磁束密度 B の単位と同じ T である．

式 (2.1) における磁化 $M\,(\mathrm{Am^{-1}})$ は，磁気双極子モーメント $\boldsymbol{\mu}\,(\mathrm{Am^2})$ の総ベクトル和を体積で割ったもの，つまり単位体積あたりの磁気双極子モーメントとして定義される．

磁性体では，誘電体における電荷 $\pm q$ を **磁荷** (magnetic charge) $\pm q_\mathrm{m}$ で置換したと考えるとよい．ただし，N 極を q_m，S 極を $-q_\mathrm{m}$ とする．図 2.1 (a) に磁荷 $\pm q_\mathrm{m}$ を用いた磁気双極子モーメント $\boldsymbol{\mu}$ を示す．磁荷 $-q_\mathrm{m}$ から q_m に向かうベクトルを $\boldsymbol{r}_n$ とすると，磁気双極子モーメント $\boldsymbol{\mu}$ は，次のように表される．

$$\boldsymbol{\mu} = q_\mathrm{m} \boldsymbol{r}_n \tag{2.3}$$

磁荷が移動するときは，磁気双極子モーメント $\boldsymbol{\mu}$ の方向は，正の磁荷が移動する方向であると約束する．ここで注意すべきことは，正負の電荷 $\pm q$ が独立に存在することができるのに対し，正負の磁荷 $\pm q_\mathrm{m}$ が独立に存在できないことである．このことは，マクスウェル方程式において，次のように表されている．

$$\operatorname{div} \boldsymbol{B} = \nabla \cdot \boldsymbol{B} = 0 \tag{2.4}$$

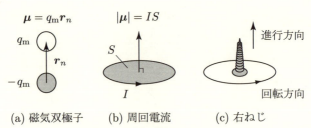

(a) 磁気双極子　(b) 周回電流　(c) 右ねじ

図 2.1 磁気双極子モーメント

誘電体では，必ず電荷を用いて電気双極子モーメントを表したが，磁性体では磁荷が存在しないときでも，図 2.1 (b) に示すように，周回電流 I が流れていれば，磁気モーメント $\boldsymbol{\mu}$ が存在する．$\boldsymbol{E}$–$\boldsymbol{B}$ 対応のもとでは，磁気モーメント $\boldsymbol{\mu}$ は，次のように表される．

$$\boldsymbol{\mu} = IS \tag{2.5}$$

ここで，S は周回電流が流れる閉曲線で囲まれた面の面積である．また，磁気双極子モーメント $\boldsymbol{\mu}$ の向きは，図 2.1 (c) のように，周回電流 I が流れる向きに右ねじを回転させたときに，右ねじが進む方向であると約束する．

2.1.2 磁化率

合成磁界 $\boldsymbol{H} = \boldsymbol{H}_0 + \boldsymbol{H}_1$ を用いて，磁化 $\boldsymbol{M}$ は次のように表される．

$$\boldsymbol{M} = \chi_\mathrm{m} \boldsymbol{H} \tag{2.6}$$

ここで導入した χ_m を**磁化率** (magnetic susceptibility) という．日本語と英語の対比で考えれば，誘電体における electric susceptibility χ が電気感受率とよばれるので，magnetic susceptibility χ_m は磁気感受率となりそうだが，磁化率とよばれている．そして，磁化率 χ_m の値に応じて，磁化率 $\chi_\mathrm{m} = 10^{-3} \sim 10^{-5} > 0$ の物質を**常磁性体** (paramagnet)，磁化率 $\chi_\mathrm{m} = -10^{-5} \sim -10^{-6} < 0$ の物質を**反磁性体** (diamagnet) という．

2.2 常磁性体

2.2.1 外部磁界と平行な磁化

図 2.2 のように，外部から磁界 $\boldsymbol{H}_0$ を印加すると，磁気双極子モーメント $\boldsymbol{\mu}$ が磁界 $\boldsymbol{H}_0$ と同じ向き，すなわち平行になるような物質を常磁性体という．この結果，常磁性体には，外部磁界 $\boldsymbol{H}_0$ と平行な磁化 $\boldsymbol{M}$ が生ずる．

この磁化 $\boldsymbol{M}$ によって，外部磁界 $\boldsymbol{H}_0$ を打ち消すような**反磁化磁界（反磁界）** (demagnetization magnetic field) $\boldsymbol{H}_1$ が生ずる．したがって，巨視的な

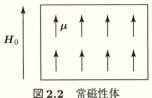

図 2.2 常磁性体

全磁界 H は,次のようになる.

$$H = H_0 + H_1 \tag{2.7}$$

常磁性体の場合も,誘電体の場合の反分極因子とまったく同じ考え方で,反磁化因子 N を求めることができる.形状ごとの常磁性体の反磁化因子は,誘電体の場合の反分極因子とまったく同じになる.外部磁界の方向を x 軸の正の方向に選んだとき $(\boldsymbol{H}_0 = H_0\hat{\boldsymbol{x}},\ H_0 > 0)$,試料の形状と反磁界因子(反磁界係数)$N_x$ との関係は表 2.1 のようになる.

表 2.1 $\boldsymbol{H}_0 = H_0\hat{\boldsymbol{x}}$ の場合の試料の形状と反磁化因子 N_x との関係

試料の形状	N_x
球	1/3
yz 面に広がった薄板	1
z 軸方向の長軸をもつ円柱	1/2

2.2.2 スピン系

量子論によると,自由空間における原子やイオンの磁気双極子モーメントは,次式で与えられる.

$$\boldsymbol{\mu} = \gamma\hbar\boldsymbol{J} = -g\mu_\mathrm{B}\boldsymbol{J} \tag{2.8}$$

ここで,**全角運動量** (total angular momentum) $\hbar\boldsymbol{J}$ は,**軌道角運動量** (orbital angular momentum) $\hbar\boldsymbol{L}$ と**スピン角運動量** (spin angular momentum) $\hbar\boldsymbol{S}$ との和である.また,γ は磁気双極子モーメントの全角運動量に対する比で,**磁気角運動量比** (gyromagnetic ratio または magnetogyric ratio) とよばれてい

る．そして，g は g 因子 (g-factor)，あるいは分光学的分裂因子 (spectroscopic splitting factor) といい，電子のスピンに対しては $g = 2.0023$ である．自由原子に対しては，g は ランデの方程式 (Landé equation)

$$g = 1 + \frac{J(J+1) + S(S+1) - L(L+1)}{2J(J+1)} \tag{2.9}$$

で与えられる．また，ボーア磁子 (Bohr magneton) μ_B は，次式で定義されている．

$$\mu_B = \frac{e\hbar}{2m_0} \tag{2.10}$$

ここで，e は電気素量である．そして，$\hbar$ はプランク定数 h を 2π で割った $\hbar = h/2\pi$ によって与えられ，ディラック定数とよばれることもある．また，m_0 は真空における電子の質量である．

【例題 2.1】
式 (2.9) を導け．

解

全軌道角運動量を L，全スピンを S とするとき，全角運動量は $J = L + S$ と表される．真空中の電子の静止質量を m_0，電気素量を e とすると，全角運動量 J による磁気モーメント μ_J は，次のように表される．

$$\mu_J = -\frac{e}{2m_0}L + \left(-\frac{e}{m_0}S\right) = -\frac{e}{2m_0}(L + 2S) \tag{2.11}$$

全角運動量 J による磁気モーメント μ_J の時間平均 $\langle \mu_J \rangle = \mu$ は，次のようになる．

$$\langle \mu_J \rangle = \mu = -\frac{e}{2m_0}(L + 2S)_J \frac{J}{|J|} = -\frac{e}{2m_0}gJ \tag{2.12}$$

ここで，$(L+2S)_J$ は $L+2S$ の J 方向への射影成分，$(L+2S)_J/|J| = g$ は g 因子である．$(L+2S)_J$ は，J 方向の単位ベクトル $J/|J|$ を用いて，次のように表すことができる．

$$(L + 2S)_J = (L + 2S) \cdot \frac{J}{|J|} \tag{2.13}$$

式 (2.12), 式 (2.13) から，g 因子は次のように表される．

$$\begin{aligned}
g &= (\boldsymbol{L}+2\boldsymbol{S})_J \frac{1}{|\boldsymbol{J}|} = (\boldsymbol{L}+2\boldsymbol{S}) \cdot \frac{\boldsymbol{J}}{|\boldsymbol{J}|} \frac{1}{|\boldsymbol{J}|} \\
&= \frac{(\boldsymbol{L}+2\boldsymbol{S}) \cdot \boldsymbol{J}}{|\boldsymbol{J}|^2} = \frac{(\boldsymbol{L}+2\boldsymbol{S}) \cdot \boldsymbol{J}}{\boldsymbol{J}^2} \\
&= \frac{(\boldsymbol{L}+\boldsymbol{S}+\boldsymbol{S}) \cdot \boldsymbol{J}}{\boldsymbol{J}^2} = \frac{(\boldsymbol{J}+\boldsymbol{S}) \cdot \boldsymbol{J}}{\boldsymbol{J}^2} \\
&= \frac{\boldsymbol{J}^2 + \boldsymbol{S} \cdot \boldsymbol{J}}{\boldsymbol{J}^2} = 1 + \frac{\boldsymbol{S} \cdot \boldsymbol{J}}{\boldsymbol{J}^2}
\end{aligned} \tag{2.14}$$

ここで，$|\boldsymbol{J}|^2 = \boldsymbol{J} \cdot \boldsymbol{J} = \boldsymbol{J}^2$ と $\boldsymbol{J} = \boldsymbol{L} + \boldsymbol{S}$ を用いた．

さて，図 2.3 における $\boldsymbol{L}$, $\boldsymbol{S}$, $\boldsymbol{J}$ を各辺とする三角形に第 2 余弦定理を適用すると，次の関係が成り立つ．

$$\boldsymbol{L}^2 = \boldsymbol{J}^2 + \boldsymbol{S}^2 - 2\boldsymbol{S} \cdot \boldsymbol{J} \tag{2.15}$$

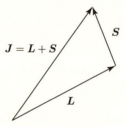

図 2.3　角運動量

式 (2.15) から，$\boldsymbol{S} \cdot \boldsymbol{J}$ は次のように表される．

$$\boldsymbol{S} \cdot \boldsymbol{J} = \frac{\boldsymbol{J}^2 + \boldsymbol{S}^2 - \boldsymbol{L}^2}{2} \tag{2.16}$$

式 (2.16) を式 (2.14) に代入し，さらに，演算子 $\hat{\boldsymbol{J}}^2$, $\hat{\boldsymbol{S}}^2$, $\hat{\boldsymbol{L}}^2$ それぞれに対する固有値 $J(J+1)\hbar^2$, $S(S+1)\hbar^2$, $L(L+1)\hbar^2$ を用いると，次のようにランデの方程式が得られる．

$$\begin{aligned}
g &= 1 + \frac{\boldsymbol{J}^2 + \boldsymbol{S}^2 - \boldsymbol{L}^2}{2\boldsymbol{J}^2} \\
&= 1 + \frac{J(J+1)\hbar^2 + S(S+1)\hbar^2 - L(L+1)\hbar^2}{2J(J+1)\hbar^2} \\
&= 1 + \frac{J(J+1) + S(S+1) - L(L+1)}{2J(J+1)}
\end{aligned} \tag{2.17}$$

さて，スピン角運動量 $\hbar S$ をもつ系のエネルギー準位は，磁界中では $(2S+1)$ 個のエネルギー準位に分裂する．したがって，1粒子あたりスピン角運動量 $\hbar S$ をもつ，N 個の粒子から構成されるスピン系の状態数 W_S は，次のようになる．

$$W_S = (2S+1)^N \tag{2.18}$$

式 (2.18) からエントロピー σ_S は，次のように表される．

$$\sigma_S = \ln W_S = \ln(2S+1)^N = N\ln(2S+1) \tag{2.19}$$

このスピン系の磁界中におけるエネルギー U は，次式で与えられる．

$$U = -\boldsymbol{\mu} \cdot \boldsymbol{B} = m_J g \mu_B B \tag{2.20}$$

ここで，m_J は**方位量子数** (azimuthal quantum number) であり，$J, J-1,\cdots, -J$ の値をとる．また，B はスピン系に印加された磁束密度である．

2.2.3　二準位系における磁化

電子だけから構成されるスピン系 ($S=1/2$) に磁界を印加すると，電子の上向きスピンと下向きスピンに対応して，図 2.4 のようにエネルギー準位は二つに分裂する．分裂前のエネルギーを 0 とすると，分裂後のエネルギー準位のエネルギー U は次式のようになる．

$$U = \pm \mu B \tag{2.21}$$

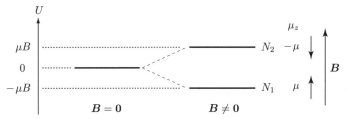

図 **2.4**　電子だけから構成されるスピン系に磁界（磁束密度 $\boldsymbol{B}$）を印加したときのエネルギー準位の分裂

34　第2章　磁性体と超伝導体

図 2.4 の $B \neq 0$ におけるエネルギー準位のように，エネルギー準位の数が二つだけの系を二準位系という．二準位系では，エネルギーが低い準位と高い準位の分布 (population) をそれぞれ N_1, N_2 とすると，次のように表される．

$$\frac{N_1}{N} = \frac{\exp(\mu B/k_B T)}{\exp(\mu B/k_B T) + \exp(-\mu B/k_B T)} \tag{2.22}$$

$$\frac{N_2}{N} = \frac{\exp(-\mu B/k_B T)}{\exp(\mu B/k_B T) + \exp(-\mu B/k_B T)} \tag{2.23}$$

ここで，二準位系における全電子数 $N = N_1 + N_2$ は一定である．

【例題 2.2】

式 (2.22), (2.23) を導け．

解

二準位系における全電子数 $N = N_1 + N_2$ が一定だから，ボルツマン因子と分配関数を用いて考える．エネルギーが低い準位のボルツマン因子は，エネルギー $U_{\text{low}} = -\mu B$ に対応して，次のようになる．

$$\exp\left(-\frac{U_{\text{low}}}{k_B T}\right) = \exp\left(\frac{\mu B}{k_B T}\right) \tag{2.24}$$

エネルギーが高い準位のボルツマン因子は，エネルギー $U_{\text{high}} = \mu B$ に対応して，次のようになる．

$$\exp\left(-\frac{U_{\text{high}}}{k_B T}\right) = \exp\left(-\frac{\mu B}{k_B T}\right) \tag{2.25}$$

式 (2.24), (2.25) から，分配関数 Z は次式で与えられる．

$$Z = \exp\left(\frac{\mu B}{k_B T}\right) + \exp\left(-\frac{\mu B}{k_B T}\right) \tag{2.26}$$

したがって，エネルギーが低い準位に電子が存在する確率 $f_{\text{low}} = N_1/N$ は，次のように求められる．

$$f_{\text{low}} = \frac{N_1}{N} = \frac{\exp(\mu B/k_B T)}{Z} = \frac{\exp(\mu B/k_B T)}{\exp(\mu B/k_B T) + \exp(-\mu B/k_B T)} \tag{2.27}$$

一方，エネルギーが高い準位に電子が存在する確率 $f_{\text{high}} = N_2/N$ は，次のようになる．

$$f_{\text{high}} = \frac{N_2}{N} = \frac{\exp(-\mu B/k_B T)}{Z} = \frac{\exp(-\mu B/k_B T)}{\exp(\mu B/k_B T) + \exp(-\mu B/k_B T)} \tag{2.28}$$

磁気双極子モーメントの磁界方向への射影成分は，エネルギーの高い準位では $-\mu$，エネルギーの低い準位では μ である．したがって，単位体積あたりの原子数を N とすると，磁化 M は次のようになる．

$$M = N_1\mu + N_2(-\mu) = (N_1 - N_2)\mu = N\mu\tanh\left(\frac{\mu B}{k_B T}\right) \quad (2.29)$$

2.2.4 パウリのスピン磁化

ここで，$E_F \gg k_B T$ をみたすような場合を考えよう．たとえば，鉄 (Fe) では $E_F = 11.1\,\text{eV}$ であり，$T = 300\,\text{K}$ では $k_B T = 25.9\,\text{meV}$ だから，$E_F \gg k_B T$ であると考えてよい．このとき，磁界に平行な磁気双極子モーメントをもつ電子の濃度 N_+ は，次式で与えられる．

$$\begin{aligned}
N_+ &= \frac{1}{2}\int_{-\mu B}^{E_F} f_{FD}(E) D(E+\mu B)\,dE \\
&\simeq \frac{1}{2}\left[\int_0^{E_F} f_{FD}(E) D(E)\,dE + \mu B D(E_F)\right] \quad (2.30)
\end{aligned}$$

ここで，$f_{FD}(E)$ はフェルミ–ディラック分布関数，$D(E+\mu B)/2$ は一つのスピン方向に対する状態密度である．図 2.5 において，グラフの外周と横軸で囲まれた面積が，$\int_{-\mu B}^{E_F} f_{FD}(E) D(E+\mu B)\,dE$ を示している．そして，薄いグレーの網掛け部が $\int_0^{E_F} f_{FD}(E) D(E)\,dE$，濃いグレーの網掛け部が $\mu B D(E_F)$ である．図 2.5 において，横軸の最小値が $-\mu B$ である．また，μB の大きさを誇張して描いてあることに注意しよう．

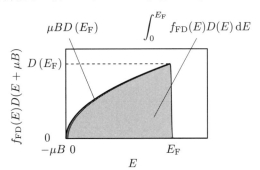

図 2.5　磁界に平行な磁気双極子モーメントをもつ電子の濃度

磁界に反平行な磁気双極子モーメントをもつ電子の濃度 N_- は，次式で与えられる．

$$\begin{aligned}N_- &= \frac{1}{2}\int_{\mu B}^{E_\mathrm{F}} f_\mathrm{FD}(E)D(E-\mu B)\,\mathrm{d}E \\ &\simeq \frac{1}{2}\left[\int_0^{E_\mathrm{F}} f_\mathrm{FD}(E)D(E)\,\mathrm{d}E - \mu BD\left(E_\mathrm{F}\right)\right]\end{aligned} \quad (2.31)$$

図 2.6 において，濃いグレーの網掛け部の面積が，$\int_{\mu B}^{E_\mathrm{F}} f_\mathrm{FD}(E)D(E-\mu B)\,\mathrm{d}E$ を，グラフの外周と横軸で囲まれた部分が $\int_0^{E_\mathrm{F}} f_\mathrm{FD}(E)D(E)\,\mathrm{d}E$ を，薄いグレーの網掛け部が $\mu BD\left(E_\mathrm{F}\right)$ を示している．図 2.6 においても，μB の大きさを誇張して描いてあることに注意しよう．

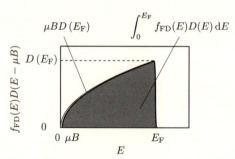

図 2.6 磁界に反平行な磁気双極子モーメントをもつ電子の濃度

式 (2.30), (2.31) から，$E_\mathrm{F} \gg k_\mathrm{B}T$ という条件のもとでは，磁化 M は次のように表される．

$$M = N_+\mu + N_-(-\mu) = \mu(N_+ - N_-) = \mu^2 D\left(E_\mathrm{F}\right)B = \frac{3N\mu^2}{2k_\mathrm{B}T_\mathrm{F}}B \quad (2.32)$$

この磁化 M は，伝導電子に対するパウリのスピン磁化 (Pauli spin magnetization) とよばれている．

2.3 反磁性体

2.3.1 外部磁界と反平行な磁化

図 2.7 のように，外部から磁界 H_0 を印加すると，磁気双極子モーメント μ が磁界 H_0 と反対向き，すなわち反平行になるような物質を反磁性体という．この結果，反磁性体には外部磁界 H_0 と反平行な磁化 M が生ずる．

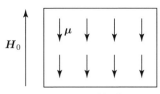

図 2.7 反磁性体

2.3.2 ラーモアの理論

原子やイオンの反磁性（磁化率 $\chi_\mathrm{m} < 0$）は，ラーモアの理論 (Larmor theory) を用いて説明することができる．クーロン力を受けて，原子核を中心として円運動している電子に磁界を印加すると，第 1 近似として，電子の運動は，磁界が存在しないときの運動に**歳差運動** (precession) を重ね合わせた運動になると考えられる．このような電子の歳差運動をラーモアの**歳差運動** (Larmor precession) という．

磁界が存在しないとき，図 2.8 (a) のように，電子が原子核を中心として角

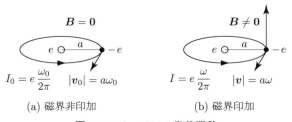

図 2.8 ラーモアの歳差運動

速度 ω_0 で半径 a の円運動をしているとする．このとき，電子から観測すると，クーロン力による引力と遠心力とがつりあうので，次式が成り立つ．

$$m_0 a \omega_0^2 = \frac{e^2}{4\pi\varepsilon_0 a^2} \quad (2.33)$$

ここで，m_0 は真空中の電子の質量，e は電気素量，ε_0 は真空の誘電率である．

このような円運動をしている電子に磁界（磁束密度 B）を印加すると，図 2.8 (b) のようになる．このとき，電子から観測すると，ローレンツ力による引力と遠心力とがつりあうので，次式が成り立つ．

$$m_0 a \omega^2 = \frac{e^2}{4\pi\varepsilon_0 a^2} - evB \quad (2.34)$$

ただし，磁界の有無にかかわらず円運動の半径は不変であり，磁界の印加により角速度が ω に変化すると仮定した．ここで，$v = |\boldsymbol{v}| = a\omega$ は電子の速さ，$B = |\boldsymbol{B}|$ は磁束密度の大きさである．

歳差運動による角速度の変化 $\omega - \omega_0 = \Delta\omega$ は，次式で与えられる．

$$\Delta\omega = -\frac{eB}{2m_0} \quad (2.35)$$

磁界が存在しないときは，Z 個の電子が円運動すれば，次のような周回電流 I_0 が流れる．

$$I_0 = Ze\frac{\omega_0}{2\pi} \quad (2.36)$$

磁界（磁束密度 B）を印加したときは，Z 個の電子が円運動すれば，次のような周回電流 I が流れる．

$$I = Ze\frac{\omega}{2\pi} \quad (2.37)$$

磁界が印加されていないときに，周回電流 I_0 による磁界と内部磁界が相殺して磁気モーメントが誘起されていないとする．このとき，外部から磁界が印加されると，式 (2.35)–(2.37) から，周回電流の変化 $\Delta I = I - I_0$ は，次のようになる．

$$\Delta I = I - I_0 = Ze\frac{\Delta\omega}{2\pi} = -Ze\left(\frac{1}{2\pi}\frac{eB}{2m_0}\right) \quad (2.38)$$

この結果，磁界が印加されると，磁界と反平行な磁気モーメントが生ずる．

電子と原子核との距離の2乗平均を $\langle r^2 \rangle$ とすると，次式が導かれる．

$$\mu = -\frac{Ze^2 B}{6m_0} \langle r^2 \rangle \tag{2.39}$$

この結果は古典論から導いたものであるが，量子論からも同じ結果が得られる．また，単位体積あたりの原子数を N とすると，反磁性体における磁化率 χ_m は，次式のように負になり，反磁性を説明することができる．

$$\chi_\mathrm{m} = \frac{N\mu}{H} = -\frac{\mu_0 N Z e^2}{6m_0} \langle r^2 \rangle \tag{2.40}$$

ただし，ここで $B = \mu_0 H$ を用いた．

【例題 2.3】

式 (2.35) を導け．

解

式 (2.33) を式 (2.34) に代入し，$v = |v| = a\omega$ を用いると，角速度 ω について，次のような2次方程式が得られる．

$$m_0 a \omega^2 + eaB\omega - m_0 a {\omega_0}^2 = 0 \tag{2.41}$$

式 (2.41) の解は，角速度 ω が正であることに注意すると，次のようになる．

$$\omega = \frac{-eB + \sqrt{e^2 B^2 + 4{m_0}^2 {\omega_0}^2}}{2m_0} \tag{2.42}$$

ここで，通常の印加磁界の範囲では $e^2 B^2 \ll 4{m_0}^2 {\omega_0}^2$ であることに注意すると，角速度 ω は次式によって与えられる．

$$\omega = \omega_0 - \frac{eB}{2m_0} \tag{2.43}$$

したがって，歳差運動による角速度の変化 $\Delta\omega = \omega - \omega_0$ は，次のように表される．

$$\Delta\omega = \omega - \omega_0 = -\frac{eB}{2m_0} \tag{2.44}$$

【例題 2.4】

式 (2.39) を導け．

解

原子核の位置を原点 $(0,0,0)$ とし，電子の位置を (x,y,z) とすると，電子と原子核との距離の 2 乗平均 $\langle r^2 \rangle$ は次式のようになる．

$$\langle r^2 \rangle = \langle x^2 + y^2 + z^2 \rangle = \langle x^2 \rangle + \langle y^2 \rangle + \langle z^2 \rangle \tag{2.45}$$

ここで，x, y, z はお互いに独立であるとした．また，一様な空間を考えると，座標 (x,y,z) の選び方は任意だから，次のようになる．

$$\langle x^2 \rangle = \langle y^2 \rangle = \langle z^2 \rangle \tag{2.46}$$

式 (2.45), (2.46) から次の関係が得られる．

$$\langle x^2 \rangle = \langle y^2 \rangle = \langle z^2 \rangle = \frac{\langle r^2 \rangle}{3} \tag{2.47}$$

したがって，周回電流が流れる閉曲線を縁とする平面（円）の面積 S は，次のように表される．

$$S = \pi \left(\langle x^2 \rangle + \langle y^2 \rangle \right) = \frac{2\pi \langle r^2 \rangle}{3} \tag{2.48}$$

式 (2.48), (2.38) から，反磁性体における磁気双極子モーメント μ は，次のようになる．

$$\mu = \Delta I S = -\frac{Ze^2 B}{6m_0} \langle r^2 \rangle \tag{2.49}$$

2.4 強磁性体

2.4.1 自発的磁気双極子モーメント

図 2.9 のように，**強磁性体** (ferromagnet) は，外部から磁界 $\boldsymbol{H}_0$ を印加しなくても，**自発的磁気双極子モーメント** (spontaneous magnetic dipole moment) をもっている．つまり，強磁性体中では，電子のスピンや磁気双極子モーメントの向きが，揃っている．

2.4 強磁性体　41

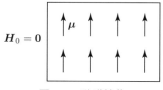

図 2.9　強磁性体

2.4.2 交換磁界と平均場の近似

磁気双極子モーメントをお互いに平行にするような内部相互作用を常磁性体に与えると，強磁性体になる．このような相互作用を生みだす磁界 H_E を**交換磁界** (exchange magnetic field) という．交換磁界 H_E が磁化 M に比例すると考え，次のようにおく．

$$H_E = \alpha M \tag{2.50}$$

このような近似を**平均場の近似** (mean field approximation) という．ただし，α は定数であり，温度に依存しない．

2.4.3 キュリー–ワイスの法則

自発的に生じた磁化すなわち**自発磁化** (spontaneous magnetization) は，キュリー温度 T_C 以上で消失する．すなわち，キュリー温度 T_C によって，$T < T_C$ における秩序化された (ordered) **強磁性状態** (ferromagnetic state) と $T > T_C$ における無秩序化された (disordered) **常磁性状態** (paramagnetic state) とに分けられる．

物質が常磁性状態にあるとき，外部から磁界 H_0 を印加すると，磁化 M は次のようになる．

$$M = \chi_P (H_0 + H_E) \tag{2.51}$$

ここで，χ_P は**常磁性磁化率** (paramagnetic susceptibility) である．

キュリー定数 (Curie constant) を C として，次の**キュリーの法則** (Curie law)

$$\chi_P = \frac{C}{T} \tag{2.52}$$

を用いると，次式のようなキュリー–ワイスの法則 (Curie–Weiss law) が得られる．

$$\chi_\mathrm{m} = \frac{M}{H_0} = \frac{C}{T - C\alpha} = \frac{C}{T - T_\mathrm{C}}, \quad T_\mathrm{C} = C\alpha \tag{2.53}$$

2.4.4 スピン量子数 1/2 をもつ系に対する磁化

電子だけから構成されるスピン系 ($S = 1/2$) に対する磁化 M は，電子濃度を N，磁気双極子モーメントを μ とすると，式 (2.29) から次のようになる．

$$M = N\mu \tanh\left(\frac{\mu B}{k_\mathrm{B} T}\right) \tag{2.54}$$

いま，$\boldsymbol{H} = \boldsymbol{H}_0 + \boldsymbol{H}_\mathrm{E}$ において外部磁界がなく ($\boldsymbol{H}_0 = \boldsymbol{0}$)，交換磁界 $\boldsymbol{H}_\mathrm{E}$ のみを考えると，式 (2.50) から次のようになる．

$$B = \mu_0 H_\mathrm{E} = \mu_0 \alpha M \tag{2.55}$$

ここで，μ_0 は真空の透磁率である．式 (2.55) を式 (2.54) に代入すると，電子だけから構成されるスピン系 ($S = 1/2$) に対する磁化 M は，次のように表される．

$$M = N\mu \tanh\left(\frac{\mu_0 \mu \alpha M}{k_\mathrm{B} T}\right) \tag{2.56}$$

2.5 フェリ磁性体

2.5.1 反強磁性相互作用

図 2.10 のように，フェリ磁性体 (ferrimagnet) は，反平行な磁気双極子モーメントをもつ磁性体である．これから，反強磁性相互作用 (antiferromagnetic interaction) によって，フェリ磁性が生じることを示そう．

格子点にスピンをもつ粒子が存在する場合，この格子をスピン格子とよぶことにする．いま，2 個のスピン格子 (spin lattice) A, B を考え，これらのスピン格子に作用する平均交換磁界 $\boldsymbol{H}_\mathrm{A}$, $\boldsymbol{H}_\mathrm{B}$ が，次のように表されるとする．

$$\boldsymbol{H}_\mathrm{A} = -\alpha \boldsymbol{M}_\mathrm{A} - \beta \boldsymbol{M}_\mathrm{B} \tag{2.57}$$

$$\boldsymbol{H}_\mathrm{B} = -\beta \boldsymbol{M}_\mathrm{A} - \gamma \boldsymbol{M}_\mathrm{B} \tag{2.58}$$

2.5 フェリ磁性体

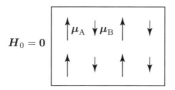

図 2.10 フェリ磁性体

ただし，M_A, M_B はそれぞれスピン格子 A, B の磁化であり，また α, β, γ はすべて正である．このとき，スピン格子 A, B 間の相互作用エネルギー密度 U は，平均交換磁束密度 $B_A = \mu_0 H_A$, $B_B = \mu_0 H_B$ を用いると，次のように表される．

$$\begin{aligned} U &= -\frac{1}{2}\left(B_A \cdot M_A + B_B \cdot M_B\right) \\ &= \mu_0 \left(\frac{1}{2}\alpha M_A{}^2 + \beta M_A \cdot M_B + \frac{1}{2}\gamma M_B{}^2\right) \end{aligned} \quad (2.59)$$

式 (2.59) から，スピン格子 A, B 間の相互作用エネルギー密度 U は，M_A が M_B と反平行の場合 ($M_A \cdot M_B < 0$) にもっとも小さくなることがわかる．したがって，基底状態では，M_A と M_B は反平行となる．

2.5.2 キュリー温度

スピン格子に作用する平均交換磁界 H_E として H_A と H_B が存在し，それぞれ次のように表される場合を考えよう．

$$H_A = -\beta M_B, \quad H_B = -\beta M_A \quad (2.60)$$

このとき，スピン格子 A, B に配置されているイオンのキュリー定数をそれぞれ C_A, C_B とおくと，式 (2.51), (2.52), (2.60) から次の結果が得られる．

$$M_A = \frac{C_A}{T}\left(H_0 - \beta M_B\right) \quad (2.61)$$

$$M_B = \frac{C_B}{T}\left(H_0 - \beta M_A\right) \quad (2.62)$$

ここで，H_0 は外部から印加した磁界である．連立方程式 (2.61), (2.62) が，$H_0 = 0$ のとき $M_A = M_B = 0$ 以外の解をもつ条件は，M_A と M_B の係数を成分とする行列式が次式をみたすことである．

$$\begin{vmatrix} T & \beta C_A \\ \beta C_B & T \end{vmatrix} = T^2 - \beta^2 C_A C_B = 0 \tag{2.63}$$

したがって，式 (2.63) をみたす温度，つまりキュリー温度 T_C は，次のようになる．

$$T_C = \beta \left(C_A C_B \right)^{\frac{1}{2}} \tag{2.64}$$

そして，$T > T_C$ のとき，磁化率 χ_m は次式で与えられる．

$$\chi_m = \frac{M_A + M_B}{H_0} = \frac{(C_A + C_B)T - 2\beta C_A C_B}{T^2 - T_C^2} \tag{2.65}$$

【例題 2.5】

式 (2.65) を導け．

解

式 (2.61), (2.62) の分母を払って整理すると次のようになる．

$$TM_A + \beta C_A M_B = C_A H_0 \tag{2.66}$$

$$\beta C_B M_A + TM_B = C_B H_0 \tag{2.67}$$

まず，式 (2.66), (2.67) から M_B を消去する．
式 (2.66)×T − 式 (2.67)×βC_A から，次のようになる．

$$\left(T^2 - \beta^2 C_A C_B \right) M_A = (TC_A - \beta C_A C_B) H_0 \tag{2.68}$$

$$\therefore M_A = \frac{TC_A - \beta C_A C_B}{T^2 - \beta^2 C_A C_B} H_0 = \frac{TC_A - \beta C_A C_B}{T^2 - T_C^2} H_0 \tag{2.69}$$

ここで，式 (2.64) を用いた．

次に，式 (2.66), (2.67) から M_A を消去する．
式 (2.67)×T − 式 (2.66)×βC_B から，次のようになる．

$$\left(T^2 - \beta^2 C_A C_B \right) M_B = (TC_B - \beta C_A C_B) H_0 \tag{2.70}$$

$$\therefore M_B = \frac{TC_B - \beta C_A C_B}{T^2 - \beta^2 C_A C_B} H_0 = \frac{TC_B - \beta C_A C_B}{T^2 - T_C^2} H_0 \tag{2.71}$$

ここで，式 (2.64) を用いた．

式 (2.69), 式 (2.71) から次のようになる.

$$\begin{aligned}M_\mathrm{A} + M_\mathrm{B} &= \frac{TC_\mathrm{A} - \beta C_\mathrm{A} C_\mathrm{B} + TC_\mathrm{B} - \beta C_\mathrm{A} C_\mathrm{B}}{T^2 - T_\mathrm{C}{}^2} H_0 \\ &= \frac{(C_\mathrm{A} + C_\mathrm{B})\,T - 2\beta C_\mathrm{A} C_\mathrm{B}}{T^2 - T_\mathrm{C}{}^2} H_0 \end{aligned} \quad (2.72)$$

式 (2.72) の両辺を H_0 で割ることによって,次のように磁化率 χ_m が求められる.

$$\chi_\mathrm{m} = \frac{M_\mathrm{A} + M_\mathrm{B}}{H_0} = \frac{(C_\mathrm{A} + C_\mathrm{B})\,T - 2\beta C_\mathrm{A} C_\mathrm{B}}{T^2 - T_\mathrm{C}{}^2} \quad (2.73)$$

2.6 核磁気共鳴

2.6.1 磁化に対する運動方程式

磁気モーメント $\boldsymbol{\mu}$ と角運動量 $\hbar \boldsymbol{I}$ をもつ原子核を考える.磁気モーメント $\boldsymbol{\mu}$ と角運動量 $\hbar \boldsymbol{I}$ が平行な場合,

$$\boldsymbol{\mu} = \gamma \hbar \boldsymbol{I} \quad (2.74)$$

とおくことができる.ここで,γ は磁気角運動量比である.この原子核に外部から磁界(磁束密度 $\boldsymbol{B}_0 = B_0 \hat{\boldsymbol{z}}$)を印加すると,この原子核に対する運動方程式は,次のように表される.

$$\hbar \frac{\mathrm{d}\boldsymbol{I}}{\mathrm{d}t} = \boldsymbol{\mu} \times \boldsymbol{B}_0 \quad \text{または} \quad \frac{\mathrm{d}\boldsymbol{\mu}}{\mathrm{d}t} = \gamma \boldsymbol{\mu} \times \boldsymbol{B}_0 \quad (2.75)$$

原子核の磁化 $\boldsymbol{M}$ は,次のように単位体積中にわたる磁気モーメント $\boldsymbol{\mu}_i$ のベクトル和として表される.

$$\boldsymbol{M} = \sum_i \boldsymbol{\mu}_i \quad (2.76)$$

式 (2.75), (2.76) から,次式が得られる.

$$\frac{\mathrm{d}\boldsymbol{M}}{\mathrm{d}t} = \gamma \boldsymbol{M} \times \boldsymbol{B}_0 \quad (2.77)$$

式 (2.77) における磁化 $\boldsymbol{M} = (M_x, M_y, M_z)$ の運動の様子は,図 2.11 のようになる.ただし,$m = \sqrt{M_x{}^2 + M_y{}^2}$ である.

46　第2章　磁性体と超伝導体

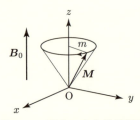

図 **2.11**　磁化の自由歳差運動

2.6.2　ブロッホ方程式

磁化の成分 M_x, M_y, M_z が，平衡値（$M_x = M_y = 0, M_z = M_0$）からずれている場合，磁化の緩和過程を考慮すると，磁化 $\bm{M} = (M_x, M_y, M_z)$ に対する運動方程式は，次のようになる．

$$\frac{\mathrm{d}M_x}{\mathrm{d}t} = \gamma (\bm{M} \times \bm{B}_0)_x - \frac{M_x}{T_2} \tag{2.78}$$

$$\frac{\mathrm{d}M_y}{\mathrm{d}t} = \gamma (\bm{M} \times \bm{B}_0)_y - \frac{M_y}{T_2} \tag{2.79}$$

$$\frac{\mathrm{d}M_z}{\mathrm{d}t} = \gamma (\bm{M} \times \bm{B}_0)_z + \frac{M_0 - M_z}{T_1} \tag{2.80}$$

ここで，T_1 は縦緩和時間 (longitudinal relaxation time) またはスピン格子緩和時間 (spin-lattice relaxation time) という．また，T_2 は横緩和時間 (transverse relaxation time) とよばれる．式 (2.78)–(2.80) の三つの方程式をまとめて，ブロッホ方程式 (Bloch equations) という．

式 (2.78)–(2.80) における磁化 $\bm{M}$ を図示すると，図 2.12 のようになる．図 2.11 と違って，緩和過程のために，歳差運動の半径が時間とともに徐々に小さくなることが特徴である．

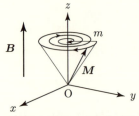

図 **2.12**　磁化の緩和を考慮した歳差運動

2.6.3 歳差運動の角速度

ブロッホ方程式は，$\boldsymbol{B}_0 = B_0 \hat{\boldsymbol{z}}$, $M_z = M_0$ のとき，次のようになる．

$$\frac{\mathrm{d}M_x}{\mathrm{d}t} = \gamma B_0 M_y - \frac{M_x}{T_2} \tag{2.81}$$

$$\frac{\mathrm{d}M_y}{\mathrm{d}t} = -\gamma B_0 M_x - \frac{M_y}{T_2} \tag{2.82}$$

$$\frac{\mathrm{d}M_z}{\mathrm{d}t} = 0 \tag{2.83}$$

このとき，歳差運動の角速度を ω_0 として，ブロッホ方程式の解を

$$M_x = m \exp\left(-\frac{t}{T'}\right) \cos \omega_0 t, \quad M_y = -m \exp\left(-\frac{t}{T'}\right) \sin \omega_0 t \tag{2.84}$$

とおき，式 (2.81), (2.82) に代入すると，歳差運動の角速度 ω_0 として，次の結果が得られる．

$$\omega_0 = \gamma B_0, \quad T' = T_2 \tag{2.85}$$

【例題 2.6】

式 (2.85) を導け．

解

式 (2.84) を式 (2.81), (2.82) の左辺に代入すると次のようになる．

$$-\frac{1}{T'} M_x + \omega_0 M_y = \gamma B_0 M_y - \frac{M_x}{T_2} \tag{2.86}$$

$$-\frac{1}{T'} M_y - \omega_0 M_x = -\gamma B_0 M_x - \frac{M_y}{T_2} \tag{2.87}$$

式 (2.86), (2.87) を整理すると，次式が得られる．

$$\left(\frac{1}{T_2} - \frac{1}{T'}\right) M_x + (\omega_0 - \gamma B_0) M_y = 0 \tag{2.88}$$

$$(\gamma B_0 - \omega_0) M_x + \left(\frac{1}{T_2} - \frac{1}{T'}\right) M_y = 0 \tag{2.89}$$

ここで，式 (2.84) に示したように M_x と M_y は時間 t の関数であり，M_x と M_y は任意の値をとる．式 (2.88), (2.89) が任意の M_x と M_y に対して成り立つためには，次の条件をみたすことが必要である．

$$\frac{1}{T_2} - \frac{1}{T'} = 0, \quad \omega_0 - \gamma B_0 = 0 \tag{2.90}$$

式 (2.90) から次の結果が得られる．

$$\omega_0 = \gamma B_0, \quad T' = T_2 \tag{2.91}$$

2.6.4 共鳴吸収

外部から直流磁界(磁束密度 $B_0 = B_0\hat{z}$)を印加した状態で,次のような磁束密度をもつ,右回りの円偏波を試料に入射する場合を考える.

$$B_x = B_1 \cos\omega t, \quad B_y = -B_1 \sin\omega t \tag{2.92}$$

このとき,磁束密度 B は,次のように表される.

$$B = B_1 \cos\omega t \hat{x} - B_1 \sin\omega t \hat{y} + B_0 \hat{z} \tag{2.93}$$

ここで,$M_z = M_0$ とすると,右回りの円偏波に対する吸収パワー $\mathcal{P}_{\mathrm{abs}}(\omega)$ は,

$$\mathcal{P}_{\mathrm{abs}}(\omega) = \frac{\omega\gamma M_0 T_2}{1 + (\omega - \omega_0)^2 T_2^2} B_1^{\ 2} \tag{2.94}$$

となり,$\omega = \omega_0$ で共鳴的に吸収が起きることがわかる.なお,吸収スペクトルの半値半幅(スペクトル強度がピーク値の半分になるときのスペクトル幅の半分の値,half width at half maximum)$(\Delta\omega)_{1/2}$ は,次式で与えられる.

$$(\Delta\omega)_{1/2} = \frac{1}{T_2} \tag{2.95}$$

【例題 2.7】

式 (2.94) を導出せよ.

解

式 (2.78)–(2.80) を書き換えると,次のようになる.

$$\frac{\mathrm{d}M_x}{\mathrm{d}t} = \gamma\left(M_y B_z - M_z B_y\right) - \frac{M_x}{T_2} \tag{2.96}$$

$$\frac{\mathrm{d}M_y}{\mathrm{d}t} = \gamma\left(M_z B_x - M_x B_z\right) - \frac{M_y}{T_2} \tag{2.97}$$

$$\frac{\mathrm{d}M_z}{\mathrm{d}t} = \gamma\left(M_x B_y - M_y B_x\right) + \frac{M_0 - M_z}{T_1} \tag{2.98}$$

磁化 M は磁束密度 B に追随して振動すると考え,$m > 0$ として磁化 M を次のようにおく.

$$M = m\cos(\omega t + \varphi)\hat{x} - m\sin(\omega t + \varphi)\hat{y} + M_0'\hat{z} \tag{2.99}$$

ただし,磁化 M と磁束密度 B の位相差を φ とした.

2.6 核磁気共鳴   49

式 (2.93), (2.99) を式 (2.96)–(2.98) に代入すると，次のようになる．

$$-\omega m \sin(\omega t + \varphi) =$$
$$-\gamma B_0 m \sin(\omega t + \varphi) + \gamma B_1 M_0 \sin(\omega t) - \frac{m \cos(\omega t + \varphi)}{T_2} \qquad (2.100)$$

$$-\omega m \cos(\omega t + \varphi) =$$
$$\gamma B_1 M_0 \cos(\omega t) - \gamma B_0 m \cos(\omega t + \varphi) + \frac{m \sin(\omega t + \varphi)}{T_2} \qquad (2.101)$$

$$0 = \gamma B_1 m \sin\varphi + \frac{M_0 - M_0'}{T_1} \qquad (2.102)$$

式 (2.100), (2.101) において $t = 0$ とすると，次のようになる．

$$-\omega m \sin\varphi = -\omega_0 m \sin\varphi - \frac{m \cos\varphi}{T_2} \qquad (2.103)$$

$$-\omega m \cos\varphi = \gamma B_1 M_0 - \omega_0 m \cos\varphi + \frac{m \sin\varphi}{T_2} \qquad (2.104)$$

ここで，式 (2.91) の $\omega_0 = \gamma B_0$ を用いた．

式 (2.103), (2.104) から次の関係が得られる．

$$m\left[\cos\varphi - (\omega - \omega_0) T_2 \sin\varphi\right] = 0 \qquad (2.105)$$

$$m\left[(\omega - \omega_0) T_2 \cos\varphi + \sin\varphi\right] = -\gamma M_0 T_2 B_1 \qquad (2.106)$$

ここでは $m > 0$ と仮定しているので，式 (2.105) から次の結果が得られる．

$$\cos\varphi - (\omega - \omega_0) T_2 \sin\varphi = 0 \qquad (2.107)$$

$$\therefore \ \tan\varphi = \frac{\sin\varphi}{\cos\varphi} = \frac{1}{(\omega - \omega_0) T_2} \qquad (2.108)$$

式 (2.108) をみたす φ に対して，次のようにおく．

$$\sin\varphi = \frac{-1}{\sqrt{1 + (\omega - \omega_0)^2 T_2^2}} \qquad (2.109)$$

$$\cos\varphi = \frac{-(\omega - \omega_0) T_2}{\sqrt{1 + (\omega - \omega_0)^2 T_2^2}} \qquad (2.110)$$

式 (2.109), (2.110) を式 (2.106) に代入すると，次のようになる．

$$m\left[-\frac{(\omega - \omega_0)^2 T_2^2}{\sqrt{1 + (\omega - \omega_0)^2 T_2^2}} - \frac{1}{\sqrt{1 + (\omega - \omega_0)^2 T_2^2}}\right] = -\gamma M_0 T_2 B_1$$

$$\therefore \ -m \frac{1 + (\omega - \omega_0)^2 T_2^2}{\sqrt{1 + (\omega - \omega_0)^2 T_2^2}} = -\gamma M_0 T_2 B_1$$

$$\therefore \ m \sqrt{1 + (\omega - \omega_0)^2 T_2^2} = \gamma M_0 T_2 B_1 \qquad (2.111)$$

式 (2.111) から，m は次のように表される．

$$m = \frac{\gamma M_0 T_2 B_1}{\sqrt{1 + (\omega - \omega_0)^2 T_2^2}} \tag{2.112}$$

式 (2.93), (2.99) から，右回りの円偏波に対する吸収パワー $\mathcal{P}_{\text{abs}}(\omega)$ は，次のようになる．

$$\begin{aligned}
\mathcal{P}_{\text{abs}}(\omega) &= B_x \frac{\partial M_x}{\partial t} + B_y \frac{\partial M_y}{\partial t} + B_z \frac{\partial M_z}{\partial t} \\
&= -\omega m B_1 \cos \omega t \sin(\omega t + \varphi) - \omega m (-B_1 \sin \omega t) \cos(\omega t + \varphi) \\
&= -\omega m B_1 [\sin(\omega t + \varphi) \cos \omega t - \cos(\omega t + \varphi) \sin \omega t] \\
&= -\omega m B_1 \sin \varphi
\end{aligned} \tag{2.113}$$

式 (2.113) に式 (2.109), (2.112) を代入すると，吸収パワー $\mathcal{P}_{\text{abs}}(\omega)$ は次のようになる．

$$\begin{aligned}
\mathcal{P}_{\text{abs}}(\omega) &= -\omega \frac{\gamma M_0 T_2 B_1}{\sqrt{1 + (\omega - \omega_0)^2 T_2^2}} B_1 \frac{-1}{\sqrt{1 + (\omega - \omega_0)^2 T_2^2}} \\
&= \frac{\omega \gamma M_0 T_2}{1 + (\omega - \omega_0)^2 T_2^2} B_1^2
\end{aligned} \tag{2.114}$$

【例題 2.8】

核磁気共鳴における吸収スペクトルの半値半幅 $(\Delta \omega)_{1/2}$ が式 (2.95) で与えられることを示せ．ただし，$\omega \simeq \omega_0$ とする．

解

吸収パワー $\mathcal{P}_{\text{abs}}(\omega)$ は，$(\Delta \omega)_{1/2} = |\omega - \omega_0|$ のとき，ピーク値の半分になるから，次式が成り立つ．

$$\mathcal{P}_{\text{abs}}(\omega) = \frac{\omega \gamma M_0 T_2}{1 + (\Delta \omega)_{1/2}^2 T_2^2} B_1^2 = \frac{1}{2} \mathcal{P}_{\text{abs}}(\omega_0) = \frac{\omega_0 \gamma M_0 T_2}{2} B_1^2 \tag{2.115}$$

ここで，$\omega \simeq \omega_0$ とおき，$(\Delta \omega)_{1/2}$ が正であることに注意すると，$(\Delta \omega)_{1/2}$ は次のように求められる．

$$(\Delta \omega)_{1/2}^2 T_2^2 = 1 \qquad \therefore \quad (\Delta \omega)_{1/2} = \frac{1}{T_2} \tag{2.116}$$

【例題2.9】

磁界 $\boldsymbol{H}_0 = H_0\hat{z}$ 中にある二準位スピン系を考える．絶対温度 T で熱平衡状態にあり，それぞれの準位の分布を N_1, N_2，遷移レートを W_{12}, W_{21} とする．この系に電磁波を照射し，この電磁波による遷移レートを W_{rf} とする．

(a) 磁気モーメント M_z に対する方程式を導き，定常値を求めよ．
(b) 電磁波の吸収レートを示せ．

解

(a) 図2.13に示すように，下の準位の分布を N_1，上の準位の分布を N_2 とする．また，電磁波が存在しないとき，下の準位から上の準位への遷移レートを W_{12}，上の準位から下の準位への遷移レートを W_{21} とする．また，電磁波による遷移レートは，下の準位から上の準位への遷移，上の準位から下の準位への遷移の両方について W_{rf} である．

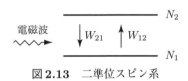

図2.13 二準位スピン系

このとき，レート方程式は次のようになる．

$$\frac{dN_1}{dt} = N_2 W_{21} - N_1 W_{12} - (N_1 - N_2) W_{\mathrm{rf}} \tag{2.117}$$

$$\frac{dN_2}{dt} = N_1 W_{12} - N_2 W_{21} + (N_1 - N_2) W_{\mathrm{rf}} \tag{2.118}$$

式 (2.117), (2.118) から，定常状態（$d/dt = 0$）では，

$$N_2 W_{21} - N_1 W_{12} = (N_1 - N_2) W_{\mathrm{rf}} \tag{2.119}$$

となる．ここで，

$$N = N_1 + N_2, \quad n = N_1 - N_2 \tag{2.120}$$

とおくと

$$N_1 = \frac{N+n}{2}, \quad N_2 = \frac{N-n}{2} \tag{2.121}$$

となるから，式 (2.121) を式 (2.119) に代入して

$$(N-n)W_{21} - (N+n)W_{12} = 2nW_{\mathrm{rf}} \tag{2.122}$$

が得られる．したがって，

$$n = N\frac{W_{21} - W_{12}}{W_{21} + W_{12}} \cdot \left(1 + \frac{2W_{\mathrm{rf}}}{W_{12} + W_{21}}\right)^{-1} = \frac{n_0}{1 + 2T_1 W_{\mathrm{rf}}} \tag{2.123}$$

となる. ただし,

$$n_0 = N\frac{W_{21} - W_{12}}{W_{21} + W_{12}}, \quad \frac{1}{T_1} = W_{12} + W_{21} \tag{2.124}$$

とおいた. ここで, $M_0 = n_0\mu$ とおくと, 磁気モーメント M_z は

$$M_z = n\mu = \frac{M_0}{1 + 2W_{\rm rf}T_1} \tag{2.125}$$

となる. これらの結果から, $2W_{\rm rf}T_1 \ll 1$ であるかぎり, 電磁波を吸収しても各準位の分布差 n と磁気モーメント M_z は, 熱平衡状態から大きく変わらないことがわかる.

(b) 電磁波のエネルギーが失われる割合は, $(N_1 - N_2)W_{\rm rf} = nW_{\rm rf}$ に比例し, 式 (2.123) から

$$nW_{\rm rf} = \frac{n_0 W_{\rm rf}}{1 + 2T_1 W_{\rm rf}} \tag{2.126}$$

となる. 式 (2.126) から, 図 2.14 に示すように, $W_{\rm rf}$ が大きくなるにつれて, $nW_{\rm rf}$ は一定値 $n_0/(2T_1)$ に近づく. この効果は飽和とよばれており, T_1 の測定に用いることができる.

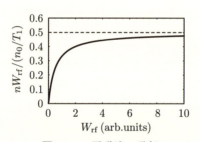

図 2.14 電磁波の吸収

2.7 超伝導

2.7.1 マイスナー効果

電気抵抗が 0 の状態を **超伝導状態** (superconducting state) という. では, 磁気的な観点から超伝導を考えると, どうだろうか. 図 2.15 に (a) 常伝導状

(a) 常伝導状態　　　(b) 超伝導状態
$(T > T_\mathrm{c})$　　　　　$(T < T_\mathrm{c})$

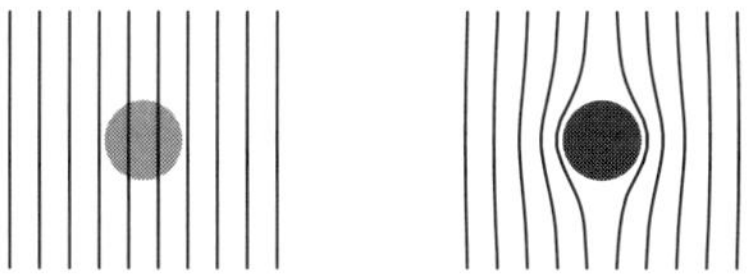

図 **2.15**　超伝導体球のマイスナー効果

態と (b) 超伝導状態における磁力線と球状試料との関係を示す．この図において，T_c は常伝導状態と超伝導状態とが移り変わる臨界温度である．図 2.15 (a) のような常伝導状態では，外部から試料に磁界を印加したとき，磁力線が試料内部に入ることができる．これに対して，図 2.15 (b) のような超伝導状態では，外部から試料に磁界を印加しても，磁力線が試料内部に入ることができず，磁力線は試料からはじき出される．つまり，超伝導状態における試料の中の磁束密度 B は，次のように 0 となる．

$$B = \mu_0(H + M) = 0 \tag{2.127}$$

式 (2.127), (2.6) から

$$M = -H = \chi_\mathrm{m} H \tag{2.128}$$

という関係が導かれ，超伝導状態では磁化率 $\chi_\mathrm{m} = -1$ となる．このような状態を**完全反磁性** (perfect demagnetization) という．磁力線が試料内部に入ることができず，試料の中の磁束密度 B が 0 になる現象を**マイスナー効果** (Meissner effect) という．

2.7.2　第 I 種超伝導体と第 II 種超伝導体

十分に長い試料に対して，試料の長さ方向に外部から磁界 H_0 を印加すると，反磁化磁界 H_1 が無視できる．したがって，式 (2.127) において $H = H_0 + H_1 \simeq H_0$ となり，次式が得られる．

$$B \simeq \mu_0(H_0 + M) = 0 \tag{2.129}$$

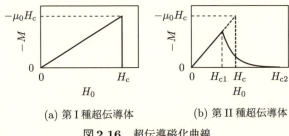

(a) 第I種超伝導体 　(b) 第II種超伝導体

図 2.16　超伝導磁化曲線

図 2.16 に磁化 $-M$ と外部から印加した磁界 H_0 との関係を示す．図 2.16 (a) のような超伝導体を**第I種超伝導体** (type I superconductor) という．外部磁界 H_0 が大きくなって磁力線が試料に侵入しはじめる磁界を臨界磁界 H_c とよぶ．第I種超伝導体では，外部磁界 H_0 が臨界磁界 H_c に達するまで，磁化 $-M$ が外部磁界 H_0 に比例する．一方，外部磁界 H_0 が臨界磁界 H_c 以上になると，磁化 $-M$ が 0 になり常伝導体となる．

図 2.16 (b) のような超伝導体を**第II種超伝導体** (type II superconductor) という．第II種超伝導体では，臨界磁界 H_c よりも小さい磁界 H_{c1} で磁力線が試料に侵入しはじめ，磁界 H_{c2} まで超伝導的な電気特性を示す．

外部から試料に印加された磁束密度を $B_0 = \mu_0 H_0$ とすると，磁化 $-M$ に対してなされた仕事 F は，次のように表される．

$$dF = -\boldsymbol{M} \cdot d\boldsymbol{B}_0 \tag{2.130}$$

式 (2.130), (2.128) から，超伝導状態における仕事 F_S は，次のように表される．

$$dF_S = \frac{B_0}{\mu_0} dB_0 \tag{2.131}$$

したがって，超伝導体の自由エネルギー密度 F_S の増加は，次のようになる．

$$F_S(B_0) - F_S(0) = \frac{{B_0}^2}{2\mu_0} \tag{2.132}$$

2.8 ロンドン方程式

2.8.1 電流密度

量子力学によると，キャリアの速度 $\boldsymbol{v}$ は，次式によって与えられる．

$$\boldsymbol{v} = \frac{1}{m}(-\mathrm{i}\hbar\nabla - q\boldsymbol{A}) \tag{2.133}$$

ただし，m はキャリアの質量，q はキャリアの電荷，$\boldsymbol{A}$ はベクトルポテンシャルである．そして，$\hbar$ はプランク定数 h を 2π で割った $\hbar = h/2\pi$ であり，ディラック定数とよばれることもある．ここで，波動関数を

$$\psi(\boldsymbol{r}) = \psi_0 \exp[\mathrm{i}\,\theta(\boldsymbol{r})] \tag{2.134}$$

とおくと，電流密度 $\boldsymbol{i}$ は，次のようになる．

$$\boldsymbol{i} = \frac{nq}{m}(\hbar\nabla\theta - q\boldsymbol{A}) \tag{2.135}$$

式 (2.135) の回転をとると，次の結果が得られる．

$$\mathrm{rot}\,\boldsymbol{i} = -\frac{nq^2}{m}\mathrm{rot}\,\boldsymbol{A} = -\frac{nq^2}{m}\boldsymbol{B} = -\frac{1}{\mu_0\lambda_\mathrm{L}{}^2}\boldsymbol{B} \tag{2.136}$$

ただし，$\boldsymbol{B} = \mathrm{rot}\,\boldsymbol{A}$ を用いた．また，λ_L は次のように定義されている．

$$\lambda_\mathrm{L} = \sqrt{\frac{m}{\mu_0 n q^2}} \tag{2.137}$$

式 (2.135) において，$\nabla\theta = 0$ となるように θ を選び，式 (2.137) を用いると，超伝導状態における電流密度 $\boldsymbol{i}$ は，次のように表される．

$$\boldsymbol{i} = -\frac{nq^2}{m}\boldsymbol{A} = -\frac{1}{\mu_0\lambda_\mathrm{L}{}^2}\boldsymbol{A} \tag{2.138}$$

この節で導いた式 (2.136), (2.138) は，ロンドン方程式 (London equation) とよばれている．

【例題 2.10】

式 (2.135) を導け．

解

電流密度 i は，キャリア濃度 n，キャリアの電荷 q，キャリアの速度の期待値 $\langle v \rangle$ を用いて，次のように求められる．

$$i = nq\langle v \rangle = nq \frac{\int \psi^*(r) v \psi(r) \, \mathrm{d}r}{\int \psi^*(r) \psi(r) \, \mathrm{d}r} = \frac{nq}{m}(\hbar \nabla \theta - qA) \tag{2.139}$$

2.8.2 ロンドンの侵入深さ

静電界のもとでは，マクスウェルの方程式から，次の関係が成り立つ．

$$\mathrm{rot}\, B = \mu_0 i, \quad \mathrm{div}\, B = 0 \tag{2.140}$$

式 (2.140) とベクトル解析の公式を用いると，次の結果が得られる．

$$\nabla^2 B = \frac{1}{\lambda_\mathrm{L}^2} B \tag{2.141}$$

1 次元の場合，式 (2.141) は，

$$\frac{\mathrm{d}^2 B}{\mathrm{d}x^2} = \frac{1}{\lambda_\mathrm{L}^2} B \tag{2.142}$$

となる．式 (2.142) の解として，次のようなものが存在する．

$$B = B_0 \exp\left(-\frac{x}{\lambda_\mathrm{L}}\right) \tag{2.143}$$

式 (2.143) から，λ_L が磁束密度 B の試料中への侵入深さを示していることがわかる．このことから，式 (2.137) で定義した λ_L はロンドンの侵入深さ (London penetration depth) とよばれている．

【例題 2.11】
式 (2.141) を導出せよ．

■解

式 (2.140) の回転をとると，次のようになる．

$$\mathrm{rot}\,\mathrm{rot}\,\boldsymbol{B} = \mu_0 \mathrm{rot}\,\boldsymbol{i} = -\frac{1}{\lambda_\mathrm{L}{}^2}\boldsymbol{B} \tag{2.144}$$

ただし，式 (2.136) を用いた．
ベクトル解析の公式から，

$$\mathrm{rot}\,\mathrm{rot}\,\boldsymbol{B} = -\nabla^2 \boldsymbol{B} + \nabla(\mathrm{div}\,\boldsymbol{B}) \tag{2.145}$$

である．ここで，$\mathrm{div}\,\boldsymbol{B} = 0$ を用いると，次のようになる．

$$\mathrm{rot}\,\mathrm{rot}\,\boldsymbol{B} = -\nabla^2 \boldsymbol{B} \tag{2.146}$$

式 (2.144), (2.146) から，式 (2.141) が得られる．

2.9 ジョゼフソン効果

2.9.1 二つの超伝導体の間に絶縁体を挿入した系

図 2.17 のように，二つの超伝導体の間に絶縁体を挿入した系を考える．この系では，クーパー対 (Cooper pair) とよばれる電子対が，二つの超伝導体間に存在する絶縁体をトンネリング (tunneling) によって通り抜けることで，直流ジョゼフソン効果 (DC Josephson effect) や，交流ジョゼフソン効果 (AC Josephson effect) が現れる．

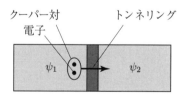

図 2.17　二つの超伝導体の間に絶縁体を挿入した系

2.9.2 直流ジョゼフソン効果

直流ジョゼフソン効果とは，外部に電界や磁界が存在しなくても，接合部に直流電流が流れる現象である．接合部の両側でのクーパー対の波動関数をそれぞれ ψ_1, ψ_2 とすると，時間に依存するシュレーディンガー方程式は，次のようになる．

$$i\hbar\frac{\partial \psi_1}{\partial t} = \hbar T \psi_2, \quad i\hbar\frac{\partial \psi_2}{\partial t} = \hbar T \psi_1 \tag{2.147}$$

ここで，$\hbar T$ は絶縁体を通しての電子対の結合，または伝達相互作用を示している．もし，絶縁体の厚みがとても大きければ，$T = 0$ となり，クーパー対のトンネリングは生じない．ここで，超伝導体1，超伝導体2における電子濃度をそれぞれ n_1, n_2 とし，接合部の両側でのクーパー対の波動関数 ψ_1, ψ_2 を

$$\psi_1 = \sqrt{n_1}\exp(i\theta_1), \ \psi_2 = \sqrt{n_2}\exp(i\theta_2) \tag{2.148}$$

とおくと，接合部を流れる電流 I は，次のように表される．

$$I = I_0 \sin(\theta_2 - \theta_1) \tag{2.149}$$

【例題 2.12】

式 (2.149) を導け．

解

式 (2.148) を式 (2.147) に代入して整理すると，次式が得られる．

$$i\frac{1}{2}\frac{\partial n_1}{\partial t} - n_1\frac{\partial \theta_1}{\partial t} = T\sqrt{n_1 n_2}\exp\left[i(\theta_2 - \theta_1)\right] \tag{2.150}$$

$$i\frac{1}{2}\frac{\partial n_2}{\partial t} - n_2\frac{\partial \theta_2}{\partial t} = T\sqrt{n_1 n_2}\exp\left[-i(\theta_2 - \theta_1)\right] \tag{2.151}$$

ここで，オイラーの公式

$$\exp(\pm i\theta) = \cos\theta \pm i\sin\theta \tag{2.152}$$

を用いて，式 (2.150), (2.151) の両辺の実部と虚部を比較すると，次の関係が導かれる．

$$\frac{\partial \theta_1}{\partial t} = -T\sqrt{\frac{n_2}{n_1}} \cos(\theta_2 - \theta_1) \tag{2.153}$$

$$\frac{\partial n_1}{\partial t} = 2T\sqrt{n_1 n_2} \sin(\theta_2 - \theta_1) \tag{2.154}$$

$$\frac{\partial \theta_2}{\partial t} = -T\sqrt{\frac{n_1}{n_2}} \cos(\theta_2 - \theta_1) \tag{2.155}$$

$$\frac{\partial n_2}{\partial t} = -2T\sqrt{n_1 n_2} \sin(\theta_2 - \theta_1) \tag{2.156}$$

接合部を流れる電流 I は，$\partial n_1/\partial t = -\partial n_2/\partial t$ に比例する．つまり，式 (2.154)，(2.156) から，接合部を流れる電流 I は $\sin(\theta_2 - \theta_1)$ に比例する．したがって，比例係数を I_0 とおくと，接合部を流れる電流 I は，次のように表される．

$$I = I_0 \sin(\theta_2 - \theta_1) \tag{2.157}$$

2.9.3 交流ジョゼフソン効果

交流ジョゼフソン効果とは，接合部に直流電圧をかけたときに高周波電流が流れたり，あるいは接合部に高周波電圧をかけたときに直流電流が流れる現象である．接合部に直流電圧 V を印加したときは，時間に依存するシュレーディンガー方程式は，次のようになる．

$$i\hbar \frac{\partial \psi_1}{\partial t} = \hbar T \psi_2 - eV\psi_1, \quad i\hbar \frac{\partial \psi_2}{\partial t} = \hbar T \psi_1 + eV\psi_2 \tag{2.158}$$

このとき，接合部を流れる電流 I は，次のように表される．

$$I = I_0 \sin\left[\delta(0) - \frac{2eVt}{\hbar}\right] \tag{2.159}$$

ここで，$\delta(0)$ は $t = 0$ における位相差 $\theta_2 - \theta_1$ である．

最後に，超伝導リングを例にとって，位相差 $\theta_2 - \theta_1$ と磁束 Φ との関係を考えてみよう．磁束が超伝導リングを貫いている様子と，接合部を流れる電流 I の時間 t に対する変化を図 2.18 に示す．

リングにおいてマイスナー効果が生じているときは，リング内で磁束密度 $\boldsymbol{B} = \boldsymbol{0}$，電流密度 $\boldsymbol{i} = \boldsymbol{0}$ だから，式 (2.135) から

$$\hbar \nabla \theta = q\boldsymbol{A} \tag{2.160}$$

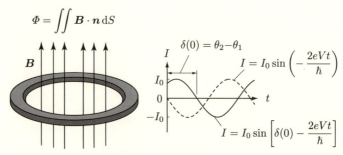

図 2.18 超伝導リング

となる.ここで,式 (2.160) の左辺の周回積分をとると,次のようになる.

$$\oint_c \hbar \nabla \theta \cdot d\boldsymbol{l} = \hbar(\theta_2 - \theta_1) \tag{2.161}$$

一方,式 (2.160) の右辺の周回積分をとると,ストークスの定理から

$$q \oint_c \boldsymbol{A} \cdot d\boldsymbol{l} = q \iint \text{rot}\, \boldsymbol{A} \cdot \boldsymbol{n}\, dS = q \iint \boldsymbol{B} \cdot \boldsymbol{n}\, dS = q\Phi \tag{2.162}$$

である.ここで,$\boldsymbol{n}$ は周回積分経路で囲まれる曲面の単位法線ベクトルである.

式 (2.161), (2.162) から,次の結果が導かれる.

$$|\theta_2 - \theta_1| = \frac{2e}{\hbar} \Phi \tag{2.163}$$

ただし,クーパー対に対して電荷 $q = -2e$ であることを用いた.

第 3 章

金属と合金

この章の目的

金属中で電気伝導に寄与するのは,伝導電子である.この章では,伝導電子の振る舞いから金属の性質を説明する.2 種類以上の金属あるいは金属と別の元素を混合すると,合金ができる.合金における X 線回折,エネルギー,エントロピーについて,構造の秩序の観点から説明する.

キーワード

オームの法則,ドリフト速度,移動度,平均衝突時間,ホール効果,サイクロトロン共鳴,静電しゃへい,秩序,長距離的秩序,短距離的秩序,混合のエントロピー

3.1 電気伝導

3.1.1 オームの法則

電界 E と磁界 (磁束密度 B) が存在する空間では,有効質量 m^*,電荷 $-e$ をもつ**伝導電子** (conduction electron) の運動方程式は,次のように表される.

$$m^* \frac{d\bm{v}}{dt} = -e(\bm{E} + \bm{v} \times \bm{B}) - \frac{m^* \bm{v}}{\tau} \tag{3.1}$$

ここで,v は伝導電子の速度,τ は平均衝突時間であり,$-m^*v/\tau$ は原子やイオンなどとの衝突による単位時間あたりの運動量の損失を表している.

磁束密度 $B = 0$ の場合について，定常状態 ($d/dt = 0$) を考える．このとき，式 (3.1) から伝導電子の速度 v は，次のようになる．

$$v = -\frac{e\tau}{m^*}E = -\mu_{ce}E \tag{3.2}$$

ここで，$\mu_{ce} = e\tau/m^*$ は伝導電子の**移動度** (mobility) である．式 (3.2) は，伝導電子の速度 v が電界 E に比例することを示しており，このように電界 E に比例する速度を**ドリフト速度** (drift velocity) という．

伝導電子濃度 (conduction electron concentration) を n として，式 (3.2) を用いると，電流密度 i は次のように表される．

$$i = n(-e)v = ne\mu_{ce}E = \frac{ne^2\tau}{m^*}E = \sigma E \tag{3.3}$$

これが，電磁気学における**オームの法則** (Ohm's law) であり，電流密度 i が電界 E に比例することを示している．

電気伝導率 (electric conductivity) σ と**抵抗率** (resistivity) ρ は，式 (3.3) から次のように表される．

$$\sigma = \frac{ne^2\tau}{m^*},\ \rho = \frac{1}{\sigma} = \frac{m^*}{ne^2\tau} \tag{3.4}$$

【例題 3.1】

図 3.1 のような，長さ L，断面積 S の物体の中を，断面に対して垂直に流れる電流 I を考え，電流密度を i とする．ただし，この物体の電気伝導率 σ は，空間的に一様であると仮定する．このとき，この物体に印加された電圧 V と物体に流れる電流 I との関係を求めよ．

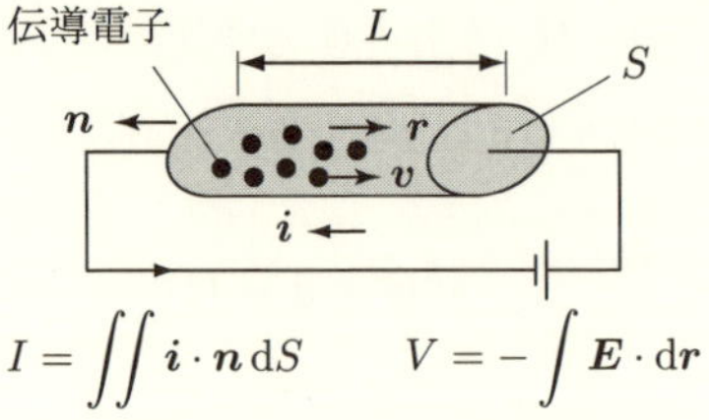

$$I = \iint i \cdot n\, dS \qquad V = -\int E \cdot dr$$

図 3.1 オームの法則

解

物体に印加される電圧 V は，物体中の電界 $\boldsymbol{E}$ を用いて，次のように表される．

$$V = -\int \boldsymbol{E} \cdot \mathrm{d}\boldsymbol{r} = |\boldsymbol{E}|L \tag{3.5}$$

ここで，$\boldsymbol{r}$ は，電流 I が流れる方向に反平行（向きが反対で，平行）な物体内の位置ベクトルである．一方，断面の法線ベクトルを $\boldsymbol{n}$ とおくと，物体に流れる電流 I は，次のように表される．

$$I = \iint \boldsymbol{i} \cdot \boldsymbol{n}\, \mathrm{d}S = \sigma \iint \boldsymbol{E} \cdot \boldsymbol{n}\, \mathrm{d}S = \sigma|\boldsymbol{E}|S \tag{3.6}$$

式 (3.5), (3.6) から電界 $\boldsymbol{E}$ を消去すると，次の関係式が得られる．

$$V = \frac{1}{\sigma}\frac{L}{S}I = \rho\frac{L}{S}I = RI \tag{3.7}$$

$$R = \frac{1}{\sigma}\frac{L}{S} = \rho\frac{L}{S} \tag{3.8}$$

式 (3.7) が高校までに学んだオームの法則である．また，式 (3.8) の R は，**電気抵抗** (electrical resistance) である．高校までに学んだオームの法則を導出するには，(1) 断面に対して電流 I が垂直に流れる，(2) 電気伝導率 σ が空間的に一様であるという二つの前提があることに注意しよう．

3.1.2 ホール効果

図 3.2 のように，磁束密度 $\boldsymbol{B}(\neq \boldsymbol{0})$ が z 軸の正の方向を向いている場合，金属中の伝導電子に対する運動方程式 (3.1) を x 成分，y 成分，z 成分に分けて示すと，次式のようになる．

$$m^*\frac{\mathrm{d}}{\mathrm{d}t}v_x = -e\left(E_x + Bv_y\right) - \frac{m^*v_x}{\tau} \tag{3.9}$$

$$m^*\frac{\mathrm{d}}{\mathrm{d}t}v_y = -e\left(E_y - Bv_x\right) - \frac{m^*v_y}{\tau} \tag{3.10}$$

$$m^*\frac{\mathrm{d}}{\mathrm{d}t}v_z = -eE_z - \frac{m^*v_z}{\tau} \tag{3.11}$$

定常状態 ($\mathrm{d}/\mathrm{d}t = 0$) では，式 (3.9)–(3.11) は次のようになる．

$$v_x = -\frac{e\tau}{m^*}E_x - \frac{eB}{m^*}\tau v_y \tag{3.12}$$

$$v_y = -\frac{e\tau}{m^*}E_y + \frac{eB}{m^*}\tau v_x \tag{3.13}$$

$$v_z = -\frac{e\tau}{m^*}E_z \tag{3.14}$$

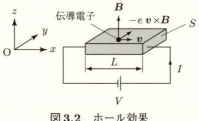

図 3.2 ホール効果

ここで，次式によってサイクロトロン角周波数 (cyclotron angular frequency) ω_c を定義する．

$$\omega_c = \frac{eB}{m^*} \tag{3.15}$$

式 (3.15) を用いると，式 (3.12)–(3.14) は次のように表される．

$$v_x = -\frac{e\tau}{m^*} E_x - \omega_c \tau v_y \tag{3.16}$$

$$v_y = -\frac{e\tau}{m^*} E_y + \omega_c \tau v_x \tag{3.17}$$

$$v_z = -\frac{e\tau}{m^*} E_z \tag{3.18}$$

これから x 軸の負の方向の電界 E_x と z 軸の正の方向の磁界（磁束密度 B）を試料に印加して，x 軸の負の方向だけに電流が流れ，y 軸に沿った方向に電流が流れない場合を考えよう．このとき，電流密度の y 成分 i_y は 0 だから，$v_y = 0$ となる．

式 (3.16), (3.17) から次のようになる．

$$v_x = -\frac{e\tau}{m^*} E_x \tag{3.19}$$

$$0 = -\frac{e\tau}{m^*} E_y + \omega_c \tau v_x \tag{3.20}$$

式 (3.19), (3.20) から次式が導かれる．

$$E_y = \frac{m^*}{e\tau} \omega_c \tau v_x = \frac{m^*}{e\tau} \omega_c \tau \left(-\frac{e\tau}{m^*} E_x \right)$$

$$= -\omega_c \tau E_x = -\frac{eB\tau}{m^*} E_x \tag{3.21}$$

ここで，式 (3.15) を用いた．

式 (3.21) から，電界の x 成分 E_x によって電界の y 成分 E_y が発生していることがわかる．つまり，電流の流れる方向（x 軸に沿った方向）と磁界の方向（z 軸に沿った方向）に垂直な方向（y 軸に沿った方向）に電界（起電力）が発生する．このような効果を**ホール効果** (Hall effect) という．

このとき，電流密度の x 成分

$$i_x = n(-e)v_x = \frac{ne^2\tau}{m^*} E_x \tag{3.22}$$

を用いて，**ホール係数** (Hall coefficient) R_H が，次のように定義される．

$$R_\mathrm{H} = \frac{E_y}{i_x B} = -\frac{1}{ne} \tag{3.23}$$

式 (3.23) からわかるように，ホール係数 R_H を測定すれば，伝導電子濃度 n を決定することができる．

3.1.3 サイクロトロン共鳴

伝導電子の有効質量 m^* は，サイクロトロン共鳴の実験によって決定することができる．**サイクロトロン共鳴** (cyclotron resonance) とは，結晶に磁界（磁束密度 $\boldsymbol{B}$, $|\boldsymbol{B}| = B$）を印加した状態で，結晶に電磁波を照射したとき，特定の周波数の電磁波が吸収される現象である．

伝導電子は，磁界中ではローレンツ力を受け，図 3.3 に示すように，円運動する．このような運動を**サイクロトロン運動** (cyclotron motion) という．この円運動の半径を r，伝導電子の速さを v，電気素量を e とし，伝導電子から観察すると，遠心力 m^*v^2/r とローレンツ力による向心力 evB がつりあって，次式が成り立つ．

$$\frac{m^*v^2}{r} = evB \tag{3.24}$$

したがって，サイクロトロン角周波数 $\omega_\mathrm{c} = v/r$ は，次のようになる．

$$\omega_\mathrm{c} = \frac{v}{r} = \frac{eB}{m^*} \tag{3.25}$$

たとえば，磁束密度 $B = 1\,\mathrm{G} = 10^{-4}\,\mathrm{T}$，伝導電子の有効質量 $m^* = 0.1 m_0$（m_0 は真空中の電子の質量）のとき，$\omega_\mathrm{c} = 1.76 \times 10^8\,\mathrm{rad\,s^{-1}}$ となる．このとき，サイクロトロン周波数 $f_\mathrm{c} = \omega_\mathrm{c}/2\pi$ は，$2.80 \times 10^7\,\mathrm{Hz}$ である．

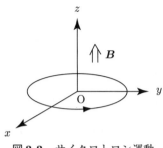

図 **3.3** サイクロトロン運動

3.2 自由電子気体の誘電関数

3.2.1 誘電関数

金属中の伝導電子を気体とみなして解析すると，実験結果をよく説明することができる．このため，金属中の伝導電子は**自由電子気体** (free electron gas) とよばれる．金属の比誘電率 ε_r は，自由電子気体の**誘電関数** (dielectric function) $\varepsilon_r(\omega, \boldsymbol{K})$ によって与えられる．この自由電子気体の誘電関数 $\varepsilon_r(\omega, \boldsymbol{K})$ は，金属に入射する電界の角周波数 ω と，金属中における電荷の周期性を表す波数ベクトル $\boldsymbol{K}$ に依存していることに注意しよう．

3.2.2 電界，分極，電束密度

金属の比誘電率 ε_r は，電界 $\boldsymbol{E}$ と分極（単位体積あたりの双極子モーメント）$\boldsymbol{P}$ を用いて，次式で定義される．

$$\boldsymbol{D} = \varepsilon_0 \boldsymbol{E} + \boldsymbol{P} = \varepsilon_0 \varepsilon_r \boldsymbol{E} \tag{3.26}$$

ここで，ε_0 は真空の誘電率である．

電束密度 $\boldsymbol{D}$ は，真電荷密度 ρ_{ext} だけに依存している．一方，電界 $\boldsymbol{E}$ は，真電荷密度 ρ_{ext} と誘導電荷密度 ρ_{ind} の和，すなわち全電荷密度 $\rho = \rho_{\text{ext}} + \rho_{\text{ind}}$ に依存している．これらの関係は，次式のように表される．

$$\mathrm{div}\boldsymbol{D} = \mathrm{div}\left(\varepsilon_0 \varepsilon_r \boldsymbol{E}\right) = \rho_{\text{ext}} \tag{3.27}$$

$$\mathrm{div}\boldsymbol{E} = \frac{\rho}{\varepsilon_0} = \frac{\rho_{\text{ext}} + \rho_{\text{ind}}}{\varepsilon_0} \tag{3.28}$$

3.2.3 自由電子に対する運動方程式と分極

質量 m^*，電荷 $-e$ をもつ自由電子に電界 $\boldsymbol{E}$ だけが印加されているとき，平均衝突時間を τ とすると，1 次元における運動方程式は次のように表される．

$$m^* \frac{\mathrm{d}^2 \boldsymbol{x}}{\mathrm{d}t^2} + \frac{m^*}{\tau} \frac{\mathrm{d}\boldsymbol{x}}{\mathrm{d}t} = -e\boldsymbol{E} \tag{3.29}$$

ここで，電界 $\boldsymbol{E}$ が角周波数 ω で振動している場合を考えよう．このとき，自由電子の変位 $\boldsymbol{x}$ も角周波数 ω で振動すると考えられる．そこで，$\boldsymbol{E}_0$ と $\boldsymbol{x}_0$ を大きさ一定のベクトルとして，$\boldsymbol{E}$ と $\boldsymbol{x}$ をそれぞれ次のようにおく．

$$\boldsymbol{E} = \boldsymbol{E}_0 \exp(-\mathrm{i}\omega t) \tag{3.30}$$

$$\boldsymbol{x} = \boldsymbol{x}_0 \exp(-\mathrm{i}\omega t) \tag{3.31}$$

式 (3.30), (3.31) を式 (3.29) に代入すると，次のようになる．

$$-m^* \omega^2 \boldsymbol{x} - \mathrm{i}\omega \frac{m^*}{\tau} \boldsymbol{x} = -e\boldsymbol{E} \tag{3.32}$$

$$\therefore \boldsymbol{x} = \frac{e\boldsymbol{E}}{m^* \omega^2 \left(1 + \mathrm{i}\frac{1}{\omega\tau}\right)} = \frac{e}{m^* \omega^2} \frac{1 - \mathrm{i}\frac{1}{\omega\tau}}{1 + \left(\frac{1}{\omega\tau}\right)^2} \boldsymbol{E} \tag{3.33}$$

電子 1 個の変位 $\boldsymbol{x}$ による電気双極子モーメント $\boldsymbol{p}$ の方向は，電子の変位 $\boldsymbol{x}$ の方向と反対だから，次のようになる．

$$\boldsymbol{p} = -e\boldsymbol{x} = -\frac{e^2}{m^* \omega^2} \frac{1 - \mathrm{i}\frac{1}{\omega\tau}}{1 + \left(\frac{1}{\omega\tau}\right)^2} \boldsymbol{E} \tag{3.34}$$

したがって，単位体積あたりの双極子モーメントすなわち分極 $\boldsymbol{P}$ は，伝導電子の濃度を n として，次のようになる．

$$\boldsymbol{P} = n\boldsymbol{p} = n(-e)\boldsymbol{x} = -\frac{ne^2}{m^* \omega^2} \frac{1 - \mathrm{i}\frac{1}{\omega\tau}}{1 + \left(\frac{1}{\omega\tau}\right)^2} \boldsymbol{E} \tag{3.35}$$

分極の定義から，分極の方向が，負の電荷の移動した方向と反対であることに注意しよう．

3.2.4 自由電子気体の比誘電率

角周波数 ω で振動している電界中に存在する自由電子気体の比誘電率は，角周波数 ω の関数となる．いま，波数ベクトルを $\boldsymbol{K} = 0$ とすると，自由電子気体の誘電関数 $\varepsilon_\mathrm{r}(\omega, 0)$ は次式で与えられる．

$$\begin{aligned}\varepsilon_\mathrm{r}(\omega, 0) &= \frac{\boldsymbol{D}(\omega)}{\varepsilon_0 \boldsymbol{E}(\omega)} = 1 + \frac{\boldsymbol{P}(\omega)}{\varepsilon_0 \boldsymbol{E}(\omega)} \\ &= 1 - \frac{ne^2}{\varepsilon_0 m^* \omega^2} \frac{1 - \mathrm{i}\dfrac{1}{\omega\tau}}{1 + \left(\dfrac{1}{\omega\tau}\right)^2} = 1 - \frac{\omega_\mathrm{p}^{\,2}}{\omega^2} \frac{1 - \mathrm{i}\dfrac{1}{\omega\tau}}{1 + \left(\dfrac{1}{\omega\tau}\right)^2}\end{aligned} \tag{3.36}$$

ここで，次式で定義されるプラズマ角周波数 ω_p を用いた．

$$\omega_\mathrm{p}^{\,2} = \frac{ne^2}{\varepsilon_0 m^*} \tag{3.37}$$

3.2.5 正のイオン殻によるバックグラウンド

正のイオン殻によるバックグラウンドの比誘電率が $\varepsilon_\mathrm{r}(\infty)$ の場合，誘電関数は，次のようになる．

$$\varepsilon_\mathrm{r}(\omega, 0) = \varepsilon_\mathrm{r}(\infty) \left[1 - \frac{\tilde{\omega}_\mathrm{p}^{\,2}}{\omega^2} \frac{1 - \mathrm{i}\dfrac{1}{\omega\tau}}{1 + \left(\dfrac{1}{\omega\tau}\right)^2} \right] \tag{3.38}$$

ただし，次のようにおいた．

$$\tilde{\omega}_\mathrm{p}^{\,2} = \frac{ne^2}{\varepsilon_0 \varepsilon_\mathrm{r}(\infty) m^*} \tag{3.39}$$

3.2.6 複素屈折率

屈折率の実部を n_r，消衰係数を κ として，複素屈折率 $\tilde{n}$ を次のように定義する．

$$\tilde{n} = n_\mathrm{r} + \mathrm{i}\kappa \tag{3.40}$$

このとき，誘電関数 $\varepsilon_\mathrm{r}(\omega, 0)$ と複素屈折率 $\tilde{n}$ との間に次のような関係が成り立つ．

$$\varepsilon_\mathrm{r}(\omega, 0) = \tilde{n}^2 \tag{3.41}$$

式 (3.38)–(3.41) から，次の関係が導かれる．

$$n_{\rm r}^2 - \kappa^2 = {\rm Re}\left[\varepsilon_{\rm r}(\omega,0)\right] = \varepsilon_{\rm r}(\infty)\left[1 - \frac{\tilde{\omega}_{\rm p}^2}{\omega^2}\frac{1}{1+\left(\frac{1}{\omega\tau}\right)^2}\right] \quad (3.42)$$

$$2n_{\rm r}\kappa = {\rm Im}\left[\varepsilon_{\rm r}(\omega,0)\right] = \varepsilon_{\rm r}(\infty)\frac{\tilde{\omega}_{\rm p}^2}{\omega^2}\frac{\frac{1}{\omega\tau}}{1+\left(\frac{1}{\omega\tau}\right)^2} \quad (3.43)$$

金属に入射する電界 E が，複素屈折率 $\tilde{n}$ と真空中の光速 c を用いて，次のように表されるとする．

$$E = E_0 \exp[-{\rm i}(\omega t - kx)], \quad k = \tilde{n}\frac{\omega}{c} \quad (3.44)$$

このとき，消衰係数 $\kappa > 0$ が金属中での電界 E の減衰を表す．そして，$n_{\rm r}^2 - \kappa^2 = {\rm Re}\left[\varepsilon_{\rm r}(\omega,0)\right] < 0$，すなわち $\omega < \tilde{\omega}_{\rm p}$ であれば，電界 E は金属中で速やかに減衰し，大部分の電界は反射される．

【例題 3.2】
アルミニウム (Al) に波長 $\lambda = 0.6\,\mu{\rm m}$ の赤色光を入射する．アルミニウム (Al) における伝導電子の濃度を $n = 1.81 \times 10^{23}\,{\rm cm}^{-3}$，有効質量を $m^* = 1.48m_0$ （m_0 は真空中の電子の質量）とするとき，入射光の角周波数 ω とプラズマ角周波数 $\tilde{\omega}_{\rm p}$ との関係を調べよ．ただし，$\varepsilon_{\rm r}(\infty) = 1.46$ とする．

解

入射光の角周波数 ω は，真空中の光速 c を用いて，次のようになる．

$$\omega = 2\pi\frac{c}{\lambda} = 3.14 \times 10^{15}\,{\rm rad\,s}^{-1} \quad (3.45)$$

プラズマ角周波数 $\omega_{\rm p}$ は，式 (3.39) から次のような値になる．

$$\tilde{\omega}_{\rm p} = \sqrt{\frac{ne^2}{\varepsilon_0\varepsilon_{\rm r}(\infty)m^*}} = 1.63 \times 10^{16}\,{\rm rad\,s}^{-1} \quad (3.46)$$

式 (3.45), (3.46) から $\omega < \tilde{\omega}_{\rm p}$ であり，波長 $\lambda = 0.6\,\mu{\rm m}$ の赤色光がアルミニウム (Al) の表面で大部分反射されることがわかる．

3.3 静電しゃへい

自由電子気体中に正電荷が存在するとき,正電荷によって生じる電界は,正電荷からの距離 r が大きくなるにつれて,$1/r$ よりも急速に小さくなる.このような現象を**静電しゃへい** (electrostatic screening) という.

3.3.1 ポアソン方程式

電荷密度 $-n_0 e$ の一様な自由電子気体が,正の電荷密度 $n_0 e$ のバックグラウンドに重ね合わされている場合を考えよう.ここでは,正の電荷密度 $\rho^+(x)$ と負の電荷密度 $\rho^-(x)$ が,それぞれ次のような空間分布をしていると仮定する.

$$\rho^+(x) = n_0 e + \widetilde{\rho}_{\text{ext}}(K)\sin Kx \tag{3.47}$$

$$\rho^-(x) = -n_0 e + \widetilde{\rho}_{\text{ind}}(K)\sin Kx \tag{3.48}$$

静電ポテンシャル $\phi(x)$ と全電荷密度 $\rho(x) = \rho_{\text{ext}}(x) + \rho_{\text{ind}}(x)$ をそれぞれ次のようにおく.

$$\phi(x) = \widetilde{\phi}(K)\sin Kx \tag{3.49}$$

$$\rho(x) = \widetilde{\rho}(K)\sin Kx \tag{3.50}$$

式 (3.49), (3.50) をポアソン方程式 (Poisson equation)

$$\nabla^2 \phi(x) = -\frac{\rho(x)}{\varepsilon_0} \tag{3.51}$$

に代入すると,次のような関係が得られる.

$$K^2 \widetilde{\phi}(K) = \frac{\widetilde{\rho}(K)}{\varepsilon_0} \tag{3.52}$$

3.3.2 電荷密度

自由電子濃度 $n(x)$ は単位体積あたりの状態数に等しいから,1辺の長さ L の仮想的な立方体に対する周期的境界条件を考えると,次のようになる.

$$n(x) = 2 \times \frac{4\pi}{3} K^3 \div \left(\frac{2\pi}{L}\right)^3 \div L^3 = \frac{K^3}{3\pi^2} \tag{3.53}$$

したがって,位置 x における自由電子1個のエネルギー $E(n(x))$ は,自由電子濃度 $n(x)$ の関数として次のように表すことができる.

$$E(n(x)) = \frac{\hbar^2}{2m^*} K^2 = \frac{\hbar^2}{2m^*} \left[3\pi^2 n(x)\right]^{2/3} \tag{3.54}$$

さて,フェルミ準位 E_F は,次式によって与えられる.

$$E_\mathrm{F} \simeq E(n(x)) - e\phi(x) \tag{3.55}$$

式 (3.55) はトーマス・フェルミの近似とよばれている.また,フェルミ準位 E_F は,次のようにも表すことができる.

$$E_\mathrm{F} = E(n_0) = \frac{\hbar^2}{2m^*} \left(3\pi^2 n_0\right)^{2/3} \tag{3.56}$$

ここで,位置 x における自由電子1個のエネルギー $E(n(x))$ を n_0 を中心としてテイラー展開すると,次のようになる.

$$E(n(x)) = E(n_0) + \frac{n(x) - n_0}{1!} \left[\frac{\partial E}{\partial n}\right]_{n=n_0} \tag{3.57}$$

式 (3.57) における E の n についての偏導関数 $\partial E/\partial n$ は,式 (3.54) から次のように求められる.

$$\frac{\partial E}{\partial n} = \frac{\hbar^2}{2m^*} \left(3\pi^2\right)^{2/3} \frac{2}{3} n^{-1/3} = \frac{\hbar^2}{2m^*} \left(3\pi^2 n\right)^{2/3} \frac{2}{3n} \tag{3.58}$$

式 (3.58) から,式 (3.57) における E の n についての偏微分係数 $[\partial E/\partial n]_{n=n_0}$ は,次のようになる.

$$\left[\frac{\partial E}{\partial n}\right]_{n=n_0} = \frac{\hbar^2}{2m^*} \left(3\pi^2 n_0\right)^{2/3} \frac{2}{3n_0} = E(n_0) \frac{2}{3n_0} = \frac{2}{3n_0} E(n_0) \tag{3.59}$$

式 (3.59) を式 (3.57) に代入すると，次式が得られる．

$$E(n(x)) = E(n_0) + [n(x) - n_0] \frac{2}{3n_0} E(n_0) \tag{3.60}$$

式 (3.60) から，位置 x における自由電子濃度 $n(x)$ に対して，次の結果が導かれる．

$$n(x) - n_0 = [E(n(x)) - E(n_0)] \frac{3n_0}{2E(n_0)} = \frac{3n_0}{2E(n_0)} [E(n(x)) - E_F]$$

$$\simeq \frac{3n_0}{2E(n_0)} e\phi(x) = \frac{3}{2} n_0 \frac{e\phi(x)}{E(n_0)} = \frac{3}{2} n_0 \frac{e\phi(x)}{E_F} \tag{3.61}$$

ここで，式 (3.55), (3.56) を用いた．

式 (3.61) の左辺は，誘導によって位置 x に生じた自由電子濃度を示しているから，誘導電荷密度 $\rho_{\mathrm{ind}}(x)$ は，次式で与えられる

$$\rho_{\mathrm{ind}}(x) = -e[n(x) - n_0] = -\frac{3n_0 e^2}{2E_F} \phi(x) \tag{3.62}$$

式 (3.62) から，誘導電荷密度 $\rho_{\mathrm{ind}}(x)$ のフーリエ成分 $\widetilde{\rho}_{\mathrm{ind}}(K)$ は，次のようになる．

$$\widetilde{\rho}_{\mathrm{ind}}(K) = -\frac{3n_0 e^2}{2E_F} \widetilde{\phi}(K) = -\frac{3n_0 e^2}{2\varepsilon_0 E_F K^2} \widetilde{\rho}(K) \tag{3.63}$$

ここで，式 (3.52) を用いた．

以上から，誘電関数 $\varepsilon_{\mathrm{r}}(\omega, K)$ に対して，次の関係が導かれる．

$$\varepsilon_{\mathrm{r}}(0, K) = \frac{\widetilde{\rho}_{\mathrm{ext}}(K)}{\widetilde{\rho}(K)} = 1 - \frac{\widetilde{\rho}_{\mathrm{ind}}(K)}{\widetilde{\rho}(K)} = 1 + \frac{k_{\mathrm{s}}^2}{K^2} \tag{3.64}$$

ここで，次のようにおいた．

$$k_{\mathrm{s}}^2 = \frac{3n_0 e^2}{2\varepsilon_0 E_F} \tag{3.65}$$

3.3.3 しゃへいされたクーロン・ポテンシャル

次に，点電荷 q が自由電子気体の中に存在している場合を考える．しゃへいされていないクーロン・ポテンシャル (unscreened coulomb potential) に対するポアソン方程式は，次のように表される．

$$\nabla^2 \phi_0(r) = -\frac{q}{\varepsilon_0} \delta(r) \tag{3.66}$$

ここで，$\phi_0(r) = q/4\pi\varepsilon_0 r$, $r = |\boldsymbol{r}|$ であるが，

$$\phi_0(r) = \phi_0(\boldsymbol{r}) = \frac{1}{(2\pi)^3} \int d\boldsymbol{K} \, \widetilde{\phi}_0(\boldsymbol{K}) \exp(\mathrm{i}\boldsymbol{K}\cdot\boldsymbol{r}) \tag{3.67}$$

$$\delta(r) = \delta(\boldsymbol{r}) = \frac{1}{(2\pi)^3} \int d\boldsymbol{K} \, \exp(\mathrm{i}\boldsymbol{K}\cdot\boldsymbol{r}) \tag{3.68}$$

とおいて，ポアソン方程式に代入して $K = |\boldsymbol{K}|$ とおくと，次のようになる．

$$K^2 \widetilde{\phi}_0(\boldsymbol{K}) = K^2 \widetilde{\phi}_0(K) = \frac{q}{\varepsilon_0}, \quad \therefore \; \widetilde{\phi}_0(K) = \frac{q}{\varepsilon_0 K^2} \tag{3.69}$$

また，式 (3.64) から，次の関係が得られる．

$$\varepsilon_\mathrm{r}(0, K) = \frac{\widetilde{\rho}_\mathrm{ext}(K)}{\widetilde{\rho}(K)} = \frac{K^2 + k_\mathrm{s}^2}{K^2} = \frac{\widetilde{\phi}_0(K)}{\widetilde{\phi}(K)} \tag{3.70}$$

式 (3.69), (3.70) から，次の結果が得られる．

$$\widetilde{\phi}(K) = \frac{K^2}{K^2 + k_\mathrm{s}^2} \widetilde{\phi}_0(K) = \frac{K^2}{K^2 + k_\mathrm{s}^2} \frac{q}{\varepsilon_0 K^2} = \frac{q}{\varepsilon_0 (K^2 + k_\mathrm{s}^2)} \tag{3.71}$$

したがって，しゃへいされたクーロン・ポテンシャル (screened coulomb potential) は，次のように表される．

$$\phi(r) = \frac{q}{4\pi\varepsilon_0 r} \exp(-k_\mathrm{s} r) \tag{3.72}$$

【例題 3.3】
クーロン・ポテンシャルとしゃへいされたクーロン・ポテンシャルを図示せよ．

解

図 3.4 にクーロン・ポテンシャル $q/4\pi\varepsilon_0 r$ を破線で，しゃへいされたクーロン・ポテンシャル $(q/4\pi\varepsilon_0 r)\exp(-k_\mathrm{s} r)$ を実線で示す．ただし，$k_\mathrm{s} = 1.82 \times 10^{10} \, \mathrm{m}^{-1}$ とした．この図から，距離 x が大きくなるにつれて，しゃへいされたクーロン・ポテンシャルのほうが，クーロン・ポテンシャルよりも急速に減衰することがわかる．

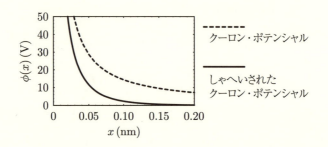

図 3.4 クーロン・ポテンシャルとしゃへいされたクーロン・ポテンシャル

【例題 3.4】
(a) 金属に光を入射したときに流れる電流に対して，電気伝導率 σ を計算せよ．ただし，金属中の電子濃度を n とする．また，光の角周波数 ω と金属中の電子の平均衝突時間 τ に対して，$\omega\tau \ll 1$ とする．
(b) 真空の誘電率 ε_0 と電気伝導率 σ を用いて，金属の比誘電率 ε_r を示せ．
(c) バンド間遷移が無視でき，しかも $\sigma \gg \omega$ が成り立つとき，垂直入射に対するパワー反射率 R を求めよ．

解

(a) 金属中の有効質量 m^*，電荷 $-e$ の電子に対する 1 次元における運動方程式は，次のように表される．

$$m^* \frac{\mathrm{d}^2 \bm{x}}{\mathrm{d}t^2} + \frac{m^*}{\tau}\frac{\mathrm{d}\bm{x}}{\mathrm{d}t} = -e\bm{E} \tag{3.73}$$

ここで，$\bm{x}$ は電子の変位，$\bm{E}$ は入射光の電界である．入射光の角周波数を ω とすると，金属中の電子の変位 $\bm{x}$ も角周波数 ω で振動すると考えられる．そこで，$\bm{E}_0$ と $\bm{x}_0$ を大きさ一定のベクトルとして，次のようにおく．

$$\bm{E} = \bm{E}_0 \exp(-\mathrm{i}\omega t), \quad \bm{x} = \bm{x}_0 \exp(-\mathrm{i}\omega t) \tag{3.74}$$

式 (3.74) を式 (3.73) に代入すると，次の関係が得られる．

$$\bm{x} = \frac{e}{m^* \omega^2} \frac{1 - \mathrm{i}\dfrac{1}{\omega\tau}}{1 + \left(\dfrac{1}{\omega\tau}\right)^2} \bm{E} \tag{3.75}$$

したがって，金属中の電子濃度を n とすると，電子の速度 $\boldsymbol{v} = \mathrm{d}\boldsymbol{x}/\mathrm{d}t$ を用いて，電流密度 $\boldsymbol{i}$ は，次のように表される．

$$\boldsymbol{i} = n(-e)\boldsymbol{v} = n(-e)\frac{\mathrm{d}\boldsymbol{x}}{\mathrm{d}t} = \frac{-ne^2}{m^*\omega^2}\frac{1 - \mathrm{i}\dfrac{1}{\omega\tau}}{1 + \left(\dfrac{1}{\omega\tau}\right)^2}\frac{\mathrm{d}\boldsymbol{E}}{\mathrm{d}t}$$

$$= \frac{ne^2}{m^*\omega}\frac{\dfrac{1}{\omega\tau} + \mathrm{i}}{1 + \left(\dfrac{1}{\omega\tau}\right)^2}\boldsymbol{E} = \sigma\boldsymbol{E} \tag{3.76}$$

式 (3.76) から，電気伝導率 σ は次のようになる．

$$\sigma = \frac{ne^2}{m^*\omega}\frac{\dfrac{1}{\omega\tau} + \mathrm{i}}{1 + \left(\dfrac{1}{\omega\tau}\right)^2} \simeq \frac{ne^2}{m^*\omega}\left(\frac{1}{\omega\tau} + \mathrm{i}\right) \tag{3.77}$$

ただし，$\omega\tau \ll 1$ だから，分母における $1/(\omega\tau)^2$ の項を無視した．

(b) 伝導電子の濃度を n とすると，式 (3.77) から，分極 $\boldsymbol{P}$ は次のようになる．

$$\boldsymbol{P} = n(-e)\boldsymbol{x} = -\frac{ne^2}{m^*\omega^2}\frac{1 - \mathrm{i}\dfrac{1}{\omega\tau}}{1 + \left(\dfrac{1}{\omega\tau}\right)^2}\boldsymbol{E} = \mathrm{i}\frac{\sigma}{\omega}\boldsymbol{E} \tag{3.78}$$

したがって，金属の比誘電率 ε_r は，次式で与えられる．

$$\varepsilon_\mathrm{r} = \frac{\boldsymbol{D}}{\varepsilon_0\boldsymbol{E}} = 1 + \frac{\boldsymbol{P}}{\varepsilon_0\boldsymbol{E}} = 1 + \mathrm{i}\frac{\sigma}{\varepsilon_0\omega} \tag{3.79}$$

(c) 式 (1.97), (3.79) から，次の関係が成り立つ．

$$n_\mathrm{r}{}^2 - \kappa^2 = 1, \quad n_\mathrm{r}\kappa = \frac{\sigma}{2\varepsilon_0\omega} \tag{3.80}$$

したがって，$\sigma \gg \omega$ のとき

$$n_\mathrm{r} \simeq \kappa = \sqrt{\frac{\sigma}{2\varepsilon_0\omega}} \gg 1 \tag{3.81}$$

が得られる．式 (1.86), (1.104) から，次の結果が得られる．

$$R = \frac{(n_\mathrm{r} - 1)^2 + \kappa^2}{(n_\mathrm{r} + 1)^2 + \kappa^2} \simeq \frac{2n_\mathrm{r}{}^2 - 2n_\mathrm{r} + 1}{2n_\mathrm{r}{}^2 + 2n_\mathrm{r} + 1} \simeq \frac{1 - n_\mathrm{r}{}^{-1}}{1 + n_\mathrm{r}{}^{-1}}$$

$$\simeq \left(1 - \frac{1}{n_\mathrm{r}}\right)^2 \simeq 1 - \frac{2}{n_\mathrm{r}} = 1 - \sqrt{\frac{2\omega}{\pi\sigma}} \tag{3.82}$$

3.4 合金

3.4.1 長距離的秩序と短距離的秩序

合金 (alloy) とは，2 種類以上の金属を混合したもの，あるいは金属と炭素 (C)，シリコン (Si) などの非金属元素を混合したものである．絶対零度では，合金を構成する複数の種類の原子が，規則正しく格子点を占有する．このような状態を**秩序状態** (ordered state) という．しかし，温度が上昇すると秩序が乱れ，転移温度 T_c 以上では，合金を構成する複数の種類の原子が，格子点にランダムに配置される．このような状態を**無秩序状態** (disordered state) という．

転移温度 T_c 以上では，原子間距離以上の長距離にわたる秩序，すなわち**長距離的秩序** (long-range order) は消失する．しかし，隣接原子間の相関のような短距離における秩序，つまり**短距離的秩序** (short-range order) は，残っていることもある．

3.4.2 回折線の強度

秩序状態と無秩序状態について，回折線の強度を与える構造因子を比較しよう．例として，格子定数 a をもつ塩化セシウム構造の CuZn を考える．

秩序状態にある CuZn では，図 3.5 のように，Cu 原子が $(x, y, z) = (0, 0, 0)$ の位置を占め，Zn 原子が $(a/2, a/2, a/2)$ の位置を占める．このとき，h, k, l を整数として，単純立方格子の逆格子ベクトル $\boldsymbol{G}$ として

$$\boldsymbol{G} = \frac{2\pi}{a}(h\hat{\boldsymbol{x}} + k\hat{\boldsymbol{y}} + l\hat{\boldsymbol{z}}) \tag{3.83}$$

を用いると，構造因子 $S(hkl)$ は次のようになる．

$$S(hkl) = f_{\text{Cu}} + f_{\text{Zn}} \exp[-\mathrm{i}\pi(h + k + l)] \tag{3.84}$$

ここで，$f_{\text{Cu}}, f_{\text{Zn}}$ は，それぞれ Cu, Zn の原子形状因子であり，$f_{\text{Cu}} \neq f_{\text{Zn}}$ である．したがって，秩序状態にある CuZn では，$(h + k + l)$ の値が偶数，奇数にかかわらず，回折線がすべて現れる．

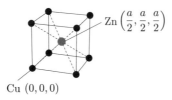

図3.5 塩化セシウム構造のCuZn（秩序状態）

一方，無秩序状態のCuZnでは，CuまたはZn原子が$(0,0,0)$の位置を占め，そしてZnまたはCu原子が$(a/2, a/2, a/2)$の位置を占める．このとき，構造因子$\langle S(hkl) \rangle$は，平均原子形状因子$\langle f \rangle = (f_{Cu} + f_{Zn})/2$を用いて，

$$\langle S(hkl) \rangle = \langle f \rangle + \langle f \rangle \exp[-i\pi(h+k+l)] \tag{3.85}$$

となる．つまり，無秩序状態では，$(h+k+l)$が偶数の場合，$\exp[-i\pi(h+k+l)] = 1$なので，$\langle S(hkl) \rangle = 2\langle f \rangle$となって回折線が現れる．一方，$(h+k+l)$が奇数の場合，$\exp[-i\pi(h+k+l)] = -1$なので，$\langle S(hkl) \rangle = 0$となって回折線は現れない．

3.5 二元合金における秩序化の理論

3.5.1 長距離的秩序を表すパラメータ

原子Aと原子Bから構成される二元合金を考える．そして，原子A, Bが，合金の中にN個ずつ存在すると仮定する．いま，二つの格子a, bを考え，長距離的秩序を表すパラメータPを導入する．このパラメータPを用いて，格子aの中に原子Aが存在する確率を$(1+P)/2$，格子bの中に原子Aが存在する確率を$(1-P)/2$とする．また，格子aの中に原子Bが存在する確率を$(1-P)/2$，格子bの中に原子Bが存在する確率を$(1+P)/2$と約束する．これらの関係を表3.1に示す．

表3.1 格子の中に原子A, Bが存在する確率

原子の種類	格子aに存在する確率	格子bに存在する確率
原子A	$(1+P)/2$	$(1-P)/2$
原子B	$(1-P)/2$	$(1+P)/2$

このとき,格子aの中の原子Aの数は $(1+P)N/2$,格子bの中の原子Aの数は $(1-P)N/2$ となる.一方,格子aの中の原子Bの数は $(1-P)N/2$,格子bの中の原子Bの数は $(1+P)N/2$ となる.パラメータ P が ± 1 の場合は,原子Aは二つの格子a, bのどちらか一方だけに存在し,秩序は完全となる.たとえば,原子Aが格子aだけに存在すれば,原子Bは格子bだけに存在する.一方,$P = 0$ のときは,一つの格子は同数の原子A, Bを含み,長距離的秩序は存在しない.

3.5.2 全エネルギー

二元合金の全エネルギー E は,隣接した原子のペアAA, AB, BBの結合から,次のように表すことができる.

$$E = N_{AA}U_{AA} + N_{BB}U_{BB} + N_{AB}U_{AB} \tag{3.86}$$

ただし,N_{ij} は隣接原子 ij 間の結合数,U_{ij} は ij 結合のエネルギーである.

さて,格子定数 a をもつ二つの単純立方格子を考え,格子点●をもつ格子aと,格子点○をもつ格子bが,$(\hat{x}+\hat{y}+\hat{z})a/2$ だけ移動して重ね合わされると,図3.6のようになる.つまり,二つの単純立方格子から体心立方格子を作ることができる.

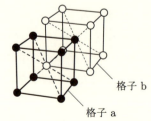

図3.6 格子a, bを用いて示した体心立方構造

3.5 二元合金における秩序化の理論

長距離的秩序を表すパラメータ P を用いて，格子 a の中に原子 A が存在する確率を $(1+P)/2$，格子 b の中に原子 A が存在する確率を $(1-P)/2$ とおくと，格子 a の一つの格子点と格子 b の一つの格子点の間での AA 結合が生ずる確率 f_{AA} は，次のようになる．

$$f_{\mathrm{AA}} = \frac{1+P}{2} \cdot \frac{1-P}{2} \tag{3.87}$$

さらに，格子 a の一つの格子点の最近接格子点として，格子 b の格子点が 8 個あることを考慮すると，次の結果が得られる．

$$N_{\mathrm{AA}} = 8 \cdot \frac{1+P}{2} \cdot \frac{1-P}{2} \cdot N = 2\left(1-P^2\right)N \tag{3.88}$$

原子 B どうしの結合である BB 結合や，原子 A と原子 B の結合である AB 結合についても同様に考えると，次式が得られる．

$$N_{\mathrm{BB}} = 8 \cdot \frac{1-P}{2} \cdot \frac{1+P}{2} \cdot N = 2\left(1-P^2\right)N \tag{3.89}$$

$$N_{\mathrm{AB}} = 8\left(\frac{1+P}{2}\right)^2 N + 8\left(\frac{1-P}{2}\right)^2 N = 4\left(1+P^2\right)N \tag{3.90}$$

【例題 3.5】
式 (3.89), (3.90) を導け．

解

長距離的秩序を表すパラメータ P を用いて，格子 a の中に原子 B が存在する確率を $(1-P)/2$，格子 b の中に原子 B が存在する確率を $(1+P)/2$ と約束した．したがって，格子 a の一つの格子点と格子 b の一つの格子点の間での BB 結合が生ずる確率 f_{BB} は，次のようになる．

$$f_{\mathrm{BB}} = \frac{1-P}{2} \cdot \frac{1+P}{2} \tag{3.91}$$

さらに，格子 a の一つの格子点の最近接格子点として，格子 b の格子点が 8 個あることを考慮すると，式 (3.89) に示した次の結果が得られる．

$$N_{\mathrm{BB}} = 8 \cdot \frac{1-P}{2} \cdot \frac{1+P}{2} \cdot N = 2\left(1-P^2\right)N \tag{3.92}$$

格子 a の中に原子 A が存在する確率と格子 b の中に原子 B が存在する確率は，どちらも $(1+P)/2$ である．また，格子 a の中に原子 B が存在する確率と格子 b の中に原子 A が存在する確率は，どちらも $(1-P)/2$ である．したがって，格子 a の一つの格子点と格子 b の一つの格子点の間での AB 結合が生ずる確率 f_{AB} は，次のようになる．

$$f_{AB} = \left(\frac{1+P}{2}\right)^2 + \left(\frac{1-P}{2}\right)^2 \tag{3.93}$$

さらに，格子 a の一つの格子点の最近接格子点として，格子 b の格子点が 8 個あることを考慮すると，式 (3.90) に示した次の結果が得られる．

$$N_{AB} = 8\left(\frac{1+P}{2}\right)^2 N + 8\left(\frac{1-P}{2}\right)^2 N = 4\left(1+P^2\right)N \tag{3.94}$$

式 (3.88)-(3.90) を式 (3.86) に代入すると，次のようになる．

$$\begin{aligned} E &= 2\left(1-P^2\right)NU_{AA} + 2\left(1-P^2\right)NU_{BB} + 4\left(1+P^2\right)NU_{AB} \\ &= 2N\left(U_{AA} + U_{BB} + 2U_{AB}\right) + 2NP^2\left(2U_{AB} - U_{AA} - U_{BB}\right) \end{aligned} \tag{3.95}$$

ここで，E_0 と U をそれぞれ次のようにおく．

$$E_0 = 2N\left(U_{AA} + U_{BB} + 2U_{AB}\right), \quad U = 2U_{AB} - U_{AA} - U_{BB} \tag{3.96}$$

このとき，二元合金の全エネルギー E は，次のように表される．

$$E = E_0 + 2NP^2 U \tag{3.97}$$

3.5.3 混合のエントロピー

2 種類の原子 A，B から構成される二元合金のエントロピーを考えてみよう．状態数 W は，N 個の原子 A と N 個の原子 B を二つの格子 a，b に振り分ける組合せの数である．まず，原子 A について考えると，格子 a の中の原子 A の数は $(1+P)N/2$，格子 b の中の原子 A の数は $(1-P)N/2$ だから，原子 A を二つの格子 a，b に振り分ける組合せの数 W_A は，次のようになる．

$$W_A = \frac{N!}{[(1+P)N/2]!\,[(1-P)N/2]!} \tag{3.98}$$

同様にして，原子 B を二つの格子 a, b に振り分ける組合せの数 W_B は，次のようになる．

$$W_B = \frac{N!}{[(1-P)N/2]!\,[(1+P)N/2]!} \tag{3.99}$$

原子 A と原子 B を二つの格子 a, b に振り分ける事象は，それぞれ独立だから，式 (3.98), (3.99) を用いると，状態数 W は次のように求められる．

$$W = W_A \times W_B = \left[\frac{N!}{[(1+P)N/2]!\,[(1-P)N/2]!}\right]^2 \tag{3.100}$$

したがって，二元合金のエントロピー S は，次のように表される．

$$\begin{aligned}S &= k_B \sigma = k_B \ln W \\ &= 2Nk_B \ln 2 - Nk_B [(1+P)\ln(1+P) + (1-P)\ln(1-P)]\end{aligned} \tag{3.101}$$

このような合金のエントロピーを混合のエントロピー (entropy of mixing) という．式 (3.97), (3.101) から，ヘルムホルツの自由エネルギー F は，次のようになる．

$$\begin{aligned}F &= U - k_B T S = E - k_B T S \\ &= E_0 + 2NP^2 U - 2Nk_B T \ln 2 \\ &\quad + Nk_B T [(1+P)\ln(1+P) + (1-P)\ln(1-P)]\end{aligned} \tag{3.102}$$

平衡状態において，長距離的秩序を表すパラメータ P は，

$$\begin{aligned}\frac{\partial F}{\partial P} &= 4NPU + Nk_B T \left[\ln(1+P) + \frac{1+P}{1+P} - \ln(1-P) - \frac{1-P}{1-P}\right] \\ &= 4NPU + Nk_B T \ln\frac{1+P}{1-P} = 0\end{aligned} \tag{3.103}$$

を解くことによって与えられる．式 (3.103) から，二元合金 AB に対して長距離的秩序を表すパラメータ P と絶対温度 T との関係を図示すると，図 3.7 (a) のようになる．二元合金 AB では，長距離的秩序を表すパラメータ P が，転移温度 T_c まで絶対温度 T に対して連続的に変化している．つまり，2 次の相転移が起きている．また，図 3.7 (b) に，合金 AB_3 に対する長距離的秩序（実線）と短距離的秩序（破線）の絶対温度 T に対する依存性を示す．合金 AB_3

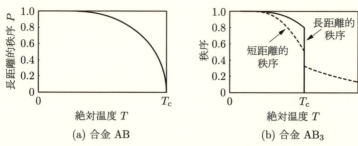

図 3.7 (a) 合金 AB と (b) 合金 AB$_3$ に対する秩序と絶対温度との関係

では，長距離的秩序と短距離的秩序が，どちらも転移温度 T_c において，絶対温度 T に対して不連続に変化している．つまり，1次の相転移が起きている．

【例題 3.6】

式 (3.101) を導け．

解

式 (3.100) から混合のエントロピー σ は次のようになる．

$$\sigma = \ln W = 2\ln\frac{N!}{[(1+P)N/2]!\,[(1-P)N/2]!}$$
$$= 2\ln N! - 2\ln\left(\frac{(1+P)N}{2}\right)! - 2\ln\left(\frac{(1-P)N}{2}\right)! \quad (3.104)$$

スターリングの近似を用いると，式 (3.104) の各項はそれぞれ次のように表される．

$$2\ln N! \simeq 2N\ln N - 2N \quad (3.105)$$

$$2\ln\left(\frac{(1+P)N}{2}\right)! \simeq 2\frac{(1+P)N}{2}\ln\frac{(1+P)N}{2} - 2\frac{(1+P)N}{2}$$
$$= (1+P)N\left[\ln(1+P) + \ln N - \ln 2 - 1\right] \quad (3.106)$$

$$2\ln\left(\frac{(1-P)N}{2}\right)! \simeq 2\frac{(1-P)N}{2}\ln\frac{(1-P)N}{2} - 2\frac{(1-P)N}{2}$$
$$= (1-P)N\left[\ln(1-P) + \ln N - \ln 2 - 1\right] \quad (3.107)$$

式 (3.105)–(3.107) を式 (3.104) に代入すると，次のようになる．

$$\begin{aligned}
\sigma &\simeq 2N \ln N - 2N - (1+P)N\left[\ln(1+P) + \ln N - \ln 2 - 1\right] \\
&\quad - (1-P)N\left[\ln(1-P) + \ln N - \ln 2 - 1\right] \\
&= N\left[2\ln N - 2 - (1+P)\ln(1+P) - (1-P)\ln(1-P)\right] \\
&\quad + N\left[-2\ln N + 2\ln 2 + 2\right] \\
&= N\left[2\ln 2 - (1+P)\ln(1+P) - (1-P)\ln(1-P)\right]
\end{aligned} \tag{3.108}$$

式 (3.108) から混合のエントロピー S は次のように求められる．

$$\begin{aligned}
S &= k_\text{B} \sigma \\
&\simeq 2Nk_\text{B}\ln 2 - k_\text{B}N\left[(1+P)\ln(1+P) + (1-P)\ln(1-P)\right]
\end{aligned} \tag{3.109}$$

第4章

半導体

この章の目的

半導体中で電気伝導に寄与するのは，伝導電子と正孔である．この章では，伝導電子や正孔の振る舞いから半導体の性質を説明する．

キーワード

真性半導体，伝導電子，正孔，有効質量，有効状態密度，真性キャリア濃度，真性フェルミ準位，不純物半導体，n型，p型，ドナー，アクセプター，ホール効果，非平衡半導体，直接遷移，間接遷移，重い正孔，軽い正孔

4.1 真性半導体

4.1.1 熱励起による伝導電子と正孔の生成

一般に，室温における抵抗率が 10^{-2}–10^9 Ω cm の範囲にある固体を半導体 (semiconductor) という．半導体としては，シリコン (Si)，ゲルマニウム (Ge) などの**単元素半導体** (element semiconductor) や，ヒ化ガリウム (GaAs)，リン化インジウム (InP)，窒化ガリウム (GaN) などの**化合物半導体** (compound semiconductor) がよく知られている．シリコン (Si) やゲルマニウム (Ge) はダイヤモンド構造をとり，ヒ化ガリウム (GaAs) やリン化インジウム (InP) は閃亜鉛鉱構造をとる．これらの構造を図 4.1 に示す．

(a) ダイヤモンド構造 　　　　　　(b) 閃亜鉛鉱構造

図 **4.1**　半導体の結晶構造

不純物を含まない純粋な半導体を**真性半導体** (intrinsic semiconductor) という．図 4.2 に示すように，価電子帯に存在する電子が，熱エネルギーを受け取って伝導帯に励起され，価電子帯には電子の抜け殻である**正孔** (hole) が生成される．伝導帯に励起された電子つまり**伝導電子** (conduction electron) と，価電子帯における正孔は，どちらも電気伝導に寄与する．したがって，温度が上がると，熱励起が活発になって伝導電子と正孔の数が増えるので，真性半導体の電気抵抗は小さくなる．

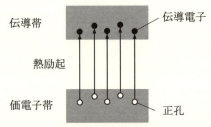

図 **4.2**　熱励起による価電子帯から伝導帯への電子の遷移

真性半導体では，熱励起によって伝導電子と正孔が生成するので，伝導電子の濃度 (concentration) n と正孔の濃度 p は等しく，次式が成り立つ．

$$n = p \tag{4.1}$$

4.1.2　伝導電子の濃度

伝導電子と正孔は，電荷を運ぶので，**キャリア** (carrier) とよばれている．そして，電子は，量子力学において状態を指定する**スピン** (spin) 量子数の値として 1/2 をもつ**フェルミ粒子** (Fermi particle) であり，フェルミ統計にしたがって分布する．そこで，伝導電子の濃度（単位体積あたりの伝導電子の個数

つまり伝導電子の個数を体積で割ったもの）n は，次式で与えられる．

$$n = \int_{E_c}^{E_0} f_{\mathrm{FD}}(E) g(E - E_c) \, \mathrm{d}E \simeq \int_{E_c}^{\infty} f_{\mathrm{FD}}(E) g(E - E_c) \, \mathrm{d}E$$
$$= N_c \exp\left(-\frac{E_c - E_{\mathrm{F}}}{k_{\mathrm{B}} T}\right) \tag{4.2}$$

ここで，E_c は伝導帯の底（伝導帯のバンド端）のエネルギー，E_0 は半導体の真空準位である．半導体の真空準位とは，真空中において，半導体表面から離れた状態で半導体表面の影響を受けずに静止している電子のエネルギーである．半導体の真空準位 E_0 は伝導帯の底のエネルギー E_c よりも十分高いので，積分の上端（上限）を無限大で近似した．式 (4.2) において，$f_{\mathrm{FD}}(E)$ はフェルミ–ディラック分布関数，$g(E - E_c) = D_e(E - E_c)/L^3$ は伝導帯における単位体積あたりの状態密度，k_{B} はボルツマン定数，T は絶対温度である．また，N_c は伝導帯における**有効状態密度** (effective density of states) とよばれ，伝導電子の有効質量 m_n とプランク定数 h を用いて，次のように定義される．

$$N_c = 2 \left(\frac{2\pi m_n k_{\mathrm{B}} T}{h^2}\right)^{3/2} M_c \tag{4.3}$$

ここで，M_c は，伝導帯のバンド端の数であり，シリコン (Si) では 6，ゲルマニウム (Ge) では 8，ヒ化ガリウム (GaAs) では 1 である．式 (4.2), (4.3) は熱平衡状態では真性半導体だけではなく，不純物半導体においても成り立つ．この理由は，式 (4.2) の導出において，$n = p$ を仮定しておらず，キャリア濃度の指標がフェルミ準位 E_{F} だからである．

【例題 4.1】
式 (4.2), (4.3) を導け．

解

半導体の真空準位 E_0 は伝導帯の底のエネルギー E_c よりも十分高いので，積分の上端（上限）を無限大で近似すると，半導体における伝導電子濃度 n は，次式で与えられる．

$$n = \int_{E_c}^{\infty} f_{\mathrm{FD}}(E) g(E - E_c) \, \mathrm{d}E \tag{4.4}$$

ここで，E_c は伝導帯の底のエネルギー，$f_\mathrm{FD}(E)$ はフェルミ-ディラック分布関数であり，次のように表される．

$$f_\mathrm{FD}(E) = \frac{1}{\exp[(E-E_\mathrm{F})/k_\mathrm{B}T]+1} \simeq \exp\left(-\frac{E-E_\mathrm{F}}{k_\mathrm{B}T}\right) \tag{4.5}$$

ただし，$E - E_\mathrm{F} \gg k_\mathrm{B}T$ と仮定した．

また，$g(E - E_\mathrm{c})$ は伝導帯における単位体積あたりの電子の状態密度であり，次のように表される．

$$\begin{aligned}
g(E - E_\mathrm{c}) &= \frac{M_\mathrm{c}}{2\pi^2}\left(\frac{2m_n}{\hbar^2}\right)^{3/2}\sqrt{E-E_\mathrm{c}} \\
&= \frac{M_\mathrm{c}}{2\pi^2}\left(\frac{8\pi^2 m_n}{h^2}\right)^{3/2}\sqrt{E-E_\mathrm{c}} \\
&= 4\pi M_\mathrm{c}\left(\frac{2m_n}{h^2}\right)^{3/2}\sqrt{E-E_\mathrm{c}}
\end{aligned} \tag{4.6}$$

ただし，状態密度に伝導帯のバンド端の個数 M_c をかけた．

式 (4.4) に式 (4.5), (4.6) を代入すると，次のようになる．

$$n = 4\pi M_\mathrm{c}\left(\frac{2m_n}{h^2}\right)^{3/2}\int_{E_\mathrm{c}}^{\infty}\sqrt{E-E_\mathrm{c}}\exp\left(-\frac{E-E_\mathrm{F}}{k_\mathrm{B}T}\right)\mathrm{d}E \tag{4.7}$$

ここで，$\sqrt{E-E_\mathrm{c}} = x\ (\geq 0)$ すなわち $E-E_\mathrm{c} = x^2$ とおくと，$\mathrm{d}E = 2x\mathrm{d}x$ であり，$E = E_\mathrm{c}$ に対して $x = 0$，$E = \infty$ に対して $x = \infty$ だから，式 (4.7) は次のようになる．

$$n = 8\pi M_c\left(\frac{2m_n}{h^2}\right)^{3/2}\exp\left(-\frac{E_\mathrm{c}-E_\mathrm{F}}{k_\mathrm{B}T}\right)\int_0^\infty x^2\exp\left(-\frac{x^2}{k_\mathrm{B}T}\right)\mathrm{d}x \tag{4.8}$$

式 (4.8) における積分は次のようになる．

$$\begin{aligned}
\int_0^\infty x^2\exp\left(-\frac{x^2}{k_\mathrm{B}T}\right)\mathrm{d}x &= \left[x\left(-\frac{k_\mathrm{B}T}{2}\right)\exp\left(-\frac{x^2}{k_\mathrm{B}T}\right)\right]_0^\infty \\
&\quad - \int_0^\infty\left(-\frac{k_\mathrm{B}T}{2}\right)\exp\left(-\frac{x^2}{k_\mathrm{B}T}\right)\mathrm{d}x \\
&= \frac{k_\mathrm{B}T}{2}\int_0^\infty \exp\left(-\frac{x^2}{k_\mathrm{B}T}\right)\mathrm{d}x \\
&= \frac{k_\mathrm{B}T}{2}\left[\int_0^\infty r\,\mathrm{d}r\int_0^{\pi/2}\mathrm{d}\theta\exp\left(-\frac{r^2}{k_\mathrm{B}T}\right)\right]^{1/2} \\
&= \frac{k_\mathrm{B}T}{2}\left\{\frac{\pi}{2}\left[-\frac{k_\mathrm{B}T}{2}\exp\left(-\frac{r^2}{k_\mathrm{B}T}\right)\right]_0^\infty\right\}^{1/2} \\
&= \frac{k_\mathrm{B}T}{4}\sqrt{\pi k_\mathrm{B}T} = \frac{\sqrt{\pi}(k_\mathrm{B}T)^{3/2}}{4}
\end{aligned} \tag{4.9}$$

式 (4.8) に式 (4.9) を代入すると，式 (4.2), (4.3) が得られる．

4.1.3 伝導電子の状態密度有効質量

一般に，伝導電子の有効質量 m_n は，波数ベクトルの方向によって異なる．波数ベクトルの主軸に沿った有効質量をそれぞれ $m_1{}^*, m_2{}^*, m_3{}^*$ と表すと，伝導電子の有効質量 m_n は，次のように表される．

$$m_n = m_{\mathrm{de}} = \left(m_1{}^* m_2{}^* m_3{}^*\right)^{1/3} \tag{4.10}$$

式 (4.10) で定義した m_{de} を伝導帯の**状態密度有効質量** (density-of-state effective mass) という．

状態密度有効質量 m_{de} は，次のようにして求められる．波数ベクトル $\boldsymbol{k}$ の方向によって有効質量が異なっている場合，x, y, z 方向の有効質量をそれぞれ $m_1{}^*, m_2{}^*, m_3{}^*$ として，次のようにエネルギー $E(\boldsymbol{k})$ を表すことができる．

$$E(\boldsymbol{k}) = E_0 + \frac{\hbar^2}{2m_1{}^*}k_x{}^2 + \frac{\hbar^2}{2m_2{}^*}k_y{}^2 + \frac{\hbar^2}{2m_3{}^*}k_z{}^2 \tag{4.11}$$

$$k^2 = k_x{}^2 + k_y{}^2 + k_z{}^2 \tag{4.12}$$

ただし，式 (4.11) からわかるように，

$$dE = \frac{\hbar^2}{m} k\, dk \tag{4.13}$$

のように表すことはできない．このままでは，波数 k を用いて状態密度を表すときに不便である．そこで，この不便さを解決するために，次のようにおく．

$$k_x{}' = \sqrt{\frac{m_{\mathrm{de}}}{m_1{}^*}}\, k_x, \quad k_y{}' = \sqrt{\frac{m_{\mathrm{de}}}{m_2{}^*}}\, k_y, \quad k_z{}' = \sqrt{\frac{m_{\mathrm{de}}}{m_3{}^*}}\, k_z \tag{4.14}$$

式 (4.14) を式 (4.11) に代入すると，エネルギー $E(\boldsymbol{k})$ は次のように表される．

$$E(\boldsymbol{k}) = E_0 + \frac{\hbar^2}{2m_{\mathrm{de}}}\left(k_x{}'^2 + k_y{}'^2 + k_z{}'^2\right) = E_0 + \frac{\hbar^2}{2m_{\mathrm{de}}} k'^2 \tag{4.15}$$

$$k'^2 = k_x{}'^2 + k_y{}'^2 + k_z{}'^2 \tag{4.16}$$

このとき，式 (4.15) から
$$dE = \frac{\hbar^2}{m_{de}} k' \, dk' \tag{4.17}$$
となって，波数を用いて状態密度を表すときに都合がよい．ただし，波数空間の体積は，k を用いても k' を用いても，同じでなくてはならない．したがって，次式が成り立つ必要がある．

$$\int dk_x dk_y dk_z = \int dk_x' dk_y' dk_z' = \sqrt{\frac{m_{de}{}^3}{m_1{}^* m_2{}^* m_3{}^*}} \int dk_x dk_y dk_z \tag{4.18}$$

状態密度有効質量 m_{de} は，式 (4.18) から次のようになる．
$$m_{de} = \left(m_1{}^* m_2{}^* m_3{}^*\right)^{1/3} \tag{4.19}$$

シリコン (Si) やゲルマニウム (Ge) では，**横有効質量** (transverse effective mass) m_t と**縦有効質量** (longitudinal effective mass) m_l を用いて，次のように表される．
$$m_1{}^* = m_2{}^* = m_t, \; m_3{}^* = m_l \tag{4.20}$$
式 (4.20) を式 (4.19) に代入すると，次のようになる．
$$m_n = m_{de} = \left(m_t{}^2 m_l\right)^{1/3} \tag{4.21}$$

4.1.4　正孔の濃度

正孔の濃度 p は，次式によって与えられる．
$$p = \int_{-\infty}^{E_v} [1 - f_{FD}(E)] g(E_v - E) \, dE \simeq N_v \exp\left(-\frac{E_F - E_v}{k_B T}\right) \tag{4.22}$$
ここで，E_v は価電子帯のエネルギーが最大となる点，すなわち価電子帯の頂上 (価電子帯のバンド端) のエネルギー，$g(E_v - E)$ は価電子帯における単位体積あたりの状態密度，N_v は価電子帯における有効状態密度であり，正孔の有効質量 m_p を用いて，次のように定義される．
$$N_v = 2 \left(\frac{2\pi m_p k_B T}{h^2}\right)^{3/2} = 2 \left(\frac{2\pi k_B T}{h^2}\right)^{3/2} m_p{}^{3/2} \tag{4.23}$$

式 (4.22), (4.23) は熱平衡状態では真性半導体だけではなく，不純物半導体においても成り立つ．この理由は，式 (4.22) の導出において，$n = p$ を仮定しておらず，キャリア濃度の指標がフェルミ準位 E_F だからである．

【例題 4.2】

式 (4.22), (4.23) を導け.

解

半導体における正孔濃度 p は，次式で与えられる.

$$p = \int_{-\infty}^{E_{\text{v}}} [1 - f_{\text{FD}}(E)] g(E_{\text{v}} - E) \, dE \tag{4.24}$$

ここで，E_{v} は価電子帯の頂上のエネルギー，$f_{\text{FD}}(E)$ はフェルミ-ディラック分布関数であり，$1 - f_{\text{FD}}(E)$ は次のように表される.

$$1 - f_{\text{FD}}(E) = \frac{\exp[(E - E_{\text{F}})/k_{\text{B}}T]}{\exp[(E - E_{\text{F}})/k_{\text{B}}T] + 1} \simeq \exp\left(-\frac{E_{\text{F}} - E}{k_{\text{B}}T}\right) \tag{4.25}$$

ここで，$E_{\text{F}} - E \gg k_{\text{B}}T$ を用いた.

また，$g(E_{\text{v}} - E)$ は価電子帯における単位体積あたりの電子の状態密度であり，次のように表される.

$$\begin{aligned}
g(E_{\text{v}} - E) &= \frac{1}{2\pi^2} \left(\frac{2m_p}{\hbar^2}\right)^{3/2} \sqrt{E_{\text{v}} - E} \\
&= \frac{1}{2\pi^2} \left(\frac{8\pi^2 m_p}{h^2}\right)^{3/2} \sqrt{E_{\text{v}} - E} \\
&= 4\pi \left(\frac{2m_p}{h^2}\right)^{3/2} \sqrt{E_{\text{v}} - E}
\end{aligned} \tag{4.26}$$

式 (4.24) に式 (4.25), (4.26) を代入すると，次のようになる.

$$p = 4\pi \left(\frac{2m_p}{h^2}\right)^{3/2} \int_{-\infty}^{E_{\text{v}}} \sqrt{E_{\text{v}} - E} \exp\left(-\frac{E_{\text{F}} - E}{k_{\text{B}}T}\right) dE \tag{4.27}$$

ここで，$\sqrt{E_{\text{v}} - E} = x \, (\geq 0)$ すなわち $E_{\text{v}} - E = x^2$ とおくと，$dE = -2x\,dx$ であり，$E = -\infty$ に対して $x = \infty$，$E = E_{\text{v}}$ に対して $x = 0$ だから，式 (4.27) は次のようになる.

$$\begin{aligned}
p &= -8\pi \left(\frac{2m_p}{h^2}\right)^{3/2} \exp\left(-\frac{E_{\text{F}} - E_{\text{v}}}{k_{\text{B}}T}\right) \int_{\infty}^{0} x^2 \exp\left(-\frac{x^2}{k_{\text{B}}T}\right) dx \\
&= 8\pi \left(\frac{2m_p}{h^2}\right)^{3/2} \exp\left(-\frac{E_{\text{F}} - E_{\text{v}}}{k_{\text{B}}T}\right) \int_{0}^{\infty} x^2 \exp\left(-\frac{x^2}{k_{\text{B}}T}\right) dx
\end{aligned} \tag{4.28}$$

式 (4.28) における積分は次のようになる.

$$
\begin{aligned}
\int_0^\infty x^2 \exp\left(-\frac{x^2}{k_\mathrm{B}T}\right) \mathrm{d}x &= \left[x\left(-\frac{k_\mathrm{B}T}{2}\right)\exp\left(-\frac{x^2}{k_\mathrm{B}T}\right)\right]_0^\infty \\
&\quad - \int_0^\infty \left(-\frac{k_\mathrm{B}T}{2}\right)\exp\left(-\frac{x^2}{k_\mathrm{B}T}\right)\mathrm{d}x \\
&= \frac{k_\mathrm{B}T}{2}\int_0^\infty \exp\left(-\frac{x^2}{k_\mathrm{B}T}\right)\mathrm{d}x \\
&= \frac{k_\mathrm{B}T}{2}\left[\int_0^\infty r\,\mathrm{d}r\int_0^{\pi/2}\mathrm{d}\theta\exp\left(-\frac{r^2}{k_\mathrm{B}T}\right)\right]^{1/2} \\
&= \frac{k_\mathrm{B}T}{2}\left\{\frac{\pi}{2}\left[-\frac{k_\mathrm{B}T}{2}\exp\left(-\frac{r^2}{k_\mathrm{B}T}\right)\right]_0^\infty\right\}^{1/2} \\
&= \frac{k_\mathrm{B}T}{4}\sqrt{\pi k_\mathrm{B}T} = \frac{\sqrt{\pi}(k_\mathrm{B}T)^{3/2}}{4} \qquad (4.29)
\end{aligned}
$$

式 (4.29) を式 (4.28) に代入すると, 式 (4.22), (4.23) が得られる.

価電子帯として重い正孔帯と軽い正孔帯が存在する場合, 重い正孔 (heavy hole) の有効質量を m_hh, 軽い正孔 (light hole) の有効質量を m_lh とおき, 重い正孔帯と軽い正孔帯に対してそれぞれ例題 4.2 と同様な計算をおこなうと, 次のようになる.

$$
\begin{aligned}
N_\mathrm{v} &= 2\left(\frac{2\pi k_\mathrm{B}T}{h^2}\right)^{3/2} m_\mathrm{hh}{}^{3/2} + 2\left(\frac{2\pi k_\mathrm{B}T}{h^2}\right)^{3/2} m_\mathrm{lh}{}^{3/2} \\
&= 2\left(\frac{2\pi k_\mathrm{B}T}{h^2}\right)^{3/2}\left(m_\mathrm{hh}{}^{3/2} + m_\mathrm{lh}{}^{3/2}\right) \qquad (4.30)
\end{aligned}
$$

式 (4.30) と式 (4.23) を比較すると, 次のようになる.

$$
m_p{}^{3/2} = \left(m_\mathrm{hh}{}^{3/2} + m_\mathrm{lh}{}^{3/2}\right) \qquad (4.31)
$$

式 (4.31) から正孔の有効質量 m_p すなわち価電子帯の状態密度有効質量 m_dh は次のように表される.

$$
m_p = m_\mathrm{dh} = \left(m_\mathrm{hh}{}^{3/2} + m_\mathrm{lh}{}^{3/2}\right)^{2/3} \qquad (4.32)
$$

表 4.1 に $T = 300\,\mathrm{K}$ におけるゲルマニウム (Ge),シリコン (Si),ヒ化ガリウム (GaAs) の有効質量とエネルギーギャップを示す.ここで,m_0 は真空中の電子の静止質量である.

表 4.1　$T = 300\,\mathrm{K}$ における Ge, Si, GaAs の有効質量とエネルギーギャップ

半導体材料	m_l/m_0	m_t/m_0	m_{lh}/m_0	m_{hh}/m_0	E_g (eV)
ゲルマニウム (Ge)	1.64	0.082	0.044	0.28	0.66
シリコン (Si)	0.98	0.19	0.16	0.49	1.12
ヒ化ガリウム (GaAs)	0.067		0.082	0.45	1.424

4.1.5　真性キャリア濃度

式 (4.2) と式 (4.22) を辺々かけあわせると,次のようになる.

$$np = N_c N_v \exp\left(-\frac{E_c - E_v}{k_B T}\right) = N_c N_v \exp\left(-\frac{E_g}{k_B T}\right) \tag{4.33}$$

ここで,$E_c - E_v = E_g$ はエネルギーギャップである.熱平衡状態では,真性半導体だけでなく,第 4.2 節で説明する不純物半導体(外因性半導体)でも,式 (4.33) が成り立つ.この理由は,式 (4.2), (4.22) の導出において,$n = p$ を仮定しておらず,キャリア濃度の指標がフェルミ準位 E_F だからである.不純物の添加によるキャリア濃度の変化は,熱平衡状態ではフェルミ準位 E_F の変化によって説明できる.

さて,真性半導体におけるキャリア濃度,すなわち**真性キャリア濃度** (intrinsic carrier concentration) を n_i とすると,次式が成り立つ.

$$n_i = n = p \tag{4.34}$$

式 (4.33), (4.34) から,真性キャリア濃度 n_i は,次のように求められる.

$$n_i = \sqrt{np} = \sqrt{N_c N_v} \exp\left(-\frac{E_c - E_v}{2k_B T}\right) = \sqrt{N_c N_v} \exp\left(-\frac{E_g}{2k_B T}\right) \tag{4.35}$$

4.1.6 真性フェルミ準位

真性半導体におけるフェルミ準位,すなわち**真性フェルミ準位** (intrinsic Fermi level) を E_i とする.このとき,式 (4.2) と式 (4.22) において E_F を E_i で置き換え,式 (4.34) を用いると,真性キャリア濃度 n_i は次のように表される.

$$n_\mathrm{i} = N_\mathrm{c} \exp\left(-\frac{E_\mathrm{c}-E_\mathrm{i}}{k_\mathrm{B}T}\right) = N_\mathrm{v} \exp\left(-\frac{E_\mathrm{i}-E_\mathrm{v}}{k_\mathrm{B}T}\right) \tag{4.36}$$

式 (4.36) から,有効状態密度 N_c と N_v は,真性キャリア濃度 n_i と真性フェルミ準位 E_i を用いて,次のように書き換えられる.

$$N_\mathrm{c} = n_\mathrm{i} \exp\left(\frac{E_\mathrm{c}-E_\mathrm{i}}{k_\mathrm{B}T}\right) \tag{4.37}$$

$$N_\mathrm{v} = n_\mathrm{i} \exp\left(\frac{E_\mathrm{i}-E_\mathrm{v}}{k_\mathrm{B}T}\right) \tag{4.38}$$

【例題 4.3】
(a) 伝導帯の底のエネルギー E_c,価電子帯の頂上のエネルギー E_v,絶対温度 T,有効状態密度 N_c, N_v を用いて,真性フェルミ準位 E_i を示せ.
(b) 伝導帯の底のエネルギー E_c,価電子帯の頂上のエネルギー E_v,絶対温度 T,状態密度有効質量 m_de, m_dh を用いて,真性フェルミ準位 E_i を示せ.
(c) 真性キャリア濃度 n_i,フェルミ準位 E_F,真性フェルミ準位 E_i,絶対温度 T を用いて,伝導電子濃度 n と正孔濃度 p を示せ.

【解】
(a) 真性フェルミ準位 E_i とは,真性半導体におけるフェルミ準位 E_F のことである.真性半導体では,伝導電子濃度 n と正孔濃度 p が等しいので,式 (4.2) と (4.22) から次式が成り立つ.

$$N_\mathrm{c} \exp\left(-\frac{E_\mathrm{c}-E_\mathrm{i}}{k_\mathrm{B}T}\right) = N_\mathrm{v} \exp\left(-\frac{E_\mathrm{i}-E_\mathrm{v}}{k_\mathrm{B}T}\right) \tag{4.39}$$

ただし,式 (4.2), (4.22) において,$E_\mathrm{F} = E_\mathrm{i}$ とおいた.
式 (4.39) を変形すると,次のようになる.

$$\exp\left(\frac{2E_\mathrm{i}}{k_\mathrm{B}T}\right) = \frac{N_\mathrm{v}}{N_\mathrm{c}} \exp\left(\frac{E_\mathrm{c}+E_\mathrm{v}}{k_\mathrm{B}T}\right) \tag{4.40}$$

式 (4.40) の両辺の自然対数をとると，次の結果が得られる．

$$\frac{2E_\mathrm{i}}{k_\mathrm{B}T} = \ln\frac{N_\mathrm{v}}{N_\mathrm{c}} + \frac{E_\mathrm{c}+E_\mathrm{v}}{k_\mathrm{B}T} \tag{4.41}$$

式 (4.41) の両辺に $k_\mathrm{B}T/2$ をかけ，右辺の第1項と第2項を交換すると，次のように真性フェルミ準位 E_i が求められる．

$$E_\mathrm{i} = \frac{1}{2}(E_\mathrm{c}+E_\mathrm{v}) + \frac{1}{2}k_\mathrm{B}T\ln\frac{N_\mathrm{v}}{N_\mathrm{c}} \tag{4.42}$$

エネルギーギャップ $E_\mathrm{g} = E_\mathrm{c}-E_\mathrm{v}$ を用いると，真性フェルミ準位 E_i は次のように表される．

$$E_\mathrm{i} = E_\mathrm{v} + \frac{1}{2}E_\mathrm{g} + \frac{1}{2}k_\mathrm{B}T\ln\frac{N_\mathrm{v}}{N_\mathrm{c}} \tag{4.43}$$

室温では，式 (4.43) の右辺において第3項は第2項に比べて十分小さい．たとえば，シリコン (Si) の場合，$T = 300\,\mathrm{K}$ において，$E_\mathrm{g} = 1.12\,\mathrm{eV}$, $N_\mathrm{c} = 2.83\times 10^{19}\,\mathrm{cm}^{-3}$, $N_\mathrm{v} = 1.02\times 10^{19}\,\mathrm{cm}^{-3}$ であり，式 (4.43) の右辺の第2項と第3項は，それぞれ次のようになる．

$$\frac{1}{2}E_\mathrm{g} = 5.6\times 10^{-1}\,\mathrm{eV} = 560\,\mathrm{meV} \tag{4.44}$$

$$\frac{1}{2}k_\mathrm{B}T\ln\frac{N_\mathrm{v}}{N_\mathrm{c}} = -1.32\times 10^{-2}\,\mathrm{eV} = -13.2\,\mathrm{meV} \tag{4.45}$$

これらの結果から，シリコン (Si) の場合，真性フェルミ準位 E_i は，価電子帯の頂上のエネルギー E_v よりもほぼ $E_\mathrm{g}/2$ だけ高い値をもつことがわかる．つまり，シリコン (Si) の場合，真性フェルミ準位 E_i は，エネルギーギャップの中央 $E_\mathrm{g}/2$ からわずかにずれている．他の半導体についても，真性フェルミ準位 E_i は，エネルギーギャップの中央 $E_\mathrm{g}/2$ からわずかにずれている．データブックを参照して，確かめてみよう．

(b) 式 (4.42) に式 (4.3), (4.10), (4.23), (4.32) を代入すると，次式が得られる．

$$E_\mathrm{i} = \frac{1}{2}(E_\mathrm{c}+E_\mathrm{v}) + \frac{1}{2}k_\mathrm{B}T\ln\left[\left(\frac{m_\mathrm{dh}}{m_\mathrm{de}}\right)^{3/2}\frac{1}{M_\mathrm{c}}\right] \tag{4.46}$$

ここで，エネルギーギャップ $E_\mathrm{g} = E_\mathrm{c}-E_\mathrm{v}$ を用いると，真性フェルミ準位 E_i は次のようになる．

$$E_\mathrm{i} = E_\mathrm{v} + \frac{1}{2}E_\mathrm{g} + \frac{1}{2}k_\mathrm{B}T\ln\left[\left(\frac{m_\mathrm{dh}}{m_\mathrm{de}}\right)^{3/2}\frac{1}{M_\mathrm{c}}\right] \tag{4.47}$$

(c) 真性半導体では，式 (4.2) において $n = n_\mathrm{i}$, $E_\mathrm{F} = E_\mathrm{i}$ とおくことができる．すなわち，次式が成り立つ．

$$n_\mathrm{i} = N_\mathrm{c}\exp\left(-\frac{E_\mathrm{c}-E_\mathrm{i}}{k_\mathrm{B}T}\right) \tag{4.48}$$

伝導帯における有効状態密度 N_c は, 式 (4.48) から次のようになる.

$$N_c = n_i \exp\left(\frac{E_c - E_i}{k_B T}\right) \tag{4.49}$$

式 (4.49) を式 (4.2) に代入すると, 電子濃度 n は次のように表される.

$$n = n_i \exp\left(-\frac{E_i - E_F}{k_B T}\right) \tag{4.50}$$

同様にして, 真性半導体では, 式 (4.22) において $p = n_i$, $E_F = E_i$ とおくことができる. すなわち, 次式が成り立つ.

$$n_i = N_v \exp\left(-\frac{E_i - E_v}{k_B T}\right) \tag{4.51}$$

価電子帯における有効状態密度 N_v は, 式 (4.51) から次のようになる.

$$N_v = n_i \exp\left(\frac{E_i - E_v}{k_B T}\right) \tag{4.52}$$

式 (4.52) を式 (4.22) に代入すると, 正孔濃度 p は次のように表される.

$$p = n_i \exp\left(\frac{E_i - E_F}{k_B T}\right) \tag{4.53}$$

4.2 不純物半導体

不純物を含んだ半導体を不純物半導体あるいは外因性半導体 (extrinsic semiconductor) という. デバイスに用いる半導体では, 電気伝導を制御するために, 意図的に不純物が添加されていることが多い. このような目的で不純物を添加することを, ドーピング (doping) とよんでいる. そして, 伝導帯に伝導電子を与える不純物をドナー (donor), 価電子帯から電子を受け取る不純物をアクセプター (acceptor) という. また, 伝導電子濃度 n が正孔濃度 p よりも高い, すなわち $n > p$ である半導体をn型半導体とよんでいる. 一方, 伝導電子濃度 n が正孔濃度 p よりも低い, すなわち $n < p$ である半導体をp型半導体という.

4.2.1 半導体におけるホール効果

電気素量 e を用いると,キャリアの電荷 q は,伝導電子に対して $-e$,正孔に対して e である.磁束密度 $\boldsymbol{B}(\neq \boldsymbol{0})$ が z 軸の正の方向を向いている場合,$\boldsymbol{B} = (0, 0, B)$ として半導体中のキャリアに対する運動方程式を x 成分,y 成分,z 成分に分けて示すと,次式のようになる.

$$m^* \frac{\mathrm{d}}{\mathrm{d}t} v_x = q(E_x + Bv_y) - \frac{m^* v_x}{\tau} \tag{4.54}$$

$$m^* \frac{\mathrm{d}}{\mathrm{d}t} v_y = q(E_y - Bv_x) - \frac{m^* v_y}{\tau} \tag{4.55}$$

$$m^* \frac{\mathrm{d}}{\mathrm{d}t} v_z = qE_z - \frac{m^* v_z}{\tau} \tag{4.56}$$

定常状態 $(\mathrm{d}/\mathrm{d}t = 0)$ では,式 (4.54)–(4.56) は次のようになる.

$$v_x = \frac{q}{m^*} \tau E_x + \omega_\mathrm{c} \tau v_y \tag{4.57}$$

$$v_y = \frac{q}{m^*} \tau E_y - \omega_\mathrm{c} \tau v_x \tag{4.58}$$

$$v_z = \frac{q}{m^*} \tau E_z \tag{4.59}$$

ただし,ω_c は次式によって定義されるサイクロトロン角周波数である.

$$\omega_\mathrm{c} = \frac{qB}{m^*} \tag{4.60}$$

ここで,x 軸方向の電界 E_x を試料に印加し,x 軸方向だけに電流が流れ,y 軸方向に電流が流れない場合を考えよう.このとき,y 軸方向の電流密度 $i_y = 0$ だから,$v_y = 0$ となる.したがって,式 (4.57), (4.58) から次のようになる.

$$v_x = \frac{q\tau}{m^*} E_x \tag{4.61}$$

$$0 = \frac{q\tau}{m^*} E_y - \omega_\mathrm{c} \tau v_x \tag{4.62}$$

式 (4.61), (4.62) から次式が導かれる.

$$E_y = \frac{m^*}{q\tau} \omega_\mathrm{c} \tau v_x = \frac{m^*}{q\tau} \omega_\mathrm{c} \tau \frac{q\tau}{m^*} E_x$$

$$= \omega_\mathrm{c} \tau E_x = \frac{qB\tau}{m^*} E_x \tag{4.63}$$

ここで，式 (4.60) を用いた．

キャリア濃度を n_c とすると，x 軸方向の電流密度 i_x は式 (4.61) から次のようになる．

$$i_x = n_c q v_x = \frac{n_c q^2 \tau}{m^*} E_x \tag{4.64}$$

ホール係数 R_H は，次のように定義される．

$$R_H = \frac{E_y}{i_x B} = \frac{1}{n_c q} \tag{4.65}$$

ここで，式 (4.63), (4.64) を用いた．

式 (4.65) からわかるように，ホール係数 R_H の値から，キャリア濃度 n_c だけでなく，キャリアが伝導電子 ($R_H = -1/n_c e < 0$) か正孔 ($R_H = 1/n_c e > 0$) かの判別をすることもできる．

4.2.2 ドナー

リン (P) のような V 族元素では最外殻電子が 5 個存在し，シリコン (Si) のような IV 族元素と結合すると，最外殻電子が 1 個余る．V 族元素が熱などのエネルギーを受け取って，この余った最外殻電子を伝導帯に放出すると，伝導帯における伝導電子濃度 n が高くなる．つまり，V 族元素は，IV 族元素中で伝導帯に伝導電子を与えるドナーとしてはたらく．このとき，V 族元素の最外殻電子のエネルギー準位をドナー準位 (donor level) という．

図 4.3 のように，ドナー準位のエネルギー E_d は，伝導帯の底のエネルギー E_c よりも低い．そして，ドナーからできるだけ効率よく伝導電子を供給でき

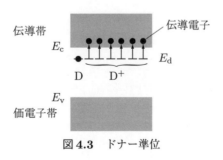

図 **4.3** ドナー準位

るように，ドナーのイオン化エネルギー $\Delta E_d = E_c - E_d$ が数十 meV 以下になるような材料を V 族元素として選ぶことが多い．図 4.3 では中性ドナーを D, イオン化したドナーを D^+ と示している．

図 4.4 に中性ドナー D とイオン化したドナー D^+ を模式的に示す．この図において，網掛けの大きな丸●が原子であり，矢印のついた小さな丸●が電子である．そして，矢印の向きによって，スピンの上向き，下向きを区別している．最外殻電子が 1 個余っているとき，ドナーは電気的に中性である．そして，1 個余った最外殻電子のスピンの上向き，下向きに対応して，このような状態は二つ存在する．ドナーが余った最外殻電子電子を伝導帯に放出すると，ドナーは負の電荷を失うので，ドナー自身は陽イオンになり，このような状態は一つだけ存在する．

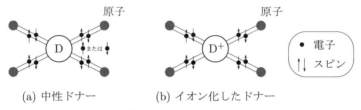

(a) 中性ドナー　　　(b) イオン化したドナー

図 4.4　中性ドナーとイオン化したドナー

【例題 4.4】

ドナーがイオン化している確率 $f(D^+)$ と，ドナーが電気的に中性である確率 $f(D)$ を求めよ．

解

拙著「固体物性の基礎」（共立出版）第 3 章で説明したギブス因子とギブス和の比から，$f(D^+)$ と $f(D)$ を求めることができる．ドナーがイオン化しているときは，電子はドナー準位を占有していない．このとき，ドナー準位に対して電子数 $N = 0$，エネルギー $E = 0$ である．このような状態は一つだけ存在し，ギブス因子は $\exp[(0 \times E_F - 0)/k_B T] = 1$ である．一方，ドナーが電気的に中性なときは，1 個の電子がドナー準位を占有している．このとき，ドナー準位に対して電子数 $N = 1$，エネルギー $E = E_d$ だから，ギブス因子は $\exp[(1 \times E_F - E_d)/k_B T]$ となる．そして，ドナー準位を占有する電子のスピンの上向き，下向きに対応して，このような状態は二つ存在する．したがって，ギブス和 $\mathcal{Z}$ は，次のようになる．

$$\mathcal{Z} = 1 + \exp\left(\frac{E_\text{F} - E_\text{d}}{k_\text{B}T}\right) + \exp\left(\frac{E_\text{F} - E_\text{d}}{k_\text{B}T}\right) = 1 + 2\exp\left(\frac{E_\text{F} - E_\text{d}}{k_\text{B}T}\right) \quad (4.66)$$

この結果，ドナーがイオン化している確率 $f(D^+)$，すなわちドナー準位が電子によって占有されていない確率は，次式で与えられる．

$$f(D^+) = \frac{1}{\mathcal{Z}} = \frac{1}{1 + 2\exp\left[(E_\text{F} - E_\text{d})/k_\text{B}T\right]} \quad (4.67)$$

一方，ドナーが中性である確率 $f(D)$，すなわちドナー準位が電子によって占有されている確率は，次のようになる．

$$f(D) = \frac{2\exp\left[(E_\text{F} - E_\text{d})/k_\text{B}T\right]}{\mathcal{Z}} = \frac{1}{1 + \frac{1}{2}\exp\left[(E_\text{d} - E_\text{F})/k_\text{B}T\right]} \quad (4.68)$$

4.2.3 アクセプター

ホウ素 (B) のような III 族元素では最外殻電子が 3 個存在し，シリコン (Si) のような IV 族元素と結合するとき，最外殻電子が 1 個不足する．このとき，熱などのエネルギーによって励起された価電子帯の電子を III 族元素が受け取ると，価電子帯に正孔が生成される．つまり，価電子帯における正孔濃度 p が高くなる．つまり，III 族元素は，IV 族元素中で価電子帯から電子を受け取るアクセプターとしてはたらく．このとき，価電子帯から受け取った電子が占有する III 族元素のエネルギー準位を**アクセプター準位** (acceptor level) という．

図 4.5 のように，アクセプター準位のエネルギー E_a は，価電子帯の頂上のエネルギー E_v よりも高い．そして，アクセプターができるだけ効率よく価電子帯から電子を受容できるように，アクセプターのイオン化エネルギー

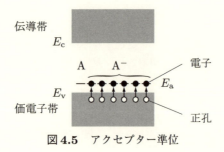

図 4.5 アクセプター準位

$\Delta E_a = E_a - E_v$ が数十 meV 以下になるような材料を III 族元素として選ぶことが多い．図 4.5 では中性アクセプターを A，イオン化したアクセプターを A^- と示している．

図 4.6 に中性アクセプター A とイオン化したアクセプター A^- を模式的に示す．この図においても，網掛けの大きな丸●が原子であり，矢印のついた小さな丸●が電子である．そして，矢印の向きによって，スピンの上向き，下向きを区別している．最外殻電子が 1 個不足しているとき，アクセプターは電気的に中性である．そして，結合に寄与していない IV 族原子の最外殻電子のスピンの上向き，下向きに対応して，このような状態は二つ存在する．さらに，価電子帯が重い正孔帯と軽い正孔帯から構成されている場合，状態数は四つになる．アクセプターが電子を価電子帯から受け取ると，アクセプターは負の電荷を得るので，アクセプター自身は陰イオンになり，このような状態は一つだけ存在する．

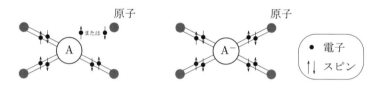

(a) 中性アクセプター　　(b) イオン化したアクセプター
図 4.6　中性アクセプターとイオン化したアクセプター

【例題 4.5】

アクセプターがイオン化している確率 $f(A^-)$ と，アクセプターが電気的に中性である確率 $f(A)$ を求めよ．

解

拙著「固体物性の基礎」（共立出版）第 3 章で説明したギブス因子とギブス和の比から，$f(A^-)$ と $f(A)$ を求めることができる．アクセプターがイオン化しているときは，電子はアクセプター準位を占有している．このとき，アクセプター準位に対して電子数 $N = 1$，エネルギー $E = E_a$ である．このようなとき，アクセプターは周囲の原子と正四面体結合をしており，結合に寄与していない最外殻電子をもっていない．したがって，このような状態は一つだけ存在し，ギブス因子は

$\exp\left[(1 \times E_\mathrm{F} - E_\mathrm{a})/k_\mathrm{B}T\right]$ である．一方，アクセプターが電気的に中性なときは，電子はアクセプター準位を占有していない．このとき，アクセプター準位に対して電子数 $N=0$, エネルギー $E=0$ だから，ギブス因子は $\exp\left[(0 \times E_\mathrm{F} - 0)/k_\mathrm{B}T\right] = 1$ となる．そして，IV族原子の最外殻電子のうち1個の電子が原子間の結合に寄与しておらず，この結合に寄与していない電子のスピンの上向き，下向きに対応して，このような状態は二つ存在する．したがって，ギブス和 $\mathcal{Z}$ は，次のようになる．

$$\mathcal{Z} = \exp\left(\frac{E_\mathrm{F} - E_\mathrm{a}}{k_\mathrm{B}T}\right) + 1 + 1 = \exp\left(\frac{E_\mathrm{F} - E_\mathrm{a}}{k_\mathrm{B}T}\right) + 2 \tag{4.69}$$

この結果，アクセプターがイオン化している確率 $f(A^-)$, すなわちアクセプター準位が電子によって占有されている確率は，次式で与えられる．

$$f(A^-) = \frac{\exp\left[(E_\mathrm{F} - E_\mathrm{a})/k_\mathrm{B}T\right]}{\mathcal{Z}} = \frac{1}{1 + 2\exp\left[(E_\mathrm{a} - E_\mathrm{F})/k_\mathrm{B}T\right]} \tag{4.70}$$

一方，アクセプターが中性である確率 $f(A)$, すなわちアクセプター準位が電子によって占有されていない確率は，次のようになる．

$$f(A) = \frac{2}{\mathcal{Z}} = \frac{1}{1 + \frac{1}{2}\exp\left[(E_\mathrm{F} - E_\mathrm{a})/k_\mathrm{B}T\right]} \tag{4.71}$$

【例題 4.6】

n型半導体におけるフェルミ準位 E_F と電子濃度 n との関係を図示せよ．また，p型半導体におけるフェルミ準位 E_F と正孔濃度 p との関係を図示せよ．

解

n型半導体の場合，式 (4.2) から E_F は次のようになる．

$$E_\mathrm{F} = E_\mathrm{c} - k_\mathrm{B}T \ln\frac{N_\mathrm{c}}{n} = E_\mathrm{v} + E_\mathrm{g} - k_\mathrm{B}T \ln\frac{N_\mathrm{c}}{n} \tag{4.72}$$

一方，p型半導体の場合，式 (4.22) から E_F は次のように表される．

$$E_\mathrm{F} = E_\mathrm{v} + k_\mathrm{B}T \ln\frac{N_\mathrm{v}}{p} \tag{4.73}$$

シリコン (Si) の場合の計算結果を示すと，図 4.7 のようになる．なお，縦軸は，フェルミ準位 E_F と価電子帯の頂上のエネルギー E_v との差 $E_\mathrm{F} - E_\mathrm{v}$ とした．ここで，式 (4.3), (4.21), (4.23), (4.32) と，表 4.1 の値を用いた．シリコン (Si) の場合，伝導帯のエネルギーが最小となるときの波数ベクトルの大きさを k_0 とおくと，$(\pm k_0, 0, 0)$, $(0, \pm k_0, 0)$, $(0, 0, \pm k_0)$ において伝導帯のエネルギーが最小となるから，式 (4.3) において $M_\mathrm{c} = 6$ である．

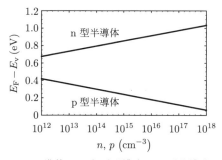

図 4.7 フェルミ準位 E_F と電子濃度 n, 正孔濃度 p との関係

【例題 4.7】

n 型半導体と p 型半導体において，フェルミ準位 E_F と絶対温度 T との関係を図示せよ．ただし，伝導電子濃度 n と正孔濃度 p との間には，次の関係があるとし，Δn をパラメータとせよ．

$$n = p + \Delta n \tag{4.74}$$

さて，温度が変わると，半導体がもつ熱エネルギーが変わるため，原子間の間隔が変化する．このため，半導体のバンドギャップは温度に依存する．シリコン (Si) のバンドギャップ $E_g(T)$ は，絶対温度 T の関数として次式で与えられることが実験的にわかっている．

$$E_g(T) = 1.17 - \frac{4.73 \times 10^{-4} T^2}{T + 636} \tag{4.75}$$

ここで，バンドギャップの単位は，電子ボルト (eV) である．

解

式 (4.33) に式 (4.74) を代入すると，次のようになる．

$$np = (p + \Delta n)p = n_i{}^2 \tag{4.76}$$

ここで，式 (4.35) を用いた．式 (4.76) を解くと，次の結果が得られる

$$n = \frac{1}{2}\left[\Delta n + \sqrt{(\Delta n)^2 + 4n_i{}^2}\right] \tag{4.77}$$

$$p = \frac{1}{2}\left[-\Delta n + \sqrt{(\Delta n)^2 + 4n_i{}^2}\right] \tag{4.78}$$

104　第4章　半導体

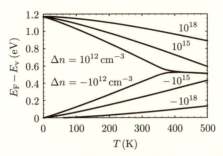

図 **4.8** フェルミ準位 E_F と絶対温度 T との関係

ここで，$p > 0$ であることに注意して，2次方程式の解の公式を用いた．

n 型半導体では $\Delta n > 0$，p 型半導体では $\Delta n < 0$ であり，式 (4.72), (4.73) に式 (4.75), (4.77), (4.78) を代入すると，図 4.8 のようになる．なお，縦軸は，フェルミ準位 E_F と価電子帯の頂上のエネルギー E_v との差 $E_F - E_v$ とした．

4.3 半導体中の電気伝導

4.3.1 ドリフト電流

半導体中のキャリアは，結晶を構成している原子や不純物に衝突しながら，半導体中を移動する．平均衝突時間を τ とすると，キャリアに対する運動方程式を次のように表すことができる．

$$m^* \frac{\mathrm{d}}{\mathrm{d}t} \boldsymbol{v} = q\boldsymbol{E} - \frac{m^* \boldsymbol{v}}{\tau} \tag{4.79}$$

ここで，m^* はキャリアの有効質量，$\boldsymbol{v}$ はキャリアの速度，t は時間，q はキャリアの電荷，$\boldsymbol{E}$ は電界である．なお，波数ベクトルの主軸に沿った有効質量をそれぞれ $m_1{}^*, m_2{}^*, m_3{}^*$ とおくと，キャリアの有効質量 m^* は，次のように表される．

$$\frac{1}{m^*} = \frac{1}{m_c} = \frac{1}{3}\left(\frac{1}{m_1{}^*} + \frac{1}{m_2{}^*} + \frac{1}{m_3{}^*}\right) \tag{4.80}$$

式 (4.80) で定義した m_c をキャリアの**伝導率有効質量** (conductivity effective mass) という.

この伝導率有効質量 m_c は，次のようにして求められる．波数ベクトル $\bm{k}$ の方向によって有効質量が異なっている場合，x, y, z 方向の有効質量をそれぞれ m_1^*, m_2^*, m_3^* として，結晶中の電流密度 $\bm{i}$ は，次のように表される．

$$\bm{i} = i_x \hat{\bm{x}} + i_y \hat{\bm{y}} + i_z \hat{\bm{z}} \tag{4.81}$$

$$i_x = ne\mu_1 E_x = \frac{ne^2\tau}{m_1^*} E_x \tag{4.82}$$

$$i_y = ne\mu_2 E_y = \frac{ne^2\tau}{m_2^*} E_y \tag{4.83}$$

$$i_z = ne\mu_3 E_z = \frac{ne^2\tau}{m_3^*} E_z \tag{4.84}$$

ここで，n はキャリア濃度，e は電気素量，μ_1, μ_2, μ_3 は，それぞれ x, y, z 方向の移動度，τ は緩和時間である．また，$\hat{\bm{x}}, \hat{\bm{y}}, \hat{\bm{z}}$ は，それぞれ x, y, z 軸の正の方向の単位ベクトルである．

さて，結晶の対称性を考えると，結晶内での x, y, z 座標の選び方は任意である．したがって，実際の電流成分は，x, y, z 方向の値を平均化したものになる．すなわち，次のように表される．

$$i_x = ne^2\tau \times \frac{1}{3}\left(\frac{1}{m_1^*} + \frac{1}{m_2^*} + \frac{1}{m_3^*}\right)E_x = \frac{ne^2\tau}{m_c}E_x \tag{4.85}$$

$$i_y = ne^2\tau \times \frac{1}{3}\left(\frac{1}{m_1^*} + \frac{1}{m_2^*} + \frac{1}{m_3^*}\right)E_y = \frac{ne^2\tau}{m_c}E_y \tag{4.86}$$

$$i_z = ne^2\tau \times \frac{1}{3}\left(\frac{1}{m_1^*} + \frac{1}{m_2^*} + \frac{1}{m_3^*}\right)E_z = \frac{ne^2\tau}{m_c}E_z \tag{4.87}$$

ここで導入した m_c がキャリアの伝導率有効質量であり，次のようにおいた．

$$\frac{1}{m_c} = \frac{1}{3}\left(\frac{1}{m_1^*} + \frac{1}{m_2^*} + \frac{1}{m_3^*}\right) \tag{4.88}$$

式 (4.88) からキャリアの伝導率有効質量 m_c を次のように表すことができる．

$$m_c = \frac{3m_1^* m_2^* m_3^*}{m_1^* m_2^* + m_2^* m_3^* + m_3^* m_1^*} \tag{4.89}$$

ゲルマニウム (Ge) やシリコン (Si) では，伝導電子の伝導率有効質量 m_c は，式 (4.89) に式 (4.20) を代入して次のようになる．

$$m_c = \frac{3m_t^2 m_l}{m_t^2 + m_t m_l + m_l m_t} = \frac{3m_t m_l}{m_t + 2m_l} \tag{4.90}$$

さて，式 (4.79) において定常状態 $(d/dt = 0)$ では，キャリアの速度 $\bm{v}$ は次のようになる．

$$\bm{v} = \frac{q\tau}{m^*}\bm{E} \tag{4.91}$$

キャリアの速度 $\bm{v}$ と電界 $\bm{E}$ との間の比例係数の絶対値すなわち

$$\mu = \left|\frac{q\tau}{m^*}\right| \tag{4.92}$$

をキャリアの**移動度** (mobility) という．

キャリア濃度を n_c とすると，電界 $\bm{E}$ によって単位面積を流れる電流，すなわちドリフト電流密度 $\bm{i}_d$ は次のように表される．

$$\bm{i}_d = n_c q \bm{v} = n_c q \mu \bm{E} = \frac{n_c q^2 \tau}{m^*}\bm{E} = \sigma \bm{E} \tag{4.93}$$

$$\sigma = \frac{n_c q^2 \tau}{m^*} \tag{4.94}$$

ここで，σ は電気伝導率である．

伝導電子と正孔の 2 種類のキャリアが存在するときは，ドリフト電流密度の大きさ i_d は次のようになる．

$$i_d = e(n\mu_n + p\mu_p)E \tag{4.95}$$

ここで，n と p はそれぞれ伝導電子濃度と正孔濃度，μ_n と μ_p はそれぞれ伝導電子の移動度と正孔の移動度である．

【例題 4.8】

伝導電子濃度 n が $n = n_i\sqrt{\mu_p/\mu_n}$ をみたすとき，半導体の抵抗率 ρ が最大となることを示せ．ただし，μ_n, μ_p は，それぞれ伝導電子，正孔の移動度である．また，絶対温度 $T=300\,\mathrm{K}$ におけるシリコン (Si) の抵抗率の最大値を求め，真性シリコン (Si) の値と比較せよ．ただし，絶対温度 $T=300\,\mathrm{K}$ におけるシリコン (Si) の伝導電子と正孔の移動度は，それぞれ $\mu_n = 1500\,\mathrm{cm}^2\,\mathrm{V}^{-1}\,\mathrm{s}^{-1}$，$\mu_p = 450\,\mathrm{cm}^2\,\mathrm{V}^{-1}\,\mathrm{s}^{-1}$ とする．

4.3 半導体中の電気伝導

【解】

伝導電子と正孔の 2 種類のキャリアが存在するときは，抵抗率 ρ は，式 (4.95) から次式で与えられる．

$$\rho = \frac{1}{\sigma} = \frac{1}{e(n\mu_n + p\mu_p)} \tag{4.96}$$

ここで，n は伝導電子濃度，p は正孔濃度である．次に式 (4.96) の右辺の分母，分子に n をかけると次のようになる．

$$\rho = \frac{n}{e(n^2\mu_n + n_i^2\mu_p)} = \frac{1}{e} \cdot \frac{n}{n^2\mu_n + n_i^2\mu_p} \tag{4.97}$$

ここで，式 (4.35) から $np = n_i^2$ であることを用いた．図 4.9 に，絶対温度 $T=300\,\mathrm{K}$ におけるシリコン (Si) の抵抗率 ρ を伝導電子濃度 n の関数として示す．

抵抗率 ρ が伝導電子濃度 n に対して最大値をとるのは，次の二つの式をみたすときである．

$$\frac{d\rho}{dn} = \frac{1}{e} \cdot \frac{n^2\mu_n + n_i^2\mu_p - n \cdot 2n\mu_n}{(n^2\mu_n + n_i^2\mu_p)^2} = \frac{n_i^2\mu_p - n^2\mu_n}{e(n^2\mu_n + n_i^2\mu_p)^2} = 0 \tag{4.98}$$

$$\begin{aligned}
\frac{d^2\rho}{dn^2} &= \frac{1}{e}\left[\frac{-2n\mu_n}{(n^2\mu_n + n_i^2\mu_p)^2} + \frac{(n_i^2\mu_p - n^2\mu_n) \cdot (-2) \cdot 2n\mu_n}{(n^2\mu_n + n_i^2\mu_p)^3}\right] \\
&= \frac{-2n\mu_n}{e} \cdot \frac{(n^2\mu_n + n_i^2\mu_p) + 2(n_i^2\mu_p - n^2\mu_n)}{(n^2\mu_n + n_i^2\mu_p)^3} \\
&= \frac{-2n\mu_n}{e} \cdot \frac{-n^2\mu_n + 3n_i^2\mu_p}{(n^2\mu_n + n_i^2\mu_p)^3} < 0
\end{aligned} \tag{4.99}$$

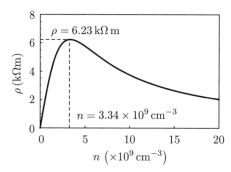

図 4.9　300 K におけるシリコン (Si) の抵抗率 ρ

108   第4章 半導体

式 (4.98) をみたす n は，次のようになる．

$$n = n_\mathrm{i}\sqrt{\frac{\mu_p}{\mu_n}} \quad (>0) \tag{4.100}$$

式 (4.100) を用いると，次のようになる．

$$\frac{\mathrm{d}^2\rho}{\mathrm{d}n^2} = \frac{-2n\mu_n}{e} \cdot \frac{2n_\mathrm{i}^2\mu_p}{(n^2\mu_n + n_\mathrm{i}^2\mu_p)^3} < 0 \tag{4.101}$$

式 (4.101) から式 (4.99) がみたされていることがわかる．したがって，式 (4.100) の n において，抵抗率 ρ が最大となる．

絶対温度 $T=300\,\mathrm{K}$ において，シリコン (Si) の伝導電子と正孔の移動度は，それぞれ $\mu_n = 1500\,\mathrm{cm^2\,V^{-1}\,s^{-1}}$, $\mu_p = 450\,\mathrm{cm^2\,V^{-1}\,s^{-1}}$ である．また，真性キャリア濃度は，表 4.2 から $n_\mathrm{i} = 6.10 \times 10^9\,\mathrm{cm^{-3}}$ である．これらの数値を式 (4.100) に代入すると，伝導電子濃度 n は次のように求められる．

$$n = 6.10 \times 10^9\,\mathrm{cm^{-3}} \times \sqrt{\frac{450\,\mathrm{cm^2\,V^{-1}\,s^{-1}}}{1500\,\mathrm{cm^2\,V^{-1}\,s^{-1}}}} = 3.34 \times 10^9\,\mathrm{cm^{-3}} < n_\mathrm{i} \tag{4.102}$$

このとき，抵抗率 ρ は次のようになる．

$$\rho = \frac{n_\mathrm{i}\sqrt{\mu_p/\mu_n}}{e(n_\mathrm{i}^2\mu_p + n_\mathrm{i}^2\mu_p)} = \frac{1}{2en_\mathrm{i}\sqrt{\mu_n\mu_p}} = 6.23 \times 10^5\,\Omega\,\mathrm{cm} = 6.23\,\mathrm{k\Omega\,m} \tag{4.103}$$

表 4.2 $T=300\,\mathrm{K}$ における Ge, Si, GaAs の真性キャリア濃度と純度

半導体材料	真性キャリア濃度 n_i (cm^{-3})	純度 n_i/N
ゲルマニウム (Ge)	2.62×10^{13}	5.93×10^{-10}
シリコン (Si)	6.10×10^9	1.22×10^{-13}
ヒ化ガリウム (GaAs)	2.08×10^6	4.70×10^{-17}

4.3.2 拡散電流

キャリア濃度に勾配があると，拡散 (diffusion) による電流が流れる．たとえば，x 方向に濃度勾配があれば，伝導電子濃度 n の伝導電子による拡散電流密度 i_n と正孔濃度 p の正孔による拡散電流密度 i_p は，それぞれ次のように表される．

$$i_n = -e\left(-D_n\frac{\mathrm{d}n}{\mathrm{d}x}\right) = eD_n\frac{\mathrm{d}n}{\mathrm{d}x} \tag{4.104}$$

$$i_p = e\left(-D_p\frac{\mathrm{d}p}{\mathrm{d}x}\right) = -eD_p\frac{\mathrm{d}p}{\mathrm{d}x} \tag{4.105}$$

ここで，D_n と D_p は，それぞれ伝導電子と正孔の**拡散係数** (diffusion coefficient) であり，拡散係数 D_n, D_p と移動度 μ_n, μ_p との間には，次のような**アインシュタインの関係** (Einstein's relation) が成り立つ．

$$\frac{D_n}{\mu_n} = \frac{D_p}{\mu_p} = \frac{k_\mathrm{B}T}{e} \tag{4.106}$$

4.4 非平衡半導体

4.4.1 擬フェルミ準位

光励起や電流注入により，伝導電子濃度 n と正孔濃度 p が熱平衡状態の濃度に比べてきわめて高くなると，一つのフェルミ準位でフェルミ–ディラック分布関数を記述できなくなる．そこで，伝導帯，価電子帯それぞれがフェルミ–ディラック分布をしていると仮定し，次のように表す．

$$f_\mathrm{c}(E) = \frac{1}{1 + \exp\left(\dfrac{E - E_\mathrm{Fc}}{k_\mathrm{B}T}\right)} \tag{4.107}$$

$$f_\mathrm{v}(E) = \frac{1}{1 + \exp\left(\dfrac{E - E_\mathrm{Fv}}{k_\mathrm{B}T}\right)} \tag{4.108}$$

ここで導入した E_Fc と E_Fv を**擬フェルミ準位** (quasi-Fermi levels) という．

4.4.2 ドリフト電流と拡散電流

伝導帯の擬フェルミ準位の値が，半導体結晶中で場所に依存しないで一様な場合，伝導電子は拡散平衡状態にある．このとき，伝導電子電流は流れない．これに対して，擬フェルミ準位 E_Fc が勾配をもっていると，次のような伝導電子電流密度 i_n をもつ電流が流れる．

$$\boldsymbol{i}_n = \mu_n n \operatorname{grad} E_\mathrm{Fc} \tag{4.109}$$

ここで，μ_n は伝導電子の移動度である．

不純物半導体において，次の条件が成り立っている場合を考える．

$$n_\mathrm{i} \ll n \ll N_\mathrm{c} \tag{4.110}$$

式 (4.72) において，フェルミ準位 E_F を伝導帯における擬フェルミ準位 E_{Fc} で置き換えると，次式が得られる．

$$E_{Fc} = E_c - k_B T \ln \frac{N_c}{n} = E_c - k_B T \ln N_c + k_B T \ln n \tag{4.111}$$

したがって，式 (4.109) は次のように書き換えられる．

$$\boldsymbol{i}_n = \mu_n n \operatorname{grad} E_c + \mu_n n k_B T \operatorname{grad} \ln n \tag{4.112}$$

ここで，次の関係に着目しよう．

$$\begin{aligned}
\operatorname{grad} \ln n = \nabla \ln n &= \left(\hat{\boldsymbol{x}} \frac{\partial}{\partial x} + \hat{\boldsymbol{y}} \frac{\partial}{\partial y} + \hat{\boldsymbol{z}} \frac{\partial}{\partial z} \right) \ln n \\
&= \left(\hat{\boldsymbol{x}} \frac{\partial n}{\partial x} \frac{\partial}{\partial n} + \hat{\boldsymbol{y}} \frac{\partial n}{\partial y} \frac{\partial}{\partial n} + \hat{\boldsymbol{z}} \frac{\partial n}{\partial z} \frac{\partial}{\partial n} \right) \ln n \\
&= \left(\hat{\boldsymbol{x}} \frac{\partial n}{\partial x} + \hat{\boldsymbol{y}} \frac{\partial n}{\partial y} + \hat{\boldsymbol{z}} \frac{\partial n}{\partial z} \right) \frac{\partial}{\partial n} \ln n \\
&= \frac{1}{n} \left(\hat{\boldsymbol{x}} \frac{\partial n}{\partial x} + \hat{\boldsymbol{y}} \frac{\partial n}{\partial y} + \hat{\boldsymbol{z}} \frac{\partial n}{\partial z} \right) = \frac{1}{n} \nabla n = \frac{1}{n} \operatorname{grad} n \tag{4.113}
\end{aligned}$$

式 (4.113) を式 (4.112) に代入すると，次のようになる．

$$\begin{aligned}
\boldsymbol{i}_n &= \mu_n n \operatorname{grad} E_c + \mu_n n k_B T \cdot \frac{1}{n} \operatorname{grad} n \\
&= \mu_n n \operatorname{grad} E_c + \mu_n k_B T \operatorname{grad} n \tag{4.114}
\end{aligned}$$

伝導帯のバンド端 E_c の勾配は，静電ポテンシャルを ϕ とすると，$-e\phi$ に等しいから，次のように表される．

$$\operatorname{grad} E_c = \operatorname{grad} (-e\phi) = -e \operatorname{grad} \phi = e\boldsymbol{E} \tag{4.115}$$

ここで，$\boldsymbol{E}$ は静電界である．また，式 (4.106) のアインシュタインの関係から，拡散係数 D_n は次のようになる．

$$D_n = \frac{\mu_n k_B T}{e} \tag{4.116}$$

以上から，式 (4.114) の伝導電子電流密度 $\boldsymbol{i}_n$ は，次のように表される．

$$\boldsymbol{i}_n = e\mu_n n \boldsymbol{E} + eD_n \operatorname{grad} n \tag{4.117}$$

式 (4.117) の右辺において，第 1 項の $e\mu_n n\boldsymbol{E}$ がドリフト電流密度を，第 2 項の $eD_n \operatorname{grad} n$ が拡散電流密度を表している．

同様な計算をおこなうと，正孔電流密度 i_p は次のように表される．

$$\boldsymbol{i}_p = \mu_p p \operatorname{grad} E_{\mathrm{Fv}} = e\mu_p p\boldsymbol{E} - eD_p \operatorname{grad} p \tag{4.118}$$

【例題 4.9】

式 (4.118) を導け．

解

擬フェルミ準位が勾配をもっていると，次のような正孔電流密度 i_p をもつ電流が流れる．

$$\boldsymbol{i}_p = \mu_p p \operatorname{grad} E_{\mathrm{Fv}} = \mu_p p \nabla E_{\mathrm{Fv}} = \mu_p p \left(\hat{\boldsymbol{x}} \frac{\partial E_{\mathrm{Fv}}}{\partial x} + \hat{\boldsymbol{y}} \frac{\partial E_{\mathrm{Fv}}}{\partial y} + \hat{\boldsymbol{z}} \frac{\partial E_{\mathrm{Fv}}}{\partial z} \right) \tag{4.119}$$

ここで，μ_p は正孔の移動度である．

不純物半導体において，次の条件が成り立っている場合を考える．

$$p_{\mathrm{i}} \ll p \ll N_{\mathrm{v}} \tag{4.120}$$

式 (4.73) において，フェルミ準位 E_{F} を価電子帯における擬フェルミ準位 E_{Fv} で置き換えると，次式が得られる．

$$E_{\mathrm{Fv}} = E_{\mathrm{v}} + k_{\mathrm{B}} T \ln \frac{N_{\mathrm{v}}}{p} = E_{\mathrm{v}} + k_{\mathrm{B}} T \ln N_{\mathrm{v}} - k_{\mathrm{B}} T \ln p \tag{4.121}$$

したがって，式 (4.119) は，次のように書き換えられる．

$$\boldsymbol{i}_p = \mu_p p \operatorname{grad} E_{\mathrm{v}} - \mu_p k_{\mathrm{B}} T \operatorname{grad} p \tag{4.122}$$

ここで，式 (4.113) と同様にして，$\operatorname{grad} \ln p = (1/p) \operatorname{grad} p$ であることを用いた．

静電ポテンシャルを ϕ とすると，価電子帯のバンド端 E_{v} の勾配は，$-e\phi$ の勾配に等しいから，次のように表される．

$$\operatorname{grad} E_{\mathrm{v}} = \operatorname{grad}(-e\phi) = -e \operatorname{grad} \phi = e\boldsymbol{E} \tag{4.123}$$

ここで，$\boldsymbol{E}$ は静電界である．また，式 (4.106) のアインシュタインの関係から，拡散係数 D_p は次のようになる．

$$D_p = \frac{\mu_p k_{\mathrm{B}} T}{e} \tag{4.124}$$

以上から，式 (4.122) の正孔電流密度 i_p は，次のように表される．

$$\boldsymbol{i}_p = e\mu_p p\boldsymbol{E} - eD_p \operatorname{grad} p \tag{4.125}$$

式 (4.125) の右辺において，第 1 項の $e\mu_p p\boldsymbol{E}$ がドリフト電流密度を，第 2 項の $-eD_p \operatorname{grad} p$ が拡散電流密度を表している．

4.4.3 再結合中心を介した電子と正孔の再結合

図 4.10 に示すように，再結合中心を介した伝導電子と正孔の再結合を考えよう．この再結合中心のエネルギー準位は，エネルギーギャップ内に存在し，そのエネルギーを E_t とする．

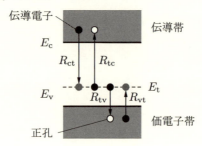

図 4.10 再結合中心を介した電子と正孔の再結合

まず，伝導帯から再結合中心への伝導電子の遷移レート，すなわち再結合中心による伝導電子の捕獲レート R_{ct} が次のように表されると仮定する．

$$R_{ct} = \sigma_n v_{th} n N_t (1 - f_t) \tag{4.126}$$

ここで，σ_n は伝導電子と再結合中心との衝突断面積，v_{th} はキャリアの熱速度である．ここでは，伝導電子が，単位時間あたり長さ v_{th}，断面積 σ_n の空間に入ると再結合中心と衝突し，伝導電子が再結合中心に捕獲されると考えている．また，n は伝導電子濃度，N_t は再結合中心の濃度，f_t は再結合中心の一つの状態を占有している電子の平均個数である．つまり，再結合中心による伝導電子の捕獲レート R_{ct} は，伝導電子濃度 n と，電子によって占有されていない再結合中心の濃度 $N_t(1-f_t)$ に比例し，その比例係数を $\sigma_n v_{th}$ としている．

再結合中心から伝導帯への電子の遷移レート，すなわち再結合中心による伝導電子の放出レート R_{tc} を次のようにおく．

$$R_{tc} = e_n N_t f_t \tag{4.127}$$

ここで，e_n は単位時間あたりに 1 個の再結合中心が電子を伝導帯に放出する確率である．

再結合準位のスピン多重度を無視し，f_t としてフェルミ–ディラック分布を考えると，次のようになる．

$$f_t = \frac{1}{1 + \exp\left(\dfrac{E_t - E_F}{k_B T}\right)} \tag{4.128}$$

熱平衡状態では，二つの遷移レート R_{ct} と R_{tc} とがつりあっているから，次式が成り立つ．

$$R_{ct} = R_{tc} \tag{4.129}$$

また，式 (4.50) から，伝導電子濃度 n は次のように表される．

$$n = n_i \exp\left(-\frac{E_i - E_F}{k_B T}\right) \tag{4.130}$$

ここで，n_i は真性キャリア濃度，E_i は真性フェルミ準位である．

式 (4.126)–(4.130) から，単位時間あたりに 1 個の再結合中心が電子を伝導帯に放出する確率 e_n を次のように表すことができる．

$$e_n = \sigma_n v_{th} n = \sigma_n v_{th} n_i \exp\left(-\frac{E_i - E_t}{k_B T}\right) \tag{4.131}$$

次に，価電子帯–再結合中心間の遷移について考えよう．再結合中心から価電子帯への電子の遷移レート，すなわち再結合中心による正孔の捕獲レート R_{tv} が，次のように表されると仮定する．

$$R_{tv} = \sigma_p v_{th} p N_t f_t \tag{4.132}$$

ここで，σ_p は正孔と再結合中心との衝突断面積，v_{th} はキャリアの熱速度である．ここでも，正孔が，単位時間あたり長さ v_{th}，断面積 σ_p の空間に入ると再結合中心と衝突し，正孔が再結合中心に捕獲されると考えている．また，p は正孔濃度である．つまり，再結合中心による正孔の捕獲レート R_{tv} は，正孔濃度 n と，電子によって占有されている再結合中心の濃度 $N_t f_t$ に比例し，その比例係数を $\sigma_p v_{th}$ としている．

価電子帯から再結合中心への電子の遷移レート，すなわち再結合中心による正孔の放出レート R_{vt} を次のようにおく．

$$R_{vt} = e_p N_t (1 - f_t) \tag{4.133}$$

ただし，e_p は単位時間あたりに 1 個の再結合中心が正孔を価電子帯に放出する確率である．

熱平衡状態では，二つの遷移レート R_{tv} と R_{vt} とがつりあっているから，次式が成り立つ．

$$R_{tv} = R_{vt} \tag{4.134}$$

また，式 (4.53) から，正孔濃度 p は次のように表される．

$$p = n_i \exp\left(\frac{E_i - E_F}{k_B T}\right) \tag{4.135}$$

式 (4.128), (4.132)–(4.135) から，単位時間あたりに 1 個の再結合中心が正孔を価電子帯に放出する確率 e_p を次のように表すことができる．

$$e_p = \sigma_p v_{th} p - \sigma_p v_{th} n_i \exp\left(\frac{E_i - E_t}{k_B T}\right) \tag{4.136}$$

さて，半導体に光を照射したときや電流を注入したときのような非平衡状態では，伝導電子濃度 n と正孔濃度 p は熱平衡状態から大きくかけ離れ，もはや $np = n_i^2$ は成り立たない．そこで，電子正孔対が発生するレートを G とすると，非平衡状態におけるキャリア濃度の変動レート dn/dt と dp/dt は，それぞれ次のようになる．

$$\frac{dn}{dt} = G - R_{ct} + R_{tc} = G - (R_{ct} - R_{tc}) = G - U \tag{4.137}$$

$$\frac{dp}{dt} = G - R_{tv} + R_{vt} = G - (R_{tv} - R_{vt}) = G - U \tag{4.138}$$

ここで，$-U = -(R_{ct} - R_{tc}) = -(R_{tv} - R_{vt})$ はキャリアの再結合レートである．

定常状態 ($d/dt = 0$) では，式 (4.137), (4.138) から発生レート G を消去すると，次の関係が成り立つ．

$$-R_{ct} + R_{tc} = -R_{tv} + R_{vt} \tag{4.139}$$

式 (4.126), (4.127), (4.131)–(4.133), (4.136) を式 (4.139) に代入すると，次のようになる．

$$-\sigma_n v_{th} n N_t (1 - f_t) + e_n N_t f_t = -\sigma_p v_{th} p N_t f_t + e_p N_t (1 - f_t) \tag{4.140}$$

式 (4.140) に式 (4.131), (4.136) を代入し，両辺を $N_t \neq 0$ で割ると次式が得られる．

$$-\sigma_n v_{\text{th}} n (1 - f_t) + \sigma_n v_{\text{th}} n_i \exp\left(-\frac{E_i - E_t}{k_B T}\right) f_t$$
$$= -\sigma_p v_{\text{th}} p f_t + \sigma_p v_{\text{th}} n_i \exp\left(\frac{E_i - E_t}{k_B T}\right)(1 - f_t) \quad (4.141)$$

さらに，式 (4.141) の両辺を $v_{\text{th}} \neq 0$ で割って f_t について整理すると，次式が得られる．

$$\left\{\sigma_n \left[n + n_i \exp\left(-\frac{E_i - E_t}{k_B T}\right)\right] + \sigma_p \left[p + n_i \exp\left(\frac{E_i - E_t}{k_B T}\right)\right]\right\} f_t$$
$$= \sigma_n n + \sigma_p n_i \exp\left(\frac{E_i - E_t}{k_B T}\right) \quad (4.142)$$

再結合中心の一つの状態を占有している電子の平均個数 f_t は，式 (4.142) から次のように表される．

$$f_t = \frac{\sigma_n n + \sigma_p n_i \exp\left(\frac{E_i - E_t}{k_B T}\right)}{\sigma_n \left[n + n_i \exp\left(-\frac{E_i - E_t}{k_B T}\right)\right] + \sigma_p \left[p + n_i \exp\left(\frac{E_i - E_t}{k_B T}\right)\right]} \quad (4.143)$$

ここで式 (4.137), (4.138) から，U は次のように表される．

$$U = R_{\text{ct}} - R_{\text{tc}} = R_{\text{tv}} - R_{\text{vt}} \quad (4.144)$$

式 (4.126), (4.127) を式 (4.144) に代入すると，U は次のようになる．

$$U = \sigma_n v_{\text{th}} n N_t (1 - f_t) - e_n N_t f_t \quad (4.145)$$

式 (4.145) に式 (4.131) を代入すると，次式が得られる．

$$U = \left[\sigma_n v_{\text{th}} n (1 - f_t) - \sigma_n v_{\text{th}} n_i \exp\left(-\frac{E_i - E_t}{k_B T}\right) f_t\right] N_t$$
$$= \left[n - n f_t - n_i f_t \exp\left(-\frac{E_i - E_t}{k_B T}\right)\right] \sigma_n v_{\text{th}} N_t \quad (4.146)$$

式 (4.146) に式 (4.143) を代入すると，式 (4.146) の右辺の角かっこ [ ] の中の分子は次のようになる．

$$\sigma_n \left[n^2 + nn_i \exp\left(-\frac{E_i - E_t}{k_B T}\right) \right] + \sigma_p \left[np + nn_i \exp\left(\frac{E_i - E_t}{k_B T}\right) \right]$$
$$- \sigma_n n^2 - \sigma_p nn_i \exp\left(\frac{E_i - E_t}{k_B T}\right) - \sigma_n nn_i \exp\left(-\frac{E_i - E_t}{k_B T}\right) - \sigma_p n_i{}^2$$
$$= \sigma_p \left(np - n_i{}^2\right) \tag{4.147}$$

したがって，次の結果が得られる．

$$U = \frac{\sigma_n \sigma_p v_{th} N_t \left(np - n_i{}^2\right)}{\sigma_n \left[n + n_i \exp\left(-\frac{E_i - E_t}{k_B T}\right) \right] + \sigma_p \left[p + n_i \exp\left(\frac{E_i - E_t}{k_B T}\right) \right]} \tag{4.148}$$

熱平衡状態における伝導電子濃度と正孔濃度をそれぞれ n_0, p_0 とすると，$n_0 p_0 = n_i{}^2$ である．また，$\sigma_n = \sigma_p = \sigma$ とすると，式 (4.148) は次式のようになる．

$$U = \frac{np - n_0 p_0}{n + p + 2n_i \cosh\left(\frac{E_t - E_i}{k_B T}\right)} \sigma v_{th} N_t \tag{4.149}$$

4.5 エネルギーバンドと有効質量

4.5.1 直接遷移と間接遷移

伝導帯の底と価電子帯の頂上が，波数空間（k 空間）上で一致している半導体を**直接遷移** (direct transition) 型半導体という．一方，伝導帯の底と価電子帯の頂上とが，波数空間上で一致していない半導体を**間接遷移** (indirect transition) 型半導体という．図 4.11 に直接遷移と間接遷移の概略を示す．

遷移の際に運動量保存則が成り立つので，直接遷移ではフォノンが介在しないが，間接遷移ではフォノンが介在する．遷移確率が，直接遷移では光学遷移確率だけで決まるのに対して，間接遷移では光学遷移確率とフォノン遷移確率との積で与えられる．したがって，直接遷移のほうが，間接遷移よりも遷移確率が大きい．

4.5 エネルギーバンドと有効質量　117

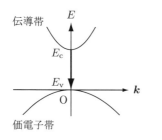 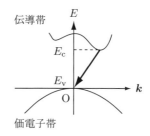

(a) 直接遷移型半導体　　(b) 間接遷移型半導体
図 4.11　直接遷移型半導体と間接遷移型半導体

遷移確率が大きいと，光利得が大きくなり発光効率が増すので，発光デバイスに対しては，直接遷移型半導体 (GaAs, AlGaAs, InP, InGaAsP, InGaN 系などの化合物半導体) が適している．シリコン (Si) は，電子デバイスの材料としてよく用いられているが，間接遷移型半導体であり，発光効率が低いので，発光デバイスの材料としてはまだ実用化されていない．

4.5.2　有効質量

エネルギーバンドは，シュレーディンガー方程式の解として求められる．そして，波動関数 $\exp(i\bm{k}\cdot\bm{r})$ の波数ベクトル $\bm{k}$ の成分の関数として，エネルギーバンドを図示することが多い．直接遷移型半導体の場合，バンド端付近のバンド図は，図 4.12 のようになる．価電子帯は，重い正孔 (heavy hole) 帯，軽い正孔 (light hole) 帯，スプリット–オフ (split-off) 帯の三つのバンドから構成される．

さて，量子力学では，質量 m をもつ自由粒子の運動エネルギー E_0 は次のように表される．

$$E_0 = \frac{\hbar^2 k^2}{2m} \tag{4.150}$$

なお，$\hbar$ はプランク定数 h を 2π で割ったものであり，ディラック定数とよばれることもある．そして，$k = |\bm{k}|$ は波数ベクトル $\bm{k}$ の大きさである．半導体結晶中の電子や正孔に対しても，式 (4.150) と同様な形で電子のエネルギーを表すと，エネルギーに対する表式が簡単となる．そこで，次式によって有効質

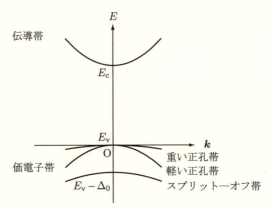

図 **4.12** 直接遷移型半導体のバンド端付近の概略

量を定義する．

$$\left(\frac{1}{m}\right)_{ij} = \frac{1}{\hbar^2}\frac{\partial^2 E}{\partial k_i \partial k_j} \tag{4.151}$$

図 4.12 における価電子帯の重い正孔，軽い正孔は，この有効質量の大小に対応している．有効質量は，結晶のポテンシャルの影響を取り込んだ質量と考えることができる．

　ゲルマニウム (Ge) やシリコン (Si) では，バンド端の等エネルギー面は，回転楕円体となる．回転楕円体の縦軸と磁界との間の角度を θ とすると，有効サイクロトロン質量 m_c は次のように表される．

$$\frac{1}{m_\mathrm{c}{}^2} = \frac{\cos^2\theta}{m_\mathrm{t}{}^2} + \frac{\sin^2\theta}{m_\mathrm{t} m_l} \tag{4.152}$$

ここで，m_t は横方向質量パラメータ，m_l は縦方向質量パラメータである．

4.6 原子間距離とエネルギー準位（バンド）

　発光や光の吸収といった光学遷移過程は，電子のエネルギーと密接に関係している．電子が高エネルギー状態から低エネルギー状態へ遷移するとき発光が起こり，その逆のときに吸収が起こる．ただし，電子がエネルギーの高い状態から低い状態に遷移しても発光が生じない非発光遷移過程も存在する．

図 4.13 に原子間距離と電子のエネルギーとの関係を示す．気体などのように原子間距離が大きい場合は，電子のエネルギーは**離散的** (discrete) で，**エネルギー準位** (energy level) を形成している．しかし，原子間距離が小さくなると，電子の波動関数が重なるようになるため，**パウリの排他律** (Pauli exclusion principle) をみたすように，エネルギー準位が分裂する．しかも，近接原子数が多くなるほど，エネルギー準位の分裂数は大きくなり，各エネルギー準位の間隔は小さくなる．半導体結晶の場合，$1\,\mathrm{cm}^3$ あたりの原子数は約 10^{22} 個（格子定数は約 $0.5\,\mathrm{nm}$，原子間距離は約 $0.2\,\mathrm{nm}$）であり，分裂してできたエネルギー準位の間隔は約 $10^{-18}\,\mathrm{eV}$ である．バンドギャップ（数 eV）に比べて，エネルギー準位の間隔は無視できるほど小さいので，エネルギーは，ほぼ**連続**とみなすことができ，エネルギーバンドが形成される．

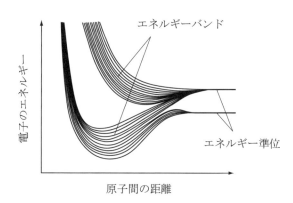

図 4.13 原子間距離と電子エネルギーの関係

4.7 バンド理論の基礎（$k \cdot \hat{p}$ 摂動）

半導体では，バンド端付近にわずかな数のキャリアが存在するだけである．したがって，バンド端付近のバンドの形やキャリアの有効質量がわかるだけで十分なことが多い．バンド端付近にのみ注目するときは，以下に述べる $k \cdot \hat{p}$ 摂動法が便利である．$k \cdot \hat{p}$ 摂動法では，**ブリルアン帯域** (Brillouin zone) の

ある点 k_0 近くの特定のエネルギーバンドのみを考え,$\Delta k = k - k_0$ を摂動パラメータとして,バンドの波動関数とエネルギーを求める.以下では,簡単のために $k_0 = 0$ とする.

4.7.1 $k \cdot \hat{p}$ 摂動

定常状態におけるシュレーディンガー方程式 (Schrödinger equation) は,次式によって与えられる.

$$\left[-\frac{\hbar^2}{2m_0}\nabla^2 + U(r) \right] \psi_{nk}(r) = E_n(k)\psi_{nk}(r) \tag{4.153}$$

ここで,$\hbar$ はプランク定数 h を 2π で割ったものであり,ディラック定数とよばれることもある.また,m_0 は真空中の電子の質量,$U(r)$ はポテンシャル (potential),$\psi_{nk}(r)$ は波動関数 (wave function),$E_n(k)$ はエネルギー固有値 (energy eigenvalue) である.また,n はエネルギーの状態を表す量子数 (quantum number),k は波数ベクトルである.単結晶 (single crystal) のように原子が周期的に並んでいる結晶の場合,ポテンシャル $U(r)$ は周期的であり,次の関係をみたす.

$$U(r) = U(r + T) \tag{4.154}$$

ここで,T は結晶の周期を表すベクトルであり,並進ベクトル (translation vector) とよばれている.このとき,式 (4.153) の解として,次のようなブロッホ関数 (Bloch function) を考えることができる.

$$\psi_{nk}(r) = e^{ik \cdot r} u_{nk}(r) \tag{4.155}$$

$$u_{nk}(r) = u_{nk}(r + T) \tag{4.156}$$

波動関数 $\psi_{nk}(r)$ が式 (4.155), (4.156) のように表されることは,ブロッホの定理とよばれ,波動関数 $u_{nk}(r)$ が波数ベクトル k に依存し,結晶と同じ周期をもつことを示している.なお,ブロッホの定理の証明に興味があれば,拙著「固体物性の基礎」(共立出版) 第8章に3通りの証明を示してあるので参照してほしい.さて,$u_{nk}(r)$ に対する波動方程式は,式 (4.155) を式 (4.153) に代入すると次式のようになる.

$$\left[-\frac{\hbar^2}{2m_0}\nabla^2 + U(r) + \frac{\hbar^2 k^2}{2m_0} + \frac{\hbar}{m_0} k \cdot \hat{p} \right] u_{nk}(r) = E_n(k) u_{nk}(r) \tag{4.157}$$

4.7 バンド理論の基礎（$\bm{k}\cdot\hat{\bm{p}}$ 摂動）

ここで，次のような運動量演算子 $\hat{\bm{p}}$ を用いた．

$$\hat{\bm{p}} = -\mathrm{i}\hbar\nabla \tag{4.158}$$

【例題 4.10】

式 (4.157) を導け．

解

xyz-座標系を用いて，次のようにおく．

$$\nabla = \hat{\bm{x}}\frac{\partial}{\partial x} + \hat{\bm{y}}\frac{\partial}{\partial y} + \hat{\bm{z}}\frac{\partial}{\partial z} = \left(\frac{\partial}{\partial x}, \frac{\partial}{\partial y}, \frac{\partial}{\partial z}\right) \tag{4.159}$$

$$\bm{k} = \hat{\bm{x}}k_x + \hat{\bm{y}}k_y + \hat{\bm{z}}k_z = (k_x, k_y, k_z) \tag{4.160}$$

$$\bm{r} = \hat{\bm{x}}x + \hat{\bm{y}}y + \hat{\bm{z}}z = (x, y, z) \tag{4.161}$$

ハミルトンの演算子 ∇ を波動関数 $\psi_{n\bm{k}}(\bm{r})$ に作用させると，次のようになる．

$$\begin{aligned}
\nabla \psi_{n\bm{k}}(\bm{r}) &= \nabla \mathrm{e}^{\mathrm{i}\bm{k}\cdot\bm{r}} u_{n\bm{k}}(\bm{r}) \\
&= \left(\hat{\bm{x}}\frac{\partial}{\partial x} + \hat{\bm{y}}\frac{\partial}{\partial y} + \hat{\bm{z}}\frac{\partial}{\partial z}\right) \exp\left[\mathrm{i}(k_x x + k_y y + k_z z)\right] u_{n\bm{k}}(\bm{r}) \\
&= \hat{\bm{x}}\,\mathrm{e}^{\mathrm{i}\bm{k}\cdot\bm{r}} \left[\mathrm{i}k_x u_{n\bm{k}}(\bm{r}) + \frac{\partial}{\partial x} u_{n\bm{k}}(\bm{r})\right] \\
&\quad + \hat{\bm{y}}\,\mathrm{e}^{\mathrm{i}\bm{k}\cdot\bm{r}} \left[\mathrm{i}k_y u_{n\bm{k}}(\bm{r}) + \frac{\partial}{\partial y} u_{n\bm{k}}(\bm{r})\right] \\
&\quad + \hat{\bm{z}}\,\mathrm{e}^{\mathrm{i}\bm{k}\cdot\bm{r}} \left[\mathrm{i}k_z u_{n\bm{k}}(\bm{r}) + \frac{\partial}{\partial z} u_{n\bm{k}}(\bm{r})\right] \\
&= \mathrm{i}\,\mathrm{e}^{\mathrm{i}\bm{k}\cdot\bm{r}} (\hat{\bm{x}}k_x + \hat{\bm{y}}k_y + \hat{\bm{z}}k_z) u_{n\bm{k}}(\bm{r}) \\
&\quad + \mathrm{e}^{\mathrm{i}\bm{k}\cdot\bm{r}} \left(\hat{\bm{x}}\frac{\partial}{\partial x} + \hat{\bm{y}}\frac{\partial}{\partial y} + \hat{\bm{z}}\frac{\partial}{\partial z}\right) u_{n\bm{k}}(\bm{r}) \\
&= \mathrm{i}\,\mathrm{e}^{\mathrm{i}\bm{k}\cdot\bm{r}} \bm{k}\, u_{n\bm{k}}(\bm{r}) + \mathrm{e}^{\mathrm{i}\bm{k}\cdot\bm{r}} \nabla u_{n\bm{k}}(\bm{r}) \\
&= \mathrm{i}\,\bm{k}\, u_{n\bm{k}}(\bm{r}) \mathrm{e}^{\mathrm{i}\bm{k}\cdot\bm{r}} + \mathrm{e}^{\mathrm{i}\bm{k}\cdot\bm{r}} \nabla u_{n\bm{k}}(\bm{r})
\end{aligned} \tag{4.162}$$

第4章 半導体

ハミルトンの演算子 ∇ と式 (4.162) との内積をとると，次のようになる．

$$\nabla \cdot [\nabla \psi_{n\bm{k}}(\bm{r})] = \nabla^2 \psi_{n\bm{k}}(\bm{r}) = \nabla \cdot \left[\mathrm{i}\bm{k}\, u_{n\bm{k}}(\bm{r}) \mathrm{e}^{\mathrm{i}\bm{k}\cdot\bm{r}} + \mathrm{e}^{\mathrm{i}\bm{k}\cdot\bm{r}} \nabla u_{n\bm{k}}(\bm{r}) \right]$$

$$= \frac{\partial}{\partial x}\left(\mathrm{i}k_x\, u_{n\bm{k}}(\bm{r}) \mathrm{e}^{\mathrm{i}\bm{k}\cdot\bm{r}} \right) + \frac{\partial}{\partial y}\left(\mathrm{i}k_y\, u_{n\bm{k}}(\bm{r}) \mathrm{e}^{\mathrm{i}\bm{k}\cdot\bm{r}} \right)$$

$$+ \frac{\partial}{\partial z}\left(\mathrm{i}k_z\, u_{n\bm{k}}(\bm{r}) \mathrm{e}^{\mathrm{i}\bm{k}\cdot\bm{r}} \right)$$

$$+ \frac{\partial}{\partial x}\left(\mathrm{e}^{\mathrm{i}\bm{k}\cdot\bm{r}} \frac{\partial}{\partial x} u_{n\bm{k}}(\bm{r}) \right) + \frac{\partial}{\partial y}\left(\mathrm{e}^{\mathrm{i}\bm{k}\cdot\bm{r}} \frac{\partial}{\partial y} u_{n\bm{k}}(\bm{r}) \right)$$

$$+ \frac{\partial}{\partial z}\left(\mathrm{e}^{\mathrm{i}\bm{k}\cdot\bm{r}} \frac{\partial}{\partial z} u_{n\bm{k}}(\bm{r}) \right)$$

$$= \mathrm{e}^{\mathrm{i}\bm{k}\cdot\bm{r}} \left(\mathrm{i}k_x \frac{\partial}{\partial x} u_{n\bm{k}}(\bm{r}) - k_x^{\,2} u_{n\bm{k}}(\bm{r}) \right)$$

$$+ \mathrm{e}^{\mathrm{i}\bm{k}\cdot\bm{r}} \left(\mathrm{i}k_y \frac{\partial}{\partial y} u_{n\bm{k}}(\bm{r}) - k_y^{\,2} u_{n\bm{k}}(\bm{r}) \right)$$

$$+ \mathrm{e}^{\mathrm{i}\bm{k}\cdot\bm{r}} \left(\mathrm{i}k_z \frac{\partial}{\partial z} u_{n\bm{k}}(\bm{r}) - k_z^{\,2} u_{n\bm{k}}(\bm{r}) \right)$$

$$+ \mathrm{e}^{\mathrm{i}\bm{k}\cdot\bm{r}} \left(\frac{\partial^2}{\partial x^2} u_{n\bm{k}}(\bm{r}) + \mathrm{i}k_x \frac{\partial}{\partial x} u_{n\bm{k}}(\bm{r}) \right)$$

$$+ \mathrm{e}^{\mathrm{i}\bm{k}\cdot\bm{r}} \left(\frac{\partial^2}{\partial y^2} u_{n\bm{k}}(\bm{r}) + \mathrm{i}k_y \frac{\partial}{\partial y} u_{n\bm{k}}(\bm{r}) \right)$$

$$+ \mathrm{e}^{\mathrm{i}\bm{k}\cdot\bm{r}} \left(\frac{\partial^2}{\partial z^2} u_{n\bm{k}}(\bm{r}) + \mathrm{i}k_z \frac{\partial}{\partial z} u_{n\bm{k}}(\bm{r}) \right)$$

$$= \mathrm{e}^{\mathrm{i}\bm{k}\cdot\bm{r}} \left(\frac{\partial^2}{\partial x^2} + \frac{\partial^2}{\partial y^2} + \frac{\partial^2}{\partial z^2} \right) u_{n\bm{k}}(\bm{r})$$

$$- \mathrm{e}^{\mathrm{i}\bm{k}\cdot\bm{r}} \left(k_x^{\,2} + k_y^{\,2} + k_z^{\,2} \right) u_{n\bm{k}}(\bm{r})$$

$$+ 2\mathrm{i}\,\mathrm{e}^{\mathrm{i}\bm{k}\cdot\bm{r}} \left(k_x \frac{\partial}{\partial x} + k_y \frac{\partial}{\partial y} + k_z \frac{\partial}{\partial z} \right) u_{n\bm{k}}(\bm{r})$$

$$= \mathrm{e}^{\mathrm{i}\bm{k}\cdot\bm{r}} \left(\nabla^2 - \bm{k}^2 + 2\mathrm{i}\bm{k}\cdot\nabla \right) u_{n\bm{k}}(\bm{r}) \tag{4.163}$$

式 (4.163) から，次の結果が得られる．

$$-\frac{\hbar^2}{2m_0} \nabla^2 \psi_{n\bm{k}}(\bm{r}) = \mathrm{e}^{\mathrm{i}\bm{k}\cdot\bm{r}} \left(-\frac{\hbar^2}{2m_0} \nabla^2 + \frac{\hbar^2 \bm{k}^2}{2m_0} - \mathrm{i}\frac{\hbar^2}{m_0} \bm{k}\cdot\nabla \right) u_{n\bm{k}}(\bm{r})$$

$$= \mathrm{e}^{\mathrm{i}\bm{k}\cdot\bm{r}} \left[-\frac{\hbar^2}{2m_0} \nabla^2 + \frac{\hbar^2 \bm{k}^2}{2m_0} + \frac{\hbar}{m_0} \bm{k}\cdot(-\mathrm{i}\hbar\nabla) \right] u_{n\bm{k}}(\bm{r})$$

$$= \mathrm{e}^{\mathrm{i}\bm{k}\cdot\bm{r}} \left(-\frac{\hbar^2}{2m_0} \nabla^2 + \frac{\hbar^2 \bm{k}^2}{2m_0} + \frac{\hbar}{m_0} \bm{k}\cdot\hat{\bm{p}} \right) u_{n\bm{k}}(\bm{r}) \tag{4.164}$$

ここで，式 (4.158) を用いた．式 (4.164), (4.155) を式 (4.153) に代入すると，式 (4.157) が得られる．

式 (4.157) の左辺の角かっこ [　　] 中の第 3 項と第 4 項

$$\hat{\mathcal{H}}' = \frac{\hbar^2 \bm{k}^2}{2m_0} + \frac{\hbar}{m_0} \bm{k} \cdot \hat{\bm{p}} \tag{4.165}$$

を摂動 (perturbation) と考えて式 (4.157) を解くのが $\bm{k} \cdot \hat{\bm{p}}$ 摂動法であり，$\bm{k} \cdot \hat{\bm{p}}$ 摂動という名前は，式 (4.165) の右辺第 2 項に由来する．ここで，$\hat{\mathcal{H}}'$ は摂動だから，$\bm{k}$ が小さい範囲（$\Delta \bm{k} = \bm{k} - \bm{k}_0$ において簡単のために $\bm{k}_0 = \bm{0}$ としている），すなわちバンド端付近のみを考えていることに改めて注意しよう．

さて，$n = 0$ のバンドに注目すると，$\bm{k} = \bm{0}$（摂動がない場合）に対するシュレーディンガー方程式は，次のようになる．

$$\left[-\frac{\hbar^2}{2m_0} \nabla^2 + U(\bm{r}) \right] u_{00}(\bm{r}) = E_0(0) u_{00}(\bm{r}) \tag{4.166}$$

ここで，波動関数 $u_{n\bm{k}}(\bm{r})$ を $u_n(\bm{k}, \bm{r})$，エネルギー $E_0(0)$ を E_0 と書くことにする．縮退がない場合 (nondegenerate case)，$u_n(\bm{k}, \bm{r})$ として規格直交関数を選ぶと，波動関数 $u_0(\bm{k}, \bm{r})$ は，1 次の摂動論によって次のように与えられる．

$$u_0(\bm{k}, \bm{r}) = u_0(0, \bm{r}) + \sum_{\alpha \neq 0} \frac{-\mathrm{i}\,(\hbar^2/m_0)\,\bm{k} \cdot \langle \alpha | \nabla | 0 \rangle}{E_0 - E_\alpha} u_\alpha(0, \bm{r}) \tag{4.167}$$

$$\langle \alpha | \nabla | 0 \rangle = \int u_\alpha{}^*(0, \bm{r}) \nabla u_0(0, \bm{r}) d^3 \bm{r} \tag{4.168}$$

ここで，$\langle \alpha |$ はブラ・ベクトル (bra vector)，$|0\rangle$ は ケット・ベクトル (ket vector) である．

エネルギー固有値 $E(\bm{k})$ は，2 次の摂動論の範囲で次のようになる．

$$E(\bm{k}) = E_0 + \frac{\hbar^2 k^2}{2m_0} + \frac{\hbar^2}{m_0{}^2} \sum_{i,j} k_i k_j \sum_{\alpha \neq 0} \frac{\langle 0 | p_i | \alpha \rangle \langle \alpha | p_j | 0 \rangle}{E_0 - E_\alpha} \tag{4.169}$$

逆有効質量テンソルは，式 (4.169) から次式によって与えられる．

$$\left(\frac{1}{m}\right)_{ij} = \frac{1}{\hbar^2}\frac{\partial^2 E}{\partial k_i \partial k_j} = \frac{1}{m_0}\left[\delta_{ij} + \frac{2}{m_0}\sum_{\alpha \neq 0}\frac{\langle 0|p_i|\alpha\rangle\langle\alpha|p_j|0\rangle}{E_0 - E_\alpha}\right] \quad (4.170)$$

式 (4.170) を用いると，式 (4.169) は次のように簡略化される．

$$E(\boldsymbol{k}) = E_0 + \frac{\hbar^2}{2}\sum_{i,j}\left(\frac{1}{m}\right)_{ij}k_i k_j \quad (4.171)$$

ここで，有効質量の意義について考えてみよう．たとえば，量子井戸構造では，電子は，結晶の周期ポテンシャルと量子井戸ポテンシャルの両方の影響を受ける．この場合，有効質量を用いて方程式を作れば，周期ポテンシャルの影響はすでに有効質量の中に取り込まれている．したがって，量子井戸ポテンシャルの影響だけを考慮すればよいので，解析が簡単になる．このような解析法を**有効質量近似** (effective mass approximation) という．

これから，**ダイヤモンド構造** (diamond structure) や**閃亜鉛鉱構造** (zinc blende structure) のエネルギーバンドについて考えてみよう．ダイヤモンド構造や閃亜鉛構造では，伝導帯の底が s 軌道的，価電子帯の頂上付近が p 軌道的になっており，次のように **sp³ 混成軌道** (sp³ hybrid orbital) を形成して原子間の結合が起こる．

$$\begin{aligned}
&\text{C} : (2\text{s})^2(2\text{p})^2 \to (2\text{s})^1(2\text{p})^3 \\
&\text{Si} : (3\text{s})^2(3\text{p})^2 \to (3\text{s})^1(3\text{p})^3 \\
&\text{ZnS} : \text{Zn} : (3\text{d})^{10}(4\text{s})^2 \to \text{Zn}^{2-} : (3\text{d})^{10}(4\text{s})^1(4\text{p})^3 \\
&\phantom{\text{ZnS} : }\text{S} : (3\text{s})^2(3\text{p})^4 \to \text{S}^{2+} : (3\text{s})^1(3\text{p})^3
\end{aligned}$$

伝導帯の底，価電子帯の頂上ともに $\boldsymbol{k} = \boldsymbol{0}$ にあると仮定する．まず，$\boldsymbol{k}\cdot\hat{\boldsymbol{p}}$ 摂動論を展開する．スピン・軌道相互作用を無視すると，価電子帯の頂上は 3 種類の p 軌道 ($\text{p}_x, \text{p}_y, \text{p}_z$) に対応して 3 重に**縮退** (degenerate) している．

ここで，次のようにおく．

伝導帯の底の s 軌道関数：$u_\text{s}(\boldsymbol{r})$
価電子帯の頂上の p 軌道関数：$u_x = xf(\boldsymbol{r}),\ u_y = yf(\boldsymbol{r}),\ u_z = zf(\boldsymbol{r})$

ただし，$f(\boldsymbol{r})$ は球対称関数である．

縮退のある場合，摂動を受けた波動関数は，次に示すように $u_s(\boldsymbol{r})$ と $u_j(\boldsymbol{r})$ との線形結合で与えられる．ただし，$j = x, y, z$ である．

$$u_{n\boldsymbol{k}}(\boldsymbol{r}) = A u_s(\boldsymbol{r}) + B u_x(\boldsymbol{r}) + C u_y(\boldsymbol{r}) + D u_z(\boldsymbol{r}) \tag{4.172}$$

ここで，A, B, C, D は係数である．式 (4.157) を次のように書き換え，$\hat{\mathcal{H}}'$ を摂動項とみなして，エネルギー固有値を求めよう．

$$\left[-\frac{\hbar^2}{2m_0} \nabla^2 + U(\boldsymbol{r}) + \hat{\mathcal{H}}'_d \right] u_{n\boldsymbol{k}}(\boldsymbol{r}) = \left[E_n(\boldsymbol{k}) - \frac{\hbar^2 k^2}{2m_0} \right] u_{n\boldsymbol{k}}(\boldsymbol{r}) \tag{4.173}$$

$$\hat{\mathcal{H}}'_d = \frac{\hbar}{m_0} \boldsymbol{k} \cdot \hat{\boldsymbol{p}} = -\frac{i\hbar^2}{m_0} \boldsymbol{k} \cdot \nabla \tag{4.174}$$

式 (4.173), (4.174) において $\boldsymbol{k} = \boldsymbol{0}$ とすると，非摂動波動方程式が得られる．そして，伝導帯に対して $E_n(0) = E_c, u_0(0, \boldsymbol{r}) = u_s(\boldsymbol{r})$，価電子帯に対して $E_n(0) = E_{v,0}(0, \boldsymbol{r}) = u_j(\boldsymbol{r})$ となる．ここで，E_c は伝導帯の底のエネルギー，E_v は価電子帯の頂上のエネルギーであり，また $j = x, y, z$ である．

式 (4.172) を式 (4.173) に代入し，左から $u_s{}^*(\boldsymbol{r}), u_x{}^*(\boldsymbol{r}), u_y{}^*(\boldsymbol{r}), u_z{}^*(\boldsymbol{r})$ をかけてから，全空間にわたって積分すると，次の四つの方程式が得られる．

$$(\mathcal{H}'_{ss} + E_c - \lambda) A + \mathcal{H}'_{sx} B + \mathcal{H}'_{sy} C + \mathcal{H}'_{sz} D = 0 \tag{4.175}$$

$$\mathcal{H}'_{xs} A + (\mathcal{H}'_{xx} + E_v - \lambda) B + \mathcal{H}'_{xy} C + \mathcal{H}'_{xz} D = 0 \tag{4.176}$$

$$\mathcal{H}'_{ys} A + \mathcal{H}'_{yx} B + (\mathcal{H}'_{yy} + E_v - \lambda) C + \mathcal{H}'_{yz} D = 0 \tag{4.177}$$

$$\mathcal{H}'_{zs} A + \mathcal{H}'_{zx} B + \mathcal{H}'_{zy} C + (\mathcal{H}'_{zz} + E_v - \lambda) D = 0 \tag{4.178}$$

ここで，次のようにおき，$u_s(\boldsymbol{r})$ と $u_j(\boldsymbol{r})$ $(j = x, y, z)$ の規格直交性を用いた．

$$\mathcal{H}'_{ij} = \langle u_i | \hat{\mathcal{H}}'_d | u_j \rangle = \int u_i{}^*(\boldsymbol{r}) \hat{\mathcal{H}}'_d u_j(\boldsymbol{r}) \, d^3\boldsymbol{r} \quad (i, j = s, x, y, z) \tag{4.179}$$

$$\lambda = E_n(\boldsymbol{k}) - \frac{\hbar^2 k^2}{2m_0} \tag{4.180}$$

式 (4.175)–(4.178) で $A = B = C = D = 0$ とならない条件は，A, B, C, D の係数を成分とする行列式が 0 になることである．式 (4.175)–(4.178) に式 (4.179), (4.180) を代入すると，A, B, C, D の係数を成分とする行列式がみた

す条件は，次のように表される.

$$\begin{vmatrix} E_c - \lambda & Pk_x & Pk_y & Pk_z \\ P^*k_x & E_v - \lambda & 0 & 0 \\ P^*k_y & 0 & E_v - \lambda & 0 \\ P^*k_z & 0 & 0 & E_v - \lambda \end{vmatrix} = 0 \quad (4.181)$$

$$P = -\mathrm{i}\frac{\hbar^2}{m_0}\int u_s{}^*\frac{\partial u_j}{\partial r_j}\,\mathrm{d}^3\boldsymbol{r}, \quad P^* = -\mathrm{i}\frac{\hbar^2}{m_0}\int u_j{}^*\frac{\partial u_s}{\partial r_j}\,\mathrm{d}^3\boldsymbol{r} \quad (4.182)$$

ここで，$j = x,\, y,\, z,\, r_x = x,\, r_y = y,\, r_z = z$ である.

式 (4.180) を用いると，式 (4.181) から次の結果が得られる.

$$E_{1,2}(\boldsymbol{k}) = \frac{E_c + E_v}{2} + \frac{\hbar^2 k^2}{2m_0} \pm \sqrt{\left(\frac{E_c - E_v}{2}\right)^2 + k^2|P|^2} \quad (4.183)$$

$$E_{3,4}(\boldsymbol{k}) = E_v + \frac{\hbar^2 k^2}{2m_0} \quad (4.184)$$

式 (4.183), (4.184) によって求められた伝導帯と価電子帯のエネルギーを図 4.14 に示す．ただし，このままでは，近似が不十分であることに注意しよう．この理由は，スピン・軌道相互作用を無視していることと，1次の摂動までしか考慮していないことによる．

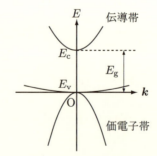

図 4.14　エネルギーバンド（スピン・軌道相互作用無視，1次の摂動）

4.7.2 スピン・軌道相互作用

相対性理論を量子力学に取り入れた**相対論的量子力学** (relativistic quantum mechanics) において，ディラックは次の二つの条件を方程式がみたすべきであると考えた．

(1) 時間と空間が，同等である
(2) 時間 t について，1階の微分演算子 $\partial/\partial t$ を用いる

相対性理論では，時間と空間が同等であって，4次元座標を用いる．この相対性理論における特徴が，相対論的量子力学でも成り立つべきであるというのが，条件 (1) である．

時間 t について，古典論では波動方程式が 2 階の微分演算子 $\partial^2/\partial t^2$ を用いているのに対し，量子力学では 1 階の微分演算子 $\partial/\partial t$ を用いている．そこで，相対論的量子力学でも，時間 t について 1 階の微分演算子 $\partial/\partial t$ を用いるべきであるというのが，条件 (2) である．

ディラックは，条件 (1)，(2) を同時に満足する，つまり，時間と空間が同等であって，しかも時間 t についての演算子が 1 階の微分演算子 $\partial/\partial t$ になるように，波動関数 ψ に対して次のような方程式を仮定した．

$$c(\hat{p}_0 - \alpha_1 \hat{p}_1 - \alpha_2 \hat{p}_2 - \alpha_3 \hat{p}_3 - \beta)\psi = 0 \quad (4.185)$$

ただし，$\hat{p}_\mu = i\hbar \partial/\partial x_\mu$ であり，x_μ は相対性理論における 4 次元座標である．ここで，$\hat{p}_0$ が時間に対する演算子，$\hat{p}_1, \hat{p}_2, \hat{p}_3$ が空間に対する演算子である．

式 (4.185) の左辺では，$\hat{p}_0$ 以外の項に負の符号がついているが，次のように正の符号でもよいはずである．

$$c(\hat{p}_0 + \alpha_1 \hat{p}_1 + \alpha_2 \hat{p}_2 + \alpha_3 \hat{p}_3 + \beta)\psi = 0 \quad (4.186)$$

ディラックは，式 (4.185) の左側から，式 (4.186) で用いた演算子を作用させ，次式をみたすように，$\alpha_1, \alpha_2, \alpha_3, \beta$ を決めることにした．

$$c(\hat{p}_0 + \alpha_1 \hat{p}_1 + \alpha_2 \hat{p}_2 + \alpha_3 \hat{p}_3 + \beta)c(\hat{p}_0 - \alpha_1 \hat{p}_1 - \alpha_2 \hat{p}_2 - \alpha_3 \hat{p}_3 - \beta)\psi$$
$$= c^2\left[\hat{p}_0^2 - (m^2c^2 + \hat{p}_1^2 + \hat{p}_2^2 + \hat{p}_3^2)\right]\psi \quad (4.187)$$

ここで，m は粒子の質量，c は真空中の光速である．

式 (4.187) をみたすためには，$\alpha_1, \alpha_2, \alpha_3, \beta$ の間に，次の関係が成り立つ必要がある．ただし，$\alpha_1, \alpha_2, \alpha_3, \beta$ は，$\hat{p}_0, \hat{p}_1, \hat{p}_2, \hat{p}_3$ とは独立であると仮定した．

$$\alpha_1{}^2 = \alpha_2{}^2 = \alpha_3{}^2 = 1 \tag{4.188}$$

$$\alpha_1\alpha_2 + \alpha_2\alpha_1 = \alpha_2\alpha_3 + \alpha_3\alpha_2 = \alpha_3\alpha_1 + \alpha_1\alpha_3 = 0 \tag{4.189}$$

$$\alpha_1\beta + \beta\alpha_1 = \alpha_2\beta + \beta\alpha_2 = \alpha_3\beta + \beta\alpha_3 = 0 \tag{4.190}$$

$$\beta^2 = m^2 c^2 \tag{4.191}$$

【例題 4.11】

式 (4.188)–(4.191) を導け．

解

式 (4.185) の左側から，式 (4.186) における演算子を作用させると，次のようになる．

$$\begin{aligned}
& c\left(\hat{p}_0 + \alpha_1\hat{p}_1 + \alpha_2\hat{p}_2 + \alpha_3\hat{p}_3 + \beta\right) c\left(\hat{p}_0 - \alpha_1\hat{p}_1 - \alpha_2\hat{p}_2 - \alpha_3\hat{p}_3 - \beta\right)\psi \\
&= c^2 \left[\hat{p}_0^2 - \alpha_1{}^2\hat{p}_1^2 - \alpha_2{}^2\hat{p}_2^2 - \alpha_3{}^2\hat{p}_3^2 - (\alpha_1\alpha_2 + \alpha_2\alpha_1)\hat{p}_1\hat{p}_2 \right.\\
&\qquad - (\alpha_2\alpha_3 + \alpha_3\alpha_2)\hat{p}_2\hat{p}_3 - (\alpha_3\alpha_1 + \alpha_1\alpha_3)\hat{p}_3\hat{p}_1 \\
&\qquad \left. - (\alpha_1\beta + \beta\alpha_1)\hat{p}_1 - (\alpha_2\beta + \beta\alpha_2)\hat{p}_2 - (\alpha_3\beta + \beta\alpha_3)\hat{p}_3 - \beta^2\right]\psi \\
&= 0 \tag{4.192}
\end{aligned}$$

式 (4.192) が式 (4.187) の右辺と一致するためには，式 (4.188)–(4.191) の条件が必要となる．

ディラックは，次のような $\alpha_1, \alpha_2, \alpha_3, \beta$ が，式 (4.188)–(4.191) をみたすことを見出した．

$$\alpha_1 = \rho_1\sigma_1, \ \alpha_2 = \rho_1\sigma_2, \ \alpha_3 = \rho_1\sigma_3, \ \beta = \rho_3 mc \tag{4.193}$$

ただし，$\rho_1, \rho_3, \sigma_1, \sigma_2, \sigma_3$ は，4 行 4 列の行列であって，次の 2 行 2 列の行列を部分行列としている．

4.7 バンド理論の基礎 ($\bm{k} \cdot \hat{\bm{p}}$ 摂動)

$$\sigma_x = \begin{bmatrix} 0 & 1 \\ 1 & 0 \end{bmatrix}, \quad \sigma_y = \begin{bmatrix} 0 & -\mathrm{i} \\ \mathrm{i} & 0 \end{bmatrix}, \quad \sigma_z = \begin{bmatrix} 1 & 0 \\ 0 & -1 \end{bmatrix} \tag{4.194}$$

$$I = \begin{bmatrix} 1 & 0 \\ 0 & 1 \end{bmatrix}, \quad \bm{0} = \begin{bmatrix} 0 & 0 \\ 0 & 0 \end{bmatrix} \tag{4.195}$$

式 (4.194) はパウリのスピン行列 (Pauli's spin matrix), 式 (4.195) の I は 2 次の単位行列, $\bm{0}$ は零行列である.

ディラックが導入した行列 ρ_n, σ_n $(n = 1, 2, 3)$ は, 式 (4.194), (4.195) を用いると, 次のように表される.

$$\rho_1 = \begin{bmatrix} \bm{0} & I \\ I & \bm{0} \end{bmatrix}, \quad \rho_2 = \begin{bmatrix} \bm{0} & -\mathrm{i}I \\ \mathrm{i}I & \bm{0} \end{bmatrix}, \quad \rho_3 = \begin{bmatrix} I & \bm{0} \\ \bm{0} & -I \end{bmatrix} \tag{4.196}$$

$$\sigma_1 = \begin{bmatrix} \sigma_x & \bm{0} \\ \bm{0} & \sigma_x \end{bmatrix}, \quad \sigma_2 = \begin{bmatrix} \sigma_y & \bm{0} \\ \bm{0} & \sigma_y \end{bmatrix}, \quad \sigma_3 = \begin{bmatrix} \sigma_z & \bm{0} \\ \bm{0} & \sigma_z \end{bmatrix} \tag{4.197}$$

式 (4.196), (4.197) を書き下すと, 次のようになる.

$$\rho_1 = \begin{bmatrix} 0 & 0 & 1 & 0 \\ 0 & 0 & 0 & 1 \\ 1 & 0 & 0 & 0 \\ 0 & 1 & 0 & 0 \end{bmatrix}, \quad \rho_2 = \begin{bmatrix} 0 & 0 & -\mathrm{i} & 0 \\ 0 & 0 & 0 & -\mathrm{i} \\ \mathrm{i} & 0 & 0 & 0 \\ 0 & \mathrm{i} & 0 & 0 \end{bmatrix},$$

$$\rho_3 = \begin{bmatrix} 1 & 0 & 0 & 0 \\ 0 & 1 & 0 & 0 \\ 0 & 0 & -1 & 0 \\ 0 & 0 & 0 & -1 \end{bmatrix} \tag{4.198}$$

$$\sigma_1 = \begin{bmatrix} 0 & 1 & 0 & 0 \\ 1 & 0 & 0 & 0 \\ 0 & 0 & 0 & 1 \\ 0 & 0 & 1 & 0 \end{bmatrix}, \quad \sigma_2 = \begin{bmatrix} 0 & -\mathrm{i} & 0 & 0 \\ \mathrm{i} & 0 & 0 & 0 \\ 0 & 0 & 0 & -\mathrm{i} \\ 0 & 0 & \mathrm{i} & 0 \end{bmatrix},$$

$$\sigma_3 = \begin{bmatrix} 1 & 0 & 0 & 0 \\ 0 & -1 & 0 & 0 \\ 0 & 0 & 1 & 0 \\ 0 & 0 & 0 & -1 \end{bmatrix} \tag{4.199}$$

なお，ρ_n は，σ_n の 2 行目と 3 行目を交換し，その後さらに 2 列目と 3 列目を交換して得られた行列である．

式 (4.198), (4.199) の行列に応じて，波動関数 ψ は，次のような 4 行 1 列の行列となる．

$$\psi = \begin{bmatrix} \psi_1 \\ \psi_2 \\ \psi_3 \\ \psi_4 \end{bmatrix} \tag{4.200}$$

ただし，式 (4.196), (4.197) に対応して，波動関数 ψ を次のような二組にわける．

$$\psi_a = \begin{bmatrix} \psi_1 \\ \psi_2 \end{bmatrix}, \qquad \psi_b = \begin{bmatrix} \psi_3 \\ \psi_4 \end{bmatrix} \tag{4.201}$$

このとき，波動関数 ψ は，次のように 2 行 1 列の行列として表される．

$$\psi = \begin{bmatrix} \psi_a \\ \psi_b \end{bmatrix} \tag{4.202}$$

ここまでの議論から，式 (4.185) は次のようにまとめられる．

$$c\left[\hat{p}_0 - \rho_1\left(\boldsymbol{\sigma}\cdot\hat{\boldsymbol{p}}\right) - \rho_3 mc\right]\psi = 0 \tag{4.203}$$

ただし，数式の表記を簡略化するために，ベクトルの内積を用いた．ここで，$\boldsymbol{\sigma} = (\sigma_1, \sigma_2, \sigma_3)$, $\hat{\boldsymbol{p}} = (\hat{p}_1, \hat{p}_2, \hat{p}_3)$ である．式 (4.203) は，**ディラック方程式** (Dirac equation) とよばれている．

さて，時間に依存するシュレーディンガー方程式を次のように書き換えることができる．

$$\left(i\hbar\frac{\partial}{\partial t} - \hat{\mathcal{H}}\right)\psi = 0 \tag{4.204}$$

式 (4.203), (4.204) を比較し，$\hat{p}_0$ が時間に対する演算子であることに注意すると，ポテンシャルエネルギー $U = 0$ の場合，相対論的量子力学におけるハミルトニアン $\hat{\mathcal{H}}_r$ は，次のように表される．

$$\hat{\mathcal{H}}_r = c\rho_1\left(\boldsymbol{\sigma}\cdot\hat{\boldsymbol{p}}\right) + \rho_3 mc^2 \tag{4.205}$$

4.7 バンド理論の基礎（$\boldsymbol{k}\cdot\hat{\boldsymbol{p}}$ 摂動）

軌道角運動量 $\hat{\boldsymbol{l}}$ の x_1 成分 $\hat{l}_1$ は，次のように表される．

$$\hat{l}_1 = x_2 \hat{p}_3 - x_3 \hat{p}_2 \tag{4.206}$$

式 (4.206) をハイゼンベルクの運動方程式に代入すると，次式が得られる．

$$\begin{aligned}
i\hbar\dot{\hat{l}}_1 &= \hat{l}_1\hat{\mathcal{H}}_r - \hat{\mathcal{H}}_r\hat{l}_1 = c\rho_1\left[\hat{l}_1\left(\boldsymbol{\sigma}\cdot\hat{\boldsymbol{p}}\right) - \left(\boldsymbol{\sigma}\cdot\hat{\boldsymbol{p}}\right)\hat{l}_1\right] \\
&= c\rho_1\boldsymbol{\sigma}\cdot\left(\hat{l}_1\hat{\boldsymbol{p}} - \hat{\boldsymbol{p}}\hat{l}_1\right) = i\hbar c\rho_1\left(\sigma_2\hat{p}_3 - \sigma_3\hat{p}_2\right)
\end{aligned} \tag{4.207}$$

ただし，ハミルトニアン $\hat{\mathcal{H}}$ として，相対論的量子力学におけるハミルトニアン $\hat{\mathcal{H}}_r$ を用いた．また，$\dot{\hat{l}}_1 = \partial \hat{l}_1/\partial t$ である．

式 (4.199) の σ_1 をハイゼンベルクの運動方程式に代入すると，次のようになる．

$$\begin{aligned}
i\hbar\dot{\sigma}_1 &= \sigma_1\hat{\mathcal{H}}_r - \hat{\mathcal{H}}_r\sigma_1 = c\rho_1\left[\sigma_1\left(\boldsymbol{\sigma}\cdot\hat{\boldsymbol{p}}\right) - \left(\boldsymbol{\sigma}\cdot\hat{\boldsymbol{p}}\right)\sigma_1\right] \\
&= c\rho_1\left(\sigma_1\boldsymbol{\sigma} - \boldsymbol{\sigma}\sigma_1\right)\cdot\hat{\boldsymbol{p}} = -2ic\rho_1\left(\sigma_2\hat{p}_3 - \sigma_3\hat{p}_2\right)
\end{aligned} \tag{4.208}$$

ここでも，ハミルトニアン $\hat{\mathcal{H}}$ として，相対論的量子力学におけるハミルトニアン $\hat{\mathcal{H}}_r$ を用いた．また，$\dot{\sigma}_1 = \partial\sigma_1/\partial t$ である．

式 (4.207), (4.208) から，次の関係が成り立つ．

$$\dot{\hat{l}}_1 + \frac{\hbar}{2}\dot{\sigma}_1 = \frac{\partial}{\partial t}\left(\hat{l}_1 + \frac{\hbar}{2}\sigma_1\right) = 0 \tag{4.209}$$

式 (4.209) から，相対論的量子力学において，$\hat{l}_1 + (\hbar/2)\sigma_1$ が保存量であることがわかる．つまり，$\hat{l}_1 + (\hbar/2)\sigma_1$ を全角運動量の x_1 成分とみなせば，角運動量保存則が成り立つ．したがって，電子は，角運動量の x_1 成分 $(\hbar/2)\sigma_1$ をもつといえる．同様にして，電子は，角運動量の x_2 成分 $(\hbar/2)\sigma_2$ と x_3 成分 $(\hbar/2)\sigma_3$ をもつ．この結果，電子は，角運動量 $\hat{\boldsymbol{s}} = (\hbar/2)\boldsymbol{\sigma}$ をもつといえる．この電子の角運動量 $\hat{\boldsymbol{s}}$ をスピン (spin) またはスピン角運動量 (spin angular momentum) という．また，電子のスピンが $(\hbar/2)\boldsymbol{\sigma}$ であることから，電子のスピン量子数を 1/2 とする．

【例題 4.12】

σ_2, σ_3 に対して,軌道角運動量の x_2 成分 $\hat{l}_2$,x_3 成分 $\hat{l}_3$ との関係を求めよ.

解

軌道角運動量の x_2 成分 $\hat{l}_2$ と,x_3 成分 $\hat{l}_3$ は,それぞれ次のように表される.

$$\hat{l}_2 = x_3\hat{p}_1 - x_1\hat{p}_3 \tag{4.210}$$

$$\hat{l}_3 = x_1\hat{p}_2 - x_2\hat{p}_1 \tag{4.211}$$

ハミルトニアン $\hat{\mathcal{H}}$ として,相対論的量子力学におけるハミルトニアン $\hat{\mathcal{H}}_{\mathrm{r}}$ を用い,式 (4.210), (4.211) をそれぞれハイゼンベルクの運動方程式に代入すると,次のようになる.

$$\begin{aligned} \mathrm{i}\hbar\dot{\hat{l}}_2 &= \hat{l}_2\hat{\mathcal{H}}_{\mathrm{r}} - \hat{\mathcal{H}}_{\mathrm{r}}\hat{l}_2 = c\rho_1\left[\hat{l}_2\left(\boldsymbol{\sigma}\cdot\hat{\boldsymbol{p}}\right) - \left(\boldsymbol{\sigma}\cdot\hat{\boldsymbol{p}}\right)\hat{l}_2\right] \\ &= c\rho_1\boldsymbol{\sigma}\cdot\left(\hat{l}_2\hat{\boldsymbol{p}} - \hat{\boldsymbol{p}}\hat{l}_2\right) = \mathrm{i}\hbar c\rho_1\left(\sigma_3\hat{p}_1 - \sigma_1\hat{p}_3\right) \end{aligned} \tag{4.212}$$

$$\begin{aligned} \mathrm{i}\hbar\dot{\hat{l}}_3 &= \hat{l}_3\hat{\mathcal{H}}_{\mathrm{r}} - \hat{\mathcal{H}}_{\mathrm{r}}\hat{l}_3 = c\rho_1\left[\hat{l}_3\left(\boldsymbol{\sigma}\cdot\hat{\boldsymbol{p}}\right) - \left(\boldsymbol{\sigma}\cdot\hat{\boldsymbol{p}}\right)\hat{l}_3\right] \\ &= c\rho_1\boldsymbol{\sigma}\cdot\left(\hat{l}_3\hat{\boldsymbol{p}} - \hat{\boldsymbol{p}}\hat{l}_3\right) = \mathrm{i}\hbar c\rho_1\left(\sigma_1\hat{p}_2 - \sigma_2\hat{p}_1\right) \end{aligned} \tag{4.213}$$

また,式 (4.199) の σ_2, σ_3 をハイゼンベルクの運動方程式に代入すると,次のようになる.

$$\begin{aligned} \mathrm{i}\hbar\dot{\sigma}_2 &= \sigma_2\hat{\mathcal{H}}_{\mathrm{r}} - \hat{\mathcal{H}}_{\mathrm{r}}\sigma_2 = c\rho_1\left[\sigma_2\left(\boldsymbol{\sigma}\cdot\hat{\boldsymbol{p}}\right) - \left(\boldsymbol{\sigma}\cdot\hat{\boldsymbol{p}}\right)\sigma_2\right] \\ &= c\rho_1\left(\sigma_2\boldsymbol{\sigma} - \boldsymbol{\sigma}\sigma_2\right)\cdot\hat{\boldsymbol{p}} = -2\mathrm{i}c\rho_1\left(\sigma_3\hat{p}_1 - \sigma_1\hat{p}_3\right) \end{aligned} \tag{4.214}$$

$$\begin{aligned} \mathrm{i}\hbar\dot{\sigma}_3 &= \sigma_3\hat{\mathcal{H}}_{\mathrm{r}} - \hat{\mathcal{H}}_{\mathrm{r}}\sigma_3 = c\rho_1\left[\sigma_3\left(\boldsymbol{\sigma}\cdot\hat{\boldsymbol{p}}\right) - \left(\boldsymbol{\sigma}\cdot\hat{\boldsymbol{p}}\right)\sigma_3\right] \\ &= c\rho_1\left(\sigma_3\boldsymbol{\sigma} - \boldsymbol{\sigma}\sigma_3\right)\cdot\hat{\boldsymbol{p}} = -2\mathrm{i}c\rho_1\left(\sigma_1\hat{p}_2 - \sigma_2\hat{p}_1\right) \end{aligned} \tag{4.215}$$

式 (4.212)–(4.215) から,次のように角運動量成分の保存則が成り立つ.

$$\dot{\hat{l}}_2 + \frac{\hbar}{2}\dot{\sigma}_2 = \frac{\partial}{\partial t}\left(\hat{l}_2 + \frac{\hbar}{2}\sigma_2\right) = 0 \tag{4.216}$$

$$\dot{\hat{l}}_3 + \frac{\hbar}{2}\dot{\sigma}_3 = \frac{\partial}{\partial t}\left(\hat{l}_3 + \frac{\hbar}{2}\sigma_3\right) = 0 \tag{4.217}$$

スピンには,上向きと下向きの状態があり,次のように,上向きの状態を α,下向きの状態を β とする.

$$\alpha = \begin{bmatrix} 1 \\ 0 \end{bmatrix}, \quad \beta = \begin{bmatrix} 0 \\ 1 \end{bmatrix} \tag{4.218}$$

このとき，式 (4.194) のパウリのスピン行列を用いると，

$$\sigma_z \alpha = \alpha, \quad \sigma_z \beta = -\beta \tag{4.219}$$

などの関係が導かれる．

軌道角運動量 $\hat{l}$ とスピン $\hat{s}$ を用いて，全角運動量 $\hat{j}$ を次式で定義する．

$$\hat{j} = \hat{l} + \hat{s} \tag{4.220}$$

全角運動量 $\hat{j}$，スピン $\hat{s}$ ともに，軌道角運動量 $\hat{l}$ と同様な次の関係をみたす．

$$\hat{j}^2 \psi = j(j+1)\hbar^2 \psi \tag{4.221}$$

$$\hat{j}_z \psi = m_j \hbar \psi \tag{4.222}$$

$$\hat{s}^2 \psi = s(s+1)\hbar^2 \psi \tag{4.223}$$

$$\hat{s}_z \psi = m_s \hbar \psi \tag{4.224}$$

ここで，$m_j = j, j-1, j-2, \cdots, -j$ である．一方，$\hat{s}^2$ に対する固有値を示す s は，**スピン量子数** (spin quantum number) とよばれており，$m_s = s, s-1, s-2, \cdots, -s$ である．電子の場合は，$s = 1/2, m_s = 1/2, -1/2$ である．

さて，軽い原子では，後述のスピン–軌道相互作用を無視できる．この場合，原子内の n 個の電子に対して，電子 i の軌道角運動量 l_i とスピン s_i を用いて，

$$L = \sum_{i=1}^{n} l_i, \quad S = \sum_{i=1}^{n} s_i \tag{4.225}$$

とおくと，

$$J = L + S \tag{4.226}$$

が保存量となり，J によって，量子状態が決まる．ただし，

$$J = |L-S|, |L-S+1|, \cdots, L+S \tag{4.227}$$

である．このような結合様式を LS 結合あるいは，ラッセル–ソーンダース結合 (Russell–Saunders coupling) という．

一方，重い原子では，スピン-軌道相互作用が大きく，電子 i の軌道角運動量 l_i とスピン s_i を用いると，

$$j_i = l_i + s_i \tag{4.228}$$

が保存量となる．原子内の電子数を n とすると，

$$J = \sum_{i=1}^{n} j_i \tag{4.229}$$

によって量子状態が決まる．このような結合様式を jj 結合という．

ポテンシャル U が存在するとき，相対論的量子力学におけるハミルトニアン $\hat{\mathcal{H}}_\mathrm{r}$ は，式 (4.205) にポテンシャル U を加え，次のように表される．

$$\hat{\mathcal{H}}_\mathrm{r} = c\rho_1 \left(\boldsymbol{\sigma} \cdot \hat{\boldsymbol{p}} \right) + \rho_3 mc^2 + U \tag{4.230}$$

式 (4.230) を，次のように，静止質量エネルギー mc^2 と，静止質量エネルギー以外のハミルトニアン $\hat{\mathcal{H}}_1$ に分ける．

$$\hat{\mathcal{H}}_\mathrm{r} = mc^2 + \hat{\mathcal{H}}_1 \tag{4.231}$$

ただし，$mc^2 \gg \hat{\mathcal{H}}_1$ である．

波動関数 ψ に対して，左側から式 (4.231) のハミルトニアン $\hat{\mathcal{H}}_\mathrm{r} = mc^2 + \hat{\mathcal{H}}_1$ を作用させると，次の連立方程式が得られる．

$$\left(\hat{\mathcal{H}}_1 - U \right) \psi_a - c \left(\boldsymbol{\sigma} \cdot \hat{\boldsymbol{p}} \right) \psi_b = 0 \tag{4.232}$$

$$\left(\hat{\mathcal{H}}_1 + 2mc^2 - U \right) \psi_b - c \left(\boldsymbol{\sigma} \cdot \hat{\boldsymbol{p}} \right) \psi_a = 0 \tag{4.233}$$

ここで，式 (4.201) を用いた．

式 (4.232), (4.233) は，どちらも二つの波動関数 ψ_a, ψ_b を含んでいる．そこで，波動関数のどちらか一方を消去し，一つの波動関数だけに対する方程式を導いてみよう．ここでは，例として波動関数 ψ_b を消去する．

式 (4.233) から，波動関数 ψ_b は次のように表される．

$$\psi_b = \left(\hat{\mathcal{H}}_1 + 2mc^2 - U \right)^{-1} c \left(\boldsymbol{\sigma} \cdot \hat{\boldsymbol{p}} \right) \psi_a \tag{4.234}$$

式 (4.234) を式 (4.232) に代入して整理すると，次式が得られる．

$$\hat{\mathcal{H}}_1 \psi_a = \frac{1}{2m}(\boldsymbol{\sigma}\cdot\hat{\boldsymbol{p}})\left(1+\frac{\hat{\mathcal{H}}_1-U}{2mc^2}\right)^{-1}(\boldsymbol{\sigma}\cdot\hat{\boldsymbol{p}})\psi_a + U\psi_a \qquad (4.235)$$

式 (4.235) を簡単化するために，次の関係を用いる．

$$\left(1+\frac{\hat{\mathcal{H}}_1-U}{2mc^2}\right)^{-1} \simeq 1-\frac{\hat{\mathcal{H}}_1-U}{2mc^2} \qquad (4.236)$$

$$\hat{\boldsymbol{p}}U = U\hat{\boldsymbol{p}} - \mathrm{i}\hbar\nabla U \qquad (4.237)$$

$$[\boldsymbol{\sigma}\cdot(\nabla U)](\boldsymbol{\sigma}\cdot\hat{\boldsymbol{p}}) = (\nabla U)\cdot\hat{\boldsymbol{p}} + \mathrm{i}\,\boldsymbol{\sigma}\cdot[(\nabla U)\times\hat{\boldsymbol{p}}] \qquad (4.238)$$

式 (4.236)–(4.238) を式 (4.235) に代入すると，次式が得られる．

$$\hat{\mathcal{H}}_1\psi_a = \left[\left(1-\frac{\hat{\mathcal{H}}_1-U}{2mc^2}\right)\frac{\hat{\boldsymbol{p}}^2}{2m}+U\right]\psi_a - \frac{\hbar^2}{4m^2c^2}(\nabla U)\cdot(\nabla\psi_a)$$
$$+ \frac{\hbar}{4m^2c^2}\boldsymbol{\sigma}\cdot[(\nabla U)\times(\hat{\boldsymbol{p}}\psi_a)] \qquad (4.239)$$

式 (4.239) において，ポテンシャル U が球対称の場合，球座標を用いると，次の関係が成り立つ．

$$(\nabla U)\cdot\nabla = \frac{\mathrm{d}U}{\mathrm{d}r}\frac{\partial}{\partial r} \qquad (4.240)$$

$$\nabla U = \frac{1}{r}\frac{\mathrm{d}U}{\mathrm{d}r}\boldsymbol{r} \qquad (4.241)$$

式 (4.240), (4.241) を式 (4.239) に代入すると，次式が得られる．

$$\hat{\mathcal{H}}_1\psi_a = \left(\frac{\hat{\boldsymbol{p}}^2}{2m}+U\right)\psi_a - \left(\frac{\hat{\boldsymbol{p}}^4}{8m^3c^2}+\frac{\hbar^2}{4m^2c^2}\frac{\mathrm{d}U}{\mathrm{d}r}\frac{\partial}{\partial r}\right)\psi_a$$
$$+\frac{1}{2m^2c^2}\frac{1}{r}\frac{\mathrm{d}U}{\mathrm{d}r}\hat{\boldsymbol{s}}\cdot\hat{\boldsymbol{l}}\,\psi_a \qquad (4.242)$$

ここで，$\hat{\boldsymbol{s}} = \hbar\boldsymbol{\sigma}/2$, $\hat{\boldsymbol{l}} = \boldsymbol{r}\times\hat{\boldsymbol{p}}$ である．式 (4.242) の右辺において，第 1 項は非相対論的ハミルトニアン，第 2 項は相対論的補正，第 3 項はスピン–軌道相互作用 (spin-orbit interaction) を表している．スピン–軌道相互作用は，重い原子の状態や，半導体のエネルギーバンドの解析をするときに，とても重要である．

電荷 Ze をもつ原子核から距離 r だけ離れた場所で電子が運動している場合，電子のポテンシャルエネルギー U は，次のように表される．

$$U = -\frac{Ze^2}{4\pi\varepsilon_0 r} \tag{4.243}$$

ここで，e は電気素量であり，スピン–軌道相互作用ハミルトニアン $\hat{\mathcal{H}}_{\mathrm{SO}}$ は，次のようになる．

$$\hat{\mathcal{H}}_{\mathrm{SO}} = \frac{\mu_0}{8\pi}\frac{Ze^2}{m_0{}^2}\frac{1}{r^3}\hat{\boldsymbol{l}}\cdot\hat{\boldsymbol{s}} \tag{4.244}$$

ただし，質量 m として真空中の電子の質量 m_0 を用いた．

さて，スピン・軌道相互作用を扱うには，球座標を用いると便利である．そこで，スピン・軌道相互作用ハミルトニアン $\hat{\mathcal{H}}_{\mathrm{SO}}$ を次のように書き換える．

$$\hat{\mathcal{H}}_{\mathrm{SO}} = \xi(r)\hat{\boldsymbol{l}}\cdot\hat{\boldsymbol{s}} = \xi(r)\left(\hat{l}_z\hat{s}_z + \frac{\hat{l}_+\hat{s}_- + \hat{l}_-\hat{s}_+}{2}\right) \tag{4.245}$$

ここで，次のようにおいた．

$$\xi(r) = \frac{\mu_0}{8\pi}\frac{Ze^2}{m_0{}^2}\frac{1}{r^3} \tag{4.246}$$

$$\hat{l}_+ = \hat{l}_x + \mathrm{i}\hat{l}_y, \quad \hat{l}_- = \hat{l}_x - \mathrm{i}\hat{l}_y \tag{4.247}$$

$$\hat{s}_+ = \hat{s}_x + \mathrm{i}\hat{s}_y, \quad \hat{s}_- = \hat{s}_x - \mathrm{i}\hat{s}_y \tag{4.248}$$

この $\hat{\mathcal{H}}_{\mathrm{SO}}$ を摂動項に加えると，式 (4.173) は次のようになる．

$$\left[-\frac{\hbar^2}{2m_0}\nabla^2 + U(\boldsymbol{r}) + \hat{\mathcal{H}}_d' + \hat{\mathcal{H}}_{\mathrm{SO}}\right]u_{n\boldsymbol{k}}(\boldsymbol{r}) = \left[E_n(\boldsymbol{k}) - \frac{\hbar^2 k^2}{2m_0}\right]u_{n\boldsymbol{k}}(\boldsymbol{r}) \tag{4.249}$$

なお，軌道角運動量演算子 $\hat{\boldsymbol{l}}$ はブロッホ関数の中の $\mathrm{e}^{\mathrm{i}\boldsymbol{k}\cdot\boldsymbol{r}}$ にも作用するが，ここでは $u_{n\boldsymbol{k}}(\boldsymbol{r})$ に演算される部分に比べて小さいとして無視している．

式 (4.249) を解くために，波動関数 $u_{n\boldsymbol{k}}(\boldsymbol{r})$ も球座標で表されるように，次のように選ぶと便利である．

$$u_{\mathrm{s}} = u_{\mathrm{s}} \tag{4.250}$$

$$u_+ = -\frac{u_x + \mathrm{i}u_y}{\sqrt{2}} \sim -\frac{x + \mathrm{i}y}{\sqrt{2}} \tag{4.251}$$

$$u_- = \frac{u_x - \mathrm{i}u_y}{\sqrt{2}} \sim \frac{x - \mathrm{i}y}{\sqrt{2}} \tag{4.252}$$

$$u_z \sim z \tag{4.253}$$

式 (4.250)–(4.253) において 〜 の後の式は，対称性のみを考慮して球対称関数 $f(r)$ を省略して書いてある．また，分母の $\sqrt{2}$ は，規格化条件から付けられたものである．

さて，スピン α，β を導入すると，波動関数 $u_{nk}(r)$ は次の 8 個となる．

$$u_s\alpha,\ u_s\beta,\ u_+\alpha,\ u_+\beta,\ u_z\alpha,\ u_z\beta,\ u_-\alpha,\ u_-\beta$$

式 (4.249) からエネルギー固有値を求めるためには，8 行 8 列の行列要素を計算しなければならない．

簡単のために k が z 軸の正の方向を向いているとして，

$$k_x = k_y = 0,\ k_z = k \tag{4.254}$$

とおくと，解くべき行列式は，$u_s\alpha,\ u_+\beta,\ u_z\alpha,\ u_-\beta$ の係数，または $u_s\beta,\ u_-\alpha,\ u_z\beta,\ u_+\alpha$ の係数を成分とする次の 4 行 4 列の行列式に簡略化される．

$$\begin{vmatrix} E_c - \lambda & 0 & Pk & 0 \\ 0 & E_v - \lambda - \frac{\Delta_0}{3} & \frac{\sqrt{2}}{3}\Delta_0 & 0 \\ P^*k & \frac{\sqrt{2}}{3}\Delta_0 & E_v - \lambda & 0 \\ 0 & 0 & 0 & E_v - \lambda + \frac{\Delta_0}{3} \end{vmatrix} = 0 \tag{4.255}$$

ここで，Δ_0 を含む項は，$\hat{\mathcal{H}}_{SO}$ の行列要素で，残りの項は $\hat{\mathcal{H}}'_d$ の行列要素である．ただし，Δ_0 は式 (4.246) の $\xi(r)$ を用いて，次のように定義した．

$$\begin{aligned} \frac{\Delta_0}{3} &= \frac{\hbar^2}{2}\int u_+^* u_+ \xi(r) d^3r = \frac{\hbar^2}{2}\int u_-^* u_- \xi(r) d^3r \\ &= \frac{\hbar^2}{4}\int (u_x^2 + u_y^2)\xi(r) d^3r = \frac{\hbar^2}{2}\int u_z^2 \xi(r) d^3r \end{aligned} \tag{4.256}$$

価電子帯 1 のエネルギーは，式 (4.255) から次のようになる．

$$E_{v1}(\boldsymbol{k}) = E_v + \frac{\Delta_0}{3} + \frac{\hbar^2 k^2}{2m} \tag{4.257}$$

ここで，$|P|^2 k^2$ が小さいとすると，伝導帯のエネルギー E_c は次のようになる．

$$E_c(\boldsymbol{k}) = E_c + \frac{\hbar^2 k^2}{2m} + \frac{|P|^2 k^2}{3}\left(\frac{2}{E_g} + \frac{1}{E_g + \Delta_0}\right) \tag{4.258}$$

ただし，次のようにおいた．

$$E_g = E_c - E_v - \frac{\Delta_0}{3} \tag{4.259}$$

同様にして，価電子帯 2, 3 のエネルギーは次のように表される．

$$E_{v2}(\boldsymbol{k}) = E_v + \frac{\Delta_0}{3} + \frac{\hbar^2 k^2}{2m} - \frac{2|P|^2 k^2}{3E_g} \tag{4.260}$$

$$E_{v3}(\boldsymbol{k}) = E_v - \frac{2}{3}\Delta_0 + \frac{\hbar^2 k^2}{2m} - \frac{|P|^2 k^2}{3(E_g + \Delta_0)} \tag{4.261}$$

式 (4.257)–(4.261) の結果を図 4.15 に示す．なお，ここまでの結果は，1 次の摂動まで考慮していることに注意しよう．

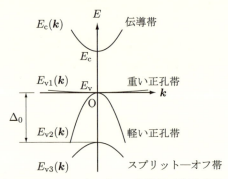

図 4.15 エネルギーバンド（スピン・軌道相互作用考慮，1 次の摂動）

式 (4.170) の有効質量の定義から，エネルギーが $E_{v1}(\boldsymbol{k})$ で表されるバンドを**重い正孔** (heavy hole) バンド，$E_{v2}(\boldsymbol{k})$ で表されるバンドを**軽い正孔** (light hole) バンドという．$\boldsymbol{k} = \boldsymbol{0}$ の点で重い正孔バンドと軽い正孔バンドとが縮退していることに注意しよう．エネルギーが $E_{v3}(\boldsymbol{k})$ で表されるバンドは，スプリット・オフ (split-off) バンドとよばれ，Δ_0 をスプリット・オフエネルギーという．

さらに 2 次の摂動まで考えると，価電子帯のエネルギーは次式で与えられる．

$$\begin{aligned}E_{v1}(\boldsymbol{k}) = {}& E_v + \frac{\Delta_0}{3} + A_2 k^2 \\ & + \sqrt{B_2^2 k^4 + C_2^2 (k_x^2 k_y^2 + k_y^2 k_z^2 + k_z^2 k_x^2)}\end{aligned} \tag{4.262}$$

$$\begin{aligned}E_{v2}(\boldsymbol{k}) = {}& E_v + \frac{\Delta_0}{3} + A_2 k^2 \\ & - \sqrt{B_2^2 k^4 + C_2^2 (k_x^2 k_y^2 + k_y^2 k_z^2 + k_z^2 k_x^2)}\end{aligned} \tag{4.263}$$

$$E_{v3}(\boldsymbol{k}) = E_v - \frac{2}{3}\Delta_0 + A_2 k^2 \tag{4.264}$$

式 (4.262)–(4.264) における係数 A_2, B_2, C_2 はサイクロトロン共鳴 (cyclotron resonance) の実験によって決定される．2次の摂動まで考慮すると，価電子帯のバンドは図4.16に示すようにすべて上向きに凸になるが，$k = 0$ の点では重い正孔バンドと軽い正孔バンドとは縮退したままである．

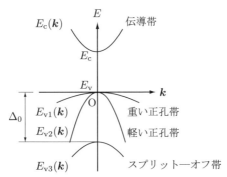

図4.16 エネルギーバンド（スピン・軌道相互作用考慮，2次の摂動）

これまでの解析では，伝導帯の底と価電子帯の頂上が両方とも $k = 0$ にある**直接遷移**（direct transition）型半導体を考えてきた．伝導帯の底と価電子帯の頂上の k の値が異なる**間接遷移**（indirect transition）型半導体や，有効質量が k の方向によって異なる場合では，バンド構造はもっと複雑になる．

価電子帯の波動関数は，2次の摂動まで考えると次のようになる．スピン・軌道相互作用によって，角運動量演算子 $\hat{l}$ とスピン演算子 $\hat{s}$ との和 $\hat{j}$ によって量子状態が指定されるので，演算子 $\hat{j}$ の固有値を表す量子数，j と m_j とを波動関数の指標とする．

$\hat{j} = \hat{l} + \hat{s}$ という関係のもとで次のような関係がある．

$\hat{l}^2$ の固有値：$l(l+1)\hbar^2$ （p 軌道の場合，$l = 1$）
$\hat{l}_z$ の固有値：$m_l \hbar$, $m_l = 1, 0, -1$
$\hat{s}^2$ の固有値：$s(s+1)\hbar^2$, $s = 1/2$
$\hat{s}_z$ の固有値：$m_s \hbar$, $m_s = 1/2, -1/2$
$\hat{j}^2$ の固有値：$j(j+1)\hbar^2$, $j = 3/2, 1/2$
$\hat{j}_z$ の固有値：$m_j \hbar$, $m_{j=3/2} = 3/2, 1/2, -1/2, -3/2,$
　　　　　　　　　　$m_{j=1/2} = 1/2, -1/2$

140　第4章　半導体

波動関数を $|j, m_j\rangle$ で表すと，次のようになる．

重い正孔に対する波動関数

$$\left|\frac{3}{2}, \frac{3}{2}\right\rangle = -\frac{1}{\sqrt{2}}\,|(x+iy)\alpha\rangle$$
$$\left|\frac{3}{2}, -\frac{3}{2}\right\rangle = \frac{1}{\sqrt{2}}\,|(x-iy)\beta\rangle \tag{4.265}$$

軽い正孔に対する波動関数

$$\left|\frac{3}{2}, \frac{1}{2}\right\rangle = \frac{1}{\sqrt{6}}\,|2z\alpha - (x+iy)\beta\rangle$$
$$\left|\frac{3}{2}, -\frac{1}{2}\right\rangle = \frac{1}{\sqrt{6}}\,|2z\beta + (x-iy)\alpha\rangle \tag{4.266}$$

スプリット・オフバンドに対する波動関数

$$\left|\frac{1}{2}, \frac{1}{2}\right\rangle = -\frac{1}{\sqrt{3}}\,|z\alpha + (x+iy)\beta\rangle$$
$$\left|\frac{1}{2}, -\frac{1}{2}\right\rangle = \frac{1}{\sqrt{3}}\,|z\beta - (x-iy)\alpha\rangle \tag{4.267}$$

【例題 4.13】

半導体において，エネルギーギャップを表す角周波数 ω_g が，誘電率の虚部 $\varepsilon_i(\omega)$ に及ぼす影響を考える．すべての吸収がバンド端で生じるとすると，次のように表すことができる．

$$\varepsilon_i(\omega) = \frac{\pi n e^2}{2\varepsilon_0 m \omega}\delta(\omega - \omega_g) \tag{4.268}$$

このとき，誘電率の実部 $\varepsilon_r(\omega)$ を求めよ．

【解】

式 (1.111) と式 (1.107) から次のようになる．

$$\begin{aligned}\varepsilon_r(\omega) - 1 &= \frac{2}{\pi}\,\mathrm{P}\int_0^\infty \frac{s}{s^2 - \omega^2}\frac{\pi n e^2 \delta(s - \omega_g)}{2\varepsilon_0 m s}\,ds \\ &= \frac{\omega_p{}^2}{\omega_g{}^2 - \omega^2}, \quad \omega_p{}^2 = \frac{n e^2}{m \varepsilon_0}\end{aligned} \tag{4.269}$$

したがって，次の結果が得られる．

$$\varepsilon_{\rm r}(\omega) = 1 + \frac{\omega_{\rm p}{}^2}{\omega_{\rm g}{}^2 - \omega^2}, \quad \varepsilon_{\rm r}(0) = 1 + \frac{\omega_{\rm p}{}^2}{\omega_{\rm g}{}^2} \tag{4.270}$$

4.8 量子構造におけるバンド

4.8.1 ポテンシャル井戸中のエネルギーと波動関数

これまで，原子が格子間隔に比べて十分長い距離にわたって周期的に並んでいる場合について半導体のバンド構造を学んできた．このようなサイズの半導体結晶を**バルク (bulk) 構造**とよぶ．一方，量子準位の形成，トンネル効果，ミニバンドの形成などの**量子効果** (quantum effect) が顕著となるような小さなサイズになると，**量子構造** (quantum structure) とよばれる．

さて，半導体量子構造のバンドは，原子が周期的に並んでいることによる周期的ポテンシャルと，量子力学における**箱型ポテンシャル井戸**の両方の影響を受けている．そこで，半導体量子構造のバンドを理解するための準備として，まず箱型ポテンシャル井戸中のキャリアのエネルギーと波動関数について復習することにしよう．

図 4.17 のような箱型ポテンシャル井戸中にキャリアが存在する場合を考える．

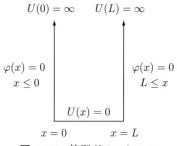

図 **4.17** 箱型ポテンシャル

箱型ポテンシャル $U(r)$ は，次のようになっていると仮定する．

箱の中では，$U(r) = 0$
箱の外では，$U(r) = \infty$

ここで，ポテンシャル $U(r)$ に周期性がないことに注意しよう．箱を1辺の長さが L の立方体とすると，波動関数 $\varphi(x, y, z)$ の境界条件は次のようになる．

$$\left.\begin{array}{l} \varphi(0, y, z) = \varphi(L, y, z) = 0 \\ \varphi(x, 0, z) = \varphi(x, L, z) = 0 \\ \varphi(x, y, 0) = \varphi(x, y, L) = 0 \end{array}\right\} \tag{4.271}$$

拙著「固体物性の基礎」(共立出版) 第4章で説明したように，式 (4.271) の境界条件をみたす解として，波動関数 $\varphi(x, y, z)$ とエネルギー固有値 E は，次式によって与えられる．

$$\varphi(x, y, z) = \sqrt{\frac{8}{L^3}} \sin k_x x \cdot \sin k_y y \cdot \sin k_z z, \quad E = \frac{\hbar^2}{2m}(k_x{}^2 + k_y{}^2 + k_z{}^2)$$
$$k_x = \frac{n_x \pi}{L}, \ k_y = \frac{n_y \pi}{L}, \ k_z = \frac{n_z \pi}{L} \quad (n_x, n_y, n_z = 1, 2, 3, \cdots) \tag{4.272}$$

1次元の箱型ポテンシャル (x 方向のみ) に対する波動関数 φ とエネルギー E とを図4.18に示す．式 (4.272) からすぐわかるように，エネルギー E は**離散的**になり，その大きさは量子数 n_x の2乗に比例する．また，L が小さくなるにつれて，量子数の異なる準位間のエネルギー差が大きくなる．波動関数は，正の値だけでなく負の値もとる．しかし，波動関数の物理的解釈は，波動関数の2乗が粒子を見出す確率に比例するということであり，波動関数は負の値をとってもよい．

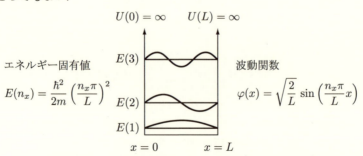

図4.18 1次元箱型ポテンシャルにおける φ と E

4.8.2 半導体量子構造におけるバンド

図 4.19 は，GaAs を AlGaAs ではさんだ構造において，$k = 0$ の点における伝導帯と価電子帯のエネルギーを描いたものである．伝導帯，価電子帯それぞれのエネルギーが低い領域をポテンシャル井戸という．ただし，図 4.19 では，電子のエネルギーを基準にとっているため，上方に行くほど正孔のエネルギーが低いことに注意しよう．図 4.19 では，伝導帯の電子に対するポテンシャル井戸と価電子帯の正孔に対するポテンシャル井戸は，いずれも GaAs となっている．このポテンシャル井戸層の幅 L_z が数十 nm 以下の場合，これを**量子井戸** (quantum well) という．この領域が層からなるときは，特に**量子井戸層** (quantum well layer) という．GaAs の両側にある AlGaAs 層は，量子井戸である GaAs から見れば，エネルギーの高い領域，すなわち**エネルギー障壁** (energy barrier) となっているので**障壁層** (barrier layer) とよばれる．また，量子井戸層と障壁層との間の伝導帯間のエネルギー差 ΔE_c と価電子帯間のエネルギー差 ΔE_v とをあわせてバンド・オフセット (band offset) という．

半導体単結晶の**格子定数** (lattice constant) は，約 0.5 nm である．したがって，周期的ポテンシャルの周期は約 0.5 nm という大変小さな間隔となる．一方，量子井戸の幅は数十 nm 以下であり，図 4.19 に示したように箱型ポテンシャルになっている．半導体量子井戸中の粒子は，この周期的ポテンシャルと

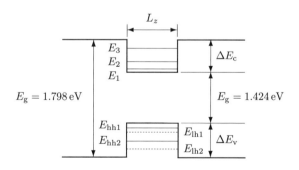

図 4.19 量子井戸構造

箱型ポテンシャル井戸の両方のポテンシャルエネルギーの影響を受けて運動する．式 (4.170) のように有効質量を定義すると，周期的ポテンシャルの効果を質量に取り込んだ表現にすることができる．すなわち，有効質量を導入すれば，箱型ポテンシャルの影響だけを考えればよいことになる．この考え方を**有効質量近似**という．有効質量近似のもとでは，周期的ポテンシャル中の波動関数

$$\psi_{nk}(\boldsymbol{r}) = e^{i\boldsymbol{k}\cdot\boldsymbol{r}}u_{nk}(\boldsymbol{r}), \quad u_{nk}(\boldsymbol{r}) = u_{nk}(\boldsymbol{r}+\boldsymbol{T}) \tag{4.273}$$

を**ベース関数** (base function) とし，箱型ポテンシャル中の波動関数

$$\varphi(x,y,z) = \sqrt{\frac{8}{L^3}} \sin k_x x \cdot \sin k_y y \cdot \sin k_z z \tag{4.274}$$

を**包絡線関数** (envelope function) として，半導体量子井戸中の波動関数をベース関数 ψ と包絡線関数 φ の積で与えることができる．

4.8.3　1次元量子井戸

3辺の長さがそれぞれ L_x, L_y, L_z の箱を考える．図 4.20 のように，$L_z \ll L_x, L_y \approx L$ で，L_z のみ量子サイズになっている量子井戸を **1次元量子井戸** という．

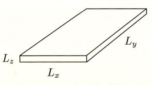

図 4.20　1次元量子井戸

伝導帯の電子に対する波動関数 Ψ_c と価電子帯の正孔に対する波動関数 Ψ_v は，次式で与えられる．

$$\left. \begin{aligned} \Psi_c &= \varphi(z)\exp[i(k_x x + k_y y)] \cdot \psi_c \\ \Psi_v &= \varphi(z)\exp[i(k_x x + k_y y)] \cdot \psi_v \end{aligned} \right\} \tag{4.275}$$

エネルギー固有値 E は，次のようになる．

$$E = \frac{\hbar^2}{2m^*}\frac{\pi^2}{L^2}(n_x{}^2 + n_y{}^2) + \frac{\hbar^2}{2m^*}\frac{\pi^2}{L_z{}^2}n_z{}^2 = E_{xy} + E_z$$
$$E_{xy} = \frac{\hbar^2}{2m^*}\frac{\pi^2}{L^2}(n_x{}^2 + n_y{}^2), \quad E_z = \frac{\hbar^2}{2m^*}\frac{\pi^2}{L_z{}^2}n_z{}^2 \tag{4.276}$$

ここで，$\hbar$ はプランク定数 h を 2π で割ったものであり，ディラック定数とよばれることもある．そして，m^* は有効質量，n_x, n_y, n_z は量子数である．n_x, n_y, n_z が同程度の大きさのときは $E_{xy} \ll E_z$ となる．図4.21に価電子帯のエネルギーの概略を示す．図中，$E_{\mathrm{hh1}}, E_{\mathrm{hh2}}$（実線）が重い正孔のバンドを，$E_{\mathrm{lh1}}, E_{\mathrm{lh2}}$（波線）が軽い正孔のバンドを表している．ここで，添字の1,2は，量子数 n_z である．図4.21から，量子井戸構造では，$\boldsymbol{k} = \boldsymbol{0}$ の点において縮退が解けていることがわかる．この理由は，量子井戸構造を導入したことで，ポテンシャルの対称性が崩れたためである．

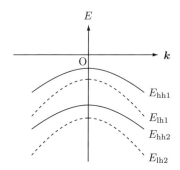

図 4.21　1次元量子井戸の価電子帯

エネルギー固有値 E をもつ状態を $E(n_x, n_y, n_z)$ と表すと，もっともエネルギーが低い状態は $E(1,1,1)$ で，次にエネルギーが高い状態は $E(2,1,1)$ と $E(1,2,1)$ である．こうして，n_x や n_y がだんだんと大きくなって L/L_z のオーダーになると式 (4.276) において E_{xy} と E_z とが同程度の大きさとなる．たとえば，$L = 1\,\mu\mathrm{m}, L_z = 10\,\mathrm{nm}$ のとき，$L/L_z = 100$ である．

ここでは，$n_z = 1$ の場合を例にとって，n_x, n_y の組合せによるエネルギーを考えて，**状態密度** (density of states) を求めることにしよう．n_x と n_y が大変大きい場合，等エネルギーを与える n_x, n_y の組合せは，次式をみたす円周上の点であると考えることができる．

$$r^2 = n_x{}^2 + n_y{}^2 = \frac{2m^*L^2}{\pi^2\hbar^2}E_{xy} \tag{4.277}$$

エネルギーが E_{xy} 以下の n_x, n_y の組合せの数 S は，n_x, n_y が正の数だから，図 4.22 のように半径 r の円の面積の $1/4$ に等しい．したがって，次のようになる．

$$S = \frac{1}{4}\pi r^2 = \frac{\pi}{4}(n_x{}^2 + n_y{}^2) = \frac{\pi}{4}\frac{2m^*L^2}{\pi^2\hbar^2}E_{xy} = \frac{m^*L^2}{2\pi\hbar^2}E_{xy} \tag{4.278}$$

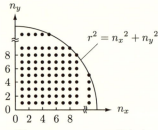

図 4.22 n_x, n_y の組合せ

上向き，下向きの 2 種類のスピンを考慮すると，エネルギーが E_{xy} 以下の状態数 N は，次のようになる．

$$N = 2S = \frac{m^*L^2}{\pi\hbar^2}E_{xy} \tag{4.279}$$

ここで，$E_{xy} = E - E_{z=1}$ を式 (4.279) に代入して，エネルギー E 以下の電子密度 n を次のように定義することができる．

$$n = \frac{N}{L^2 L_z} = \frac{m^*}{\pi\hbar^2 L_z}(E - E_{z=1}) \tag{4.280}$$

エネルギーが $E \sim E + dE$ の間に存在する単位体積あたりの状態密度を $g_1(E)$ とおくと，式 (4.280) から次のようになる．

$$dn = \frac{dn}{dE}dE = g_1(E)\,dE \tag{4.281}$$

4.8 量子構造におけるバンド 147

式 (4.280), (4.281) から単位体積あたりの状態密度を $g_1(E)$ は次のように求められる.

$$g_1(E) = \frac{dn}{dE} = \frac{m^*}{\pi\hbar^2 L_z} \quad (4.282)$$

同様にして，$n_z = 2, 3, \cdots$ に対して状態密度を計算すると，図 4.23 のようになる．バルクでは状態数が半径 r の球の体積の $1/8$ だから状態密度が $\sqrt{E}$ に比例するのに対して，1 次元量子井戸では状態密度が**階段状**になるという特徴がある．

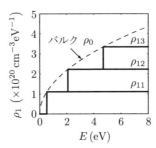

図 4.23 1 次元量子井戸の状態密度 ($L_z = 3\,\mathrm{nm}$, $m^* = 0.08\,m_0$)

4.8.4 2 次元量子井戸（量子細線）

3 辺の長さがそれぞれ L_x, L_y, L_z の箱において，図 4.24 のように，$L_x \gg L_y, L_z$ で，L_y と L_z が量子サイズになっているものを **2 次元量子井戸**，または**量子細線** (quantum wire) という．

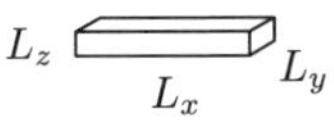

図 4.24 2 次元量子井戸（量子細線）

伝導帯の電子に対する波動関数 Ψ_c と価電子帯の正孔に対する波動関数 Ψ_v は，次式で与えられる．

$$\left.\begin{array}{l} \Psi_c = \varphi(y,z)\exp(ik_x x) \cdot \psi_c \\ \Psi_v = \varphi(y,z)\exp(ik_x x) \cdot \psi_v \end{array}\right\} \quad (4.283)$$

簡単のため，$L_y = L_z = L$ とすると，エネルギー固有値 E は次のようになる．

$$E = \frac{\hbar^2}{2m^*}\frac{\pi^2}{L_x^2}n_x^2 + \frac{\hbar^2}{2m^*}\frac{\pi^2}{L^2}(n_y^2 + n_z^2) = E_x + E_{yz} \tag{4.284}$$

$$E_x = \frac{\hbar^2}{2m^*}\frac{\pi^2}{L_x^2}n_x^2, \quad E_{yz} = \frac{\hbar^2}{2m^*}\frac{\pi^2}{L^2}(n_y^2 + n_z^2)$$

ここで，$\hbar$ はプランク定数 h を 2π で割ったものであり，ディラック定数とよばれることもある．そして，m^* は有効質量，n_x, n_y, n_z は量子数である．n_x, n_y, n_z が同程度の大きさのときは $E_x \ll E_{yz}$ となる．

エネルギーが E_x 以下の n_x の個数は，式 (4.284) から次のようになる．

$$n_x = \frac{\sqrt{2m^*}}{\pi\hbar}L_x\sqrt{E_x} \tag{4.285}$$

上向き，下向きの2種類のスピンを考慮すると，エネルギーが E_x 以下の状態数 N は，次のようになる．

$$N = 2n_x = \frac{2\sqrt{2m^*}}{\pi\hbar}L_x\sqrt{E_x} \tag{4.286}$$

ここで，$E_x = E - E_{yz}$ を式 (4.286) に代入して，エネルギー E 以下の電子密度 n を次のように定義することができる．

$$n = \frac{N}{L^2 L_x} = \frac{2\sqrt{2m^*}}{\pi\hbar L^2}\sqrt{E - E_{yz}} \tag{4.287}$$

エネルギーが $E \sim E + dE$ の間に存在する単位体積あたりの状態密度を $g_2(E)$ とおくと，式 (4.287) から次のようになる．

$$dn = \frac{dn}{dE}dE = g_2(E)\,dE \tag{4.288}$$

式 (4.287), (4.288) から単位体積あたりの状態密度 $g_2(E)$ は次のように求められる．

$$g_2(E) = \frac{dn}{dE} = \frac{\sqrt{2m^*}}{\pi\hbar L^2}(E - E_{yz})^{-1/2} \tag{4.289}$$

式 (4.288) をプロットすると，図 4.25 のようになる．ここで，$L = 3\,\text{nm}$, $m^* = 0.08\,m_0$ としている．エネルギーが量子準位 E_{yz} に等しくなるごとに，状態密度 g_2 は無限大に発散し，それ以上のエネルギーでは $E^{-1/2}$ に比例して減少する鋸歯状の状態密度になるという特徴がある．

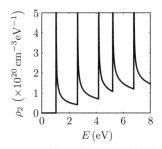

図 **4.25**　2 次元量子井戸の状態密度

4.8.5　3 次元量子井戸（量子箱）

3 辺の長さがそれぞれ L_x, L_y, L_z の箱において，図 4.26 のように L_x, L_y, L_z のすべてが量子サイズになっているものを **3 次元量子井戸**，または**量子箱** (quantum box) という．

図 **4.26**　3 次元量子井戸（量子箱）

伝導帯の電子に対する波動関数 Ψ_c と価電子帯の正孔に対する波動関数 Ψ_v は，次式で与えられる．

$$\left.\begin{array}{l}\Psi_c = \varphi(x,y,z)\cdot\psi_c \\ \Psi_v = \varphi(x,y,z)\cdot\psi_v\end{array}\right\} \tag{4.290}$$

簡単のため，$L_x = L_y = L_z = L$ とすると，エネルギーは，

$$E = \frac{\hbar^2}{2m^*}\frac{\pi^2}{L^2}(n_x{}^2 + n_y{}^2 + n_z{}^2) = E_x + E_y + E_z$$

$$E_x = \frac{\hbar^2}{2m^*}\frac{\pi^2}{L^2}n_x{}^2, \quad E_y = \frac{\hbar^2}{2m^*}\frac{\pi^2}{L^2}n_y{}^2, \quad E_z = \frac{\hbar^2}{2m^*}\frac{\pi^2}{L^2}n_z{}^2$$

(4.291)

となり，完全に離散的となる．ここで，$\hbar$ はプランク定数 h を 2π で割ったものであり，ディラック定数とよばれることもある．そして，m^* は有効質量，n_x, n_y, n_z は量子数である．

状態密度 g_3 は，次式に示すようにデルタ関数となる．

$$g_3(E) = 2 \sum_{n_x,n_y,n_z} \delta(E - E_x - E_y - E_z) \qquad (4.292)$$

単位体積あたりの状態密度を図 4.27 に示す．これまで示してきたように電子の閉じ込めの次元が 1 次元，2 次元と増加するにしたがい，状態密度のエネルギー幅が狭くなることがわかる．

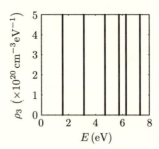

図 4.27　3 次元量子井戸の単位体積あたりの状態密度

電子分布は，状態密度と分布関数との積で与えられ，電子の閉じ込めが 1 次元から 2 次元に移ると，エネルギー分布が狭くなる．この様子を図 4.28 に示す．

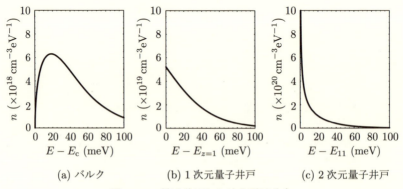

(a) バルク　　(b) 1 次元量子井戸　　(c) 2 次元量子井戸

図 4.28　量子井戸における電子分布

4.9 量子構造の分類と特徴

量子井戸,量子細線,量子箱などの量子構造が周期的に配列されている場合も含めて**超格子** (super lattice) という.超格子は,ポテンシャルと周期の観点から,次のように分類することができる.

4.9.1 ポテンシャルによる分類

図 4.29 に 3 種類の超格子を示す.図 4.29 において横方向は半導体層の位置,縦方向は電子のエネルギーを示している.上方ほど電子のエネルギーは高く,正孔のエネルギーは低い.(a) の**タイプ I** の超格子では,伝導帯の電子に対するポテンシャル井戸と価電子帯の正孔に対するポテンシャル井戸とが同じ場所に存在する.このため,電子,正孔ともバンドギャップの小さい半導体 B に閉じ込められる.(b) の**タイプ II** の超格子では,伝導帯の電子は半導体 B に閉じ込められるが,価電子帯の正孔は半導体 A に閉じ込められる.(c) の**タイプ III** の超格子では,半導体 B の伝導帯が半導体 A の価電子帯と重なり,半金属状態となる.文献によっては,図 4.29 のタイプ II をタイプ I',タイプ III をタイプ II とよぶこともあり,タイプ I 以外の呼称は必ずしも定まっていない.

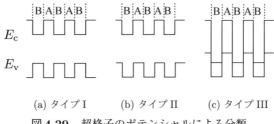

図 4.29 超格子のポテンシャルによる分類

4.9.2 周期による分類

　超格子の性質は，各層の周期により大きく異なる．図 4.30 に超格子の性質が障壁層や井戸層の厚さとどのように関係しているかを示す．各層が数十 nm 以上の厚さのときは，バルクとしての性質だけが現れる．障壁層が 10 nm 以下になると**量子力学的トンネル効果** (tunneling effect) が現れ，共鳴トンネル効果などを利用したデバイスの研究が進められている．一方，障壁層が十分厚く，井戸層のみが薄くなると，井戸内に量子準位が形成される．量子構造を利用した発光素子を作製すると，発光スペクトルの半値幅の狭い素子を得ることができる．障壁層，井戸層ともに 10 nm 程度以下になると，一つの井戸の波動関数が隣接する井戸にしみ出すようになり，波動関数が重なり合って，伝導帯や価電子帯にミニゾーンが形成される．ミニゾーンが形成されると，ブロッホ**振動**や**負性抵抗**が観測されると期待される．さらに，障壁層，井戸層ともに原子層の厚さ程度まで薄くなると，超格子の周期に対応したブリルアンゾーンの折り曲げ効果が現れる．この効果を利用すると，間接遷移材料で直接遷移を実現できると期待される．

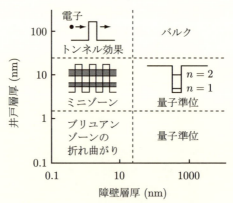

図 4.30　超格子の周期による分類

4.9.3 量子効果以外との関連

半導体で，量子構造を作製するためには井戸層と障壁層とが必要となる．井戸層と障壁層との違いは，バンドギャップエネルギーに差があることである．半導体で，異なるバンドエネルギーを実現するためには，種類，あるいは組成の異なった半導体を用いる必要がある．すなわち，半導体量子構造は，必然的に**ヘテロ構造** (hetero structure) となる．図 4.31 にヘテロ構造のエネルギーと屈折率を示す．半導体ヘテロ構造では，接合部にエネルギー障壁があるのでキャリアを井戸層 B に閉じ込めることができる．また，一般に半導体ではバンドギャップが小さいほど，屈折率が大きいという性質がある．このため，半導体 B に光を閉じ込めることができる．すなわち，井戸層である半導体 B に光もキャリアも閉じ込めることができる．さて，**半導体レーザー**では，発光と増幅機能をもつ活性層にキャリアと光を閉じ込める必要がある．このため，半導体レーザーでは，ヘテロ接合が半導体 B の両側にあるような**ダブルヘテロ構造** (double heterostructure) を採用し，活性層がポテンシャル井戸となるように設計している．以上のような理由で，活性層に量子構造を導入した半導体レーザーでは，活性層に量子井戸を用いており，そのため**量子井戸レーザー** (quantum well laser) とよばれている．

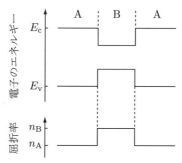

図 4.31 ヘテロ構造のエネルギーと屈折率

次に，基板上に成長した層について考えよう．成長層と基板との格子定数が異なっている場合，ある層厚（**臨界膜厚** (critical thickness) という）を越えると塑性変形して成長層に転位が入る．転位が入ると，キャリアが発光に寄与することなく消失してしまうので，発光素子の特性が著しく劣化し，大きな問題となる．ここで，量子構造の層厚が薄いことに着目し，臨界膜厚以下の層厚になるような量子構造を作製すれば，転位は入らない．このとき，基板と成長層の格子定数の違いから成長層には**弾性歪** (elastic strain) が加わる．歪によって成長層の原子間距離が変わるので，成長層のバンド構造が変化する．成長層の組成によって格子定数が変わることを利用して歪の大きさを制御すれば，バンド構造を設計できる．これは，バンド構造エンジニアリング (band structure engineering) とよばれ，活発に研究が行われている．このように，弾性歪をもった量子井戸を**歪量子井戸** (strained quantum well) といい，半導体レーザーの高性能化に役立つ．

4.10 励起子

4.10.1 電子-正孔対

価電子帯の電子が光子を吸収すると，電子が光子のエネルギーを受け取り，価電子帯から励起される．同時に，価電子帯には，電子の抜け殻である正孔が形成される．この電子と正孔は，クーロン力によって結びついており，極低温のもと，あるいは量子構造の中では，電子と正孔の結びつきを乱すような力が弱く，電子-正孔対が形成される．この電子-正孔対を**励起子** (exciton) という．

励起子のうち，結晶中を自由に動き回り，電子-正孔対の結合が比較的弱い励起子が**モット-ワニエ励起子** (Mott-Wannier exciton) である．一方，原子やイオンに束縛され，電子-正孔対の結合が比較的強い励起子を**フレンケル励起子** (Frenkel exciton) という．

4.10.2 エネルギーの伝達

図 4.32 のような，1 列またはリング状の結晶を考える．そして，フレンケル励起子を束縛した原子と，その隣接原子との間のエネルギーの伝達を考えよう．いま，j 番目の原子の基底状態を u_j とすると，結晶の基底状態 ψ_g は，次のように表される．

$$\psi_\mathrm{g} = u_1 u_2 \cdots u_{N-1} u_N \tag{4.293}$$

ここで，N は結晶中の原子の個数である．

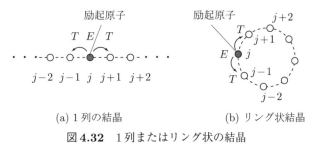

図 **4.32**　1 列またはリング状の結晶

また，1 個の原子がフレンケル励起子を束縛して，励起状態 v_j にあるとき，この系の状態 φ_j は，次のようになる．

$$\varphi_j = u_1 u_2 \cdots u_{j-1} v_j u_{j+1} \cdots u_N \tag{4.294}$$

隣接する原子間に相互作用がある場合，励起状態にある原子（励起原子）のもつエネルギー E が，基底状態にある原子に伝達される．この系の励起状態 φ_j にハミルトニアン $\hat{\mathcal{H}}$ を作用させると，次のようになる．

$$\hat{\mathcal{H}} \varphi_j = E \varphi_j + T(\varphi_{j-1} + \varphi_{j+1}) \tag{4.295}$$

ここで，相互作用 T は，励起原子 j から基底状態にある隣接原子 $j-1$, $j+1$ に励起エネルギーが伝達することを示している．この解として，次のブロッホ関数を考える．

$$\psi_k = \sum_j \varphi_j \exp(\mathrm{i} jka) \tag{4.296}$$

式 (4.296) を式 (4.295) に代入すると，次の結果が導かれる．

$$\begin{aligned}\hat{\mathcal{H}}\psi_k &= \sum_j \exp(\mathrm{i}jka)\hat{\mathcal{H}}\varphi_j \\ &= \sum_j \exp(\mathrm{i}jka)\left[E + T\exp(\mathrm{i}ka) + T\exp(-\mathrm{i}ka)\right]\varphi_j \\ &= (E + 2T\cos ka)\psi_k \end{aligned} \quad (4.297)$$

この系のエネルギー固有値 E_k は，式 (4.297) から次のようになる．

$$E_k = E + 2T\cos ka \quad (4.298)$$

【例題 4.14】
基本格子が 2 種類の原子 A，B を含んでいる場合のフレンケル励起子を考える．原子 AB 間の伝達積分を T_1，BA 間の伝達積分を T_2 とおくとき，1 次元格子 AB.AB.AB.AB. に対する方程式を，波数ベクトルの関数として求めよ．

解

基底状態の波動関数を $\psi_\mathrm{g} = A_1 B_1 A_2 B_2 \cdots A_N B_N$ と表す．励起状態を右肩に $*$ をつけて表し，

$$\varphi_j = A_1 B_1 A_2 B_2 \cdots A_j{}^* B_j \cdots A_N B_N \quad (4.299)$$
$$\theta_j = A_1 B_1 A_2 B_2 \cdots A_j B_j{}^* \cdots A_N B_N \quad (4.300)$$

とおく．これらを用いると，シュレーディンガー方程式は，次のようになる．

$$\hat{\mathcal{H}}\varphi_j = \epsilon_\mathrm{A}\varphi_j + T_1\theta_j + T_2\theta_{j-1} \quad (4.301)$$
$$\hat{\mathcal{H}}\theta_j = \epsilon_\mathrm{B}\theta_j + T_1\varphi_j + T_2\varphi_{j+1} \quad (4.302)$$

ここで，$\mathcal{H}$ はハミルトニアンである．さらに，

$$\psi_\mathrm{K} = \sum \mathrm{e}^{\mathrm{i}jka}(\alpha\varphi_j + \beta\theta_j) \quad (4.303)$$

とおき，固有値を E とすると，シュレーディンガー方程式は，次のように表される．

$$\begin{aligned}
\hat{\mathcal{H}}\psi_\mathrm{K} &= \sum_j \mathrm{e}^{\mathrm{i}jka}\alpha\left(\epsilon_\mathrm{A}\varphi_j + T_1\theta_j + T_2\theta_{j-1}\right) \\
&\quad + \sum_j \mathrm{e}^{\mathrm{i}jka}\beta\left(\epsilon_\mathrm{B}\theta_j + T_1\varphi_j + T_2\varphi_{j+1}\right) \\
&= \sum_j \mathrm{e}^{\mathrm{i}jka}\left(\alpha\epsilon_\mathrm{A} + \beta T_1 + \mathrm{e}^{-\mathrm{i}ka}\beta T_2\right)\varphi_j \\
&\quad + \sum_j \mathrm{e}^{\mathrm{i}jka}\left(\alpha T_1 + \beta\epsilon_\mathrm{B} + \mathrm{e}^{\mathrm{i}ka}\alpha T_2\right)\theta_j \\
&= E\psi_\mathrm{K} = \sum_j \mathrm{e}^{\mathrm{i}jka}\left[\alpha E\varphi_j + \beta E\theta_j\right] \quad (4.304)
\end{aligned}$$

以上から，次の関係が得られる．

$$\alpha\epsilon_\mathrm{A} + \beta T_1 + \mathrm{e}^{-\mathrm{i}ka}\beta T_2 = \alpha E \quad (4.305)$$
$$\alpha T_1 + \beta\epsilon_\mathrm{B} + \mathrm{e}^{\mathrm{i}ka}\alpha T_2 = \beta E \quad (4.306)$$

式 (4.305), (4.306) が，$\alpha = \beta = 0$ 以外の解をもつ条件は，α と β の係数を成分とする行列式が次のようになることである．

$$\begin{vmatrix} \epsilon_\mathrm{A} - E & T_1 + \mathrm{e}^{-\mathrm{i}ka}T_2 \\ T_1 + \mathrm{e}^{\mathrm{i}ka}T_2 & \epsilon_\mathrm{B} - E \end{vmatrix} = 0 \quad (4.307)$$

式 (4.307) から，次の関係が得られる．

$$E^2 - (\epsilon_\mathrm{A} + \epsilon_\mathrm{B})E + \epsilon_\mathrm{A}\epsilon_\mathrm{B} - \left(T_1^2 + T_2^2 + 2T_1T_2\cos ka\right) = 0 \quad (4.308)$$

エネルギー固有値 E は，式 (4.308) から次のように求められる．

$$E = \frac{1}{2}\left[(\epsilon_\mathrm{A} + \epsilon_\mathrm{B}) \pm \sqrt{(\epsilon_\mathrm{A} - \epsilon_\mathrm{B})^2 + 4\left(T_1^2 + T_2^2 + 2T_1T_2\cos ka\right)}\right] \quad (4.309)$$

第 5 章

半導体電子デバイス

この章の目的
　まず，金属−半導体接合において，エネルギー障壁と電流注入との関係について説明する．次に，エネルギーバンドの観点から半導体電子デバイスについて述べる．

キーワード
　金属−半導体接合，ショットキーダイオード，pn 接合ダイオード，バイポーラトランジスタ，ユニポーラトランジスタ，サイリスタ，ガンダイオード，インパットダイオード

5.1　金属−半導体接合

5.1.1　仕事関数，真空準位，電子親和力

仕事関数 (work function) $e\phi$ は，固体から 1 個の電子を真空中に取り出すエネルギーとして定義されている．ここで，e は電気素量である．ただし，文献によっては，ϕ を仕事関数とよんでいる．仕事関数 $e\phi$ は，**真空準位** (vacuum level) E_0 とフェルミ準位 E_F を用いて，次のように表される．

$$e\phi = E_0 - E_F \tag{5.1}$$

真空準位 E_0 とは，第 4 章で説明したように，真空中において固体表面から離れた状態で固体表面の影響を受けずに静止している電子のエネルギーである．

電子親和力 (electron affinity) $e\chi$ は,真空準位 (vacuum level) E_0 と半導体における伝導帯の底のエネルギー E_c を用いて,次式によって与えられる.

$$e\chi = E_0 - E_c \tag{5.2}$$

文献によっては,χ を電子親和力と定義している.式 (5.1), (5.2) からわかるように,次のような関係が成り立つ.

$$e\phi - e\chi = e(\phi - \chi) = E_0 - E_F - (E_0 - E_c) = E_c - E_F \tag{5.3}$$

5.1.2 金属-半導体接合界面

金属と n 型半導体が十分離れているときは,図 5.1 に示すように,金属中の電子に対する真空準位と n 型半導体中の電子に対する真空準位は等しい.

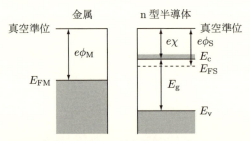

図 5.1 接合形成前の金属と n 型半導体のエネルギー ($\phi_M > \phi_S$)

金属-n 型半導体接合が形成されると,金属におけるフェルミ準位 E_{FM} と n 型半導体におけるフェルミ準位 E_{FS} とが一致するように,接合界面でキャリアが拡散し,拡散平衡状態となる.ただし,pn 接合とは違い,接合界面における空間電荷の総和は 0 とはならない.また,接合界面では,金属中の電子に対する真空準位と n 型半導体中の電子に対する真空準位は,連続に変化する.このときの金属-n 型半導体接合界面のエネルギーバンドを図 5.2 に示す.なお,図 5.1 と図 5.2 は,金属の仕事関数 $e\phi_M$ が n 型半導体の仕事関数 $e\phi_S$ よりも大きい場合 ($\phi_M > \phi_S$) を示している.

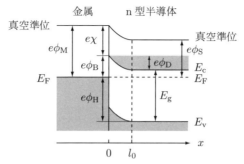

図 5.2 金属–n 型半導体接合におけるエネルギーの空間分布 ($\phi_M > \phi_S$)

金属–n 型半導体接合の界面で，金属中の電子に対する真空準位と n 型半導体中の電子に対する真空準位は連続的に変化する．したがって，n 型半導体に移動しようとする金属中の伝導電子にとっては，次式で与えられるエネルギー障壁が存在する．

$$e\phi_B = e\phi_M - e\chi = e(\phi_M - \chi) \tag{5.4}$$

式 (5.4) の $e\phi_B$ を**ショットキー障壁** (Schottky barrier) という．一方，金属に移動しようとする n 型半導体中の伝導電子にとっては，次のエネルギー障壁が存在する．

$$e\phi_D = e\phi_M - e\chi - (e\phi_S - e\chi) = e\phi_M - e\phi_S = e(\phi_M - \phi_S) \tag{5.5}$$

式 (5.5) の ϕ_D を金属–n 型半導体接合における**拡散電位** (diffusion potential) という．図 5.2 から $e\phi_D$ を次のように表すこともできる．

$$e\phi_D = e\phi_B - (E_c - E_F) \tag{5.6}$$

n 型半導体に移動しようとする金属中の正孔にとっては，次のようなエネルギー障壁が存在する．

$$e\phi_H = E_g - (e\phi_B - e\phi_D) = E_g - (E_c - E_F) = E_F - E_v \tag{5.7}$$

ここで，$E_g = E_c - E_v$ はバンドギャップエネルギー，E_v は価電子帯の頂上のエネルギーである．

【例題5.1】

仕事関数 $e\phi_M = 4.20\,\text{eV}$ の金属が n 型シリコン (Si) に蒸着してある．このとき，ショットキー障壁 $e\phi_B$ の値はいくらか．なお，n 型シリコン (Si) の電子親和力は $e\chi = 4.01\,\text{eV}$ である．

解

ショットキー障壁 $e\phi_B$ の値は，式 (5.4) から次のようになる．

$$e\phi_B = e\phi_M - e\chi = 4.20\,\text{eV} - 4.01\,\text{eV} = 0.19\,\text{eV} \tag{5.8}$$

【例題5.2】

絶対温度 $T = 300\,\text{K}$ において，金属–n 型シリコン (Si) 半導体接合にバイアス電圧を印加しないとき，ショットキー障壁 $e\phi_B$ と，拡散電位 ϕ_D を求めよ．ただし，金属の仕事関数 $e\phi_M = 4.55\,\text{eV}$，n 型シリコン (Si) の電子親和力 $e\chi = 4.01\,\text{eV}$，n 型シリコン (Si) の伝導帯における有効状態密度 $N_c = 2.83 \times 10^{19}\,\text{cm}^{-3}$，n 型シリコン (Si) のドナー濃度 $N_d = 2.00 \times 10^{16}\,\text{cm}^{-3}$ とする．

解

ショットキー障壁 $e\phi_B$ は，式 (5.4) から次のようになる．

$$e\phi_B = e\phi_M - e\chi = 4.55\,\text{eV} - 4.01\,\text{eV} = 0.540\,\text{eV} \tag{5.9}$$

簡単のため，熱平衡状態において，すべてのドナーがイオン化していると仮定し，伝導電子濃度 n が N_d に等しいとする．このとき，伝導電子濃度 n は，式 (4.2) から次のように表される．

$$n = N_d = N_c \exp\left(-\frac{E_c - E_F}{k_B T}\right) \tag{5.10}$$

式 (5.10) から，次の結果が得られる．

$$E_c - E_F = k_B T \ln \frac{N_c}{N_d} = 0.188\,\text{eV} \tag{5.11}$$

式 (5.6) に式 (5.9)，(5.11) を代入すると，拡散電位 ϕ_D は次のように求められる．

$$\phi_D = \phi_B - \frac{E_c - E_F}{e} = 0.352\,\text{V} \tag{5.12}$$

【例題 5.3】

絶対温度 $T = 300\,\text{K}$ において,金属–n 型シリコン (Si) 半導体接合にバイアス電圧を印加しないとき,金属の仕事関数 $e\phi_\text{M}$ と,拡散電位 ϕ_D を求めよ.ただし,ショットキー障壁 $e\phi_\text{B} = 0.80\,\text{eV}$,n 型シリコン (Si) の電子親和力 $e\chi = 4.01\,\text{eV}$,n 型シリコン (Si) の伝導帯における有効状態密度 $N_\text{c} = 2.83 \times 10^{19}\,\text{cm}^{-3}$,n 型シリコン (Si) のドナー濃度 $N_\text{d} = 1.50 \times 10^{16}\,\text{cm}^{-3}$ とする.

解

金属の仕事関数 $e\phi_\text{M}$ は,式 (5.4) から次のようになる.

$$e\phi_\text{M} = e\phi_\text{B} + e\chi = 0.80\,\text{eV} + 4.01\,\text{eV} = 4.81\,\text{eV} \tag{5.13}$$

簡単のため,熱平衡状態において,すべてのドナーがイオン化していると仮定し,伝導電子濃度 n が N_d に等しいとする.このとき,例題 5.2 と同様にして次の結果が得られる.

$$E_\text{c} - E_\text{F} = k_\text{B}T \ln \frac{N_\text{c}}{N_\text{d}} = 0.195\,\text{eV} \tag{5.14}$$

式 (5.6) に式 (5.14) を代入すると,拡散電位 ϕ_D は次のように求められる.

$$\phi_\text{D} = \phi_\text{B} - \frac{E_\text{c} - E_\text{F}}{e} = 0.605\,\text{V} \tag{5.15}$$

n 型半導体の伝導帯の底付近のエネルギーをもつ伝導電子濃度に着目すると,図 5.1 では n 型半導体における伝導電子濃度のほうが,金属における伝導電子濃度よりも高い.したがって,接合界面では,伝導電子が n 型半導体から金属に拡散する.この結果,接合界面付近の n 型半導体は,伝導電子が枯渇して空乏層となる.そして,空乏層では,イオン化したドナーだけが残り,空間電荷層が形成される.一方,金属中の伝導電子濃度は n 型半導体中の伝導電子濃度に比べて桁違いに高いので,金属中には空間電荷層はほとんど形成されない.金属-n 型半導体の接合界面の模式図,電荷密度 ρ の分布,電界分布を,それぞれ図 5.3 (a), (b), (c) に示す.なお,金属–n 型半導体接合の界面の座標を $x = 0$ とおき,n 型半導体における空乏層の右端の座標を $x = l_0$ とした.

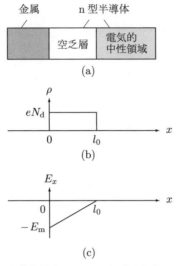

図 5.3 金属–n 型半導体接合における空乏層と空間電荷層 ($\phi_M > \phi_S$)

図 5.3 に示した n 型半導体中に形成された空乏層において,ポアソン方程式は次のようになる.

$$\frac{\mathrm{d}^2\phi}{\mathrm{d}x^2} = \frac{\mathrm{d}}{\mathrm{d}x}\left(\frac{\mathrm{d}\phi}{\mathrm{d}x}\right) = -\frac{eN_\mathrm{d}}{\varepsilon_0\varepsilon_\mathrm{n}} \quad (0 \leq x \leq l_0) \tag{5.16}$$

ここで,ϕ は電位,N_d は n 型半導体におけるドナー濃度であり,簡単のため,すべてのドナーがイオン化したと仮定した.そして,ε_0 は真空の誘電率,ε_n は n 型半導体の比誘電率である.

電気的中性領域 $x \geq l_0$ では,イオン化したドナーの正電荷と電子の負電荷が打ち消しあって正味の電荷は存在しない.さらに,半導体といえども電気的中性領域ではキャリアが存在し,近似的に導体と考えて静電界 $E_x(x)$ は 0 とする.すなわち,静電界に対する境界条件として $E_x(l_0) = 0$ が成り立つ.

式 (5.16) を x について積分すると,次のようになる.

$$\frac{\mathrm{d}\phi}{\mathrm{d}x} = -\frac{eN_\mathrm{d}}{\varepsilon_0\varepsilon_\mathrm{n}}x + C_1 \quad (0 \leq x \leq l_0) \tag{5.17}$$

ここで,C_1 は積分定数である.

静電界の定義から $E_x(x) = -\mathrm{d}\phi/\mathrm{d}x$ であり，$E_x(x)$ は次のように表される．

$$E_x(x) = -\frac{\mathrm{d}\phi}{\mathrm{d}x} = \frac{eN_\mathrm{d}}{\varepsilon_0\varepsilon_\mathrm{n}}x - C_1 \quad (0 \le x \le l_0) \tag{5.18}$$

式 (5.18) に対して境界条件 $E_x(l_0) = 0$ を用いると，次のようになる．

$$E_x(l_0) = \frac{eN_\mathrm{d}}{\varepsilon_0\varepsilon_\mathrm{n}}l_0 - C_1 = 0 \quad \therefore\ C_1 = \frac{eN_\mathrm{d}}{\varepsilon_0\varepsilon_\mathrm{n}}l_0 \tag{5.19}$$

したがって，静電界 $E_x(x)$ は次のように求められる．

$$E_x(x) = -\frac{\mathrm{d}\phi}{\mathrm{d}x} = \frac{eN_\mathrm{d}}{\varepsilon_0\varepsilon_\mathrm{n}}x - \frac{eN_\mathrm{d}}{\varepsilon_0\varepsilon_\mathrm{n}}l_0 \quad (0 \le x \le l_0) \tag{5.20}$$

式 (5.20) の静電界 $E_x(x)$ をグラフに示すと，図 5.3 (c) のようになる．また，静電界 $E_x(x)$ の絶対値の最大値 E_m は，次のようになる．

$$E_\mathrm{m} = |E_x(0)| = \frac{eN_\mathrm{d}}{\varepsilon_0\varepsilon_\mathrm{n}}l_0 \tag{5.21}$$

式 (5.20) を x について積分すると，次式が得られる．

$$\phi(x) = -\frac{eN_\mathrm{d}}{2\varepsilon_0\varepsilon_\mathrm{n}}x^2 + \frac{eN_\mathrm{d}l_0}{\varepsilon_0\varepsilon_\mathrm{n}}x + C_2 \tag{5.22}$$

ここで，C_2 は積分定数である．境界条件として $\phi(0) = 0$ を仮定すると，次のようになる．

$$\phi(0) = C_2 = 0 \tag{5.23}$$

式 (5.22) に式 (5.23) を代入すると，次式が導かれる．

$$\phi(x) = -\frac{eN_\mathrm{d}}{2\varepsilon_0\varepsilon_\mathrm{n}}x^2 + \frac{eN_\mathrm{d}l_0}{\varepsilon_0\varepsilon_\mathrm{n}}x \quad (0 \le x \le l_0) \tag{5.24}$$

順バイアス電圧すなわちエネルギー障壁を小さくするようなバイアス電圧を $V(>0)$ とすると，次の関係が成り立つ．

$$\phi_\mathrm{D} - V = \phi(l_0) - \phi(0) = \frac{eN_\mathrm{d}}{2\varepsilon_0\varepsilon_\mathrm{n}}l_0{}^2 \tag{5.25}$$

空乏層の厚さ l_0 は，式 (5.25) から次のように表される．

$$l_0 = \sqrt{\frac{2\varepsilon_0\varepsilon_\mathrm{n}(\phi_\mathrm{D} - V)}{eN_\mathrm{d}}} \tag{5.26}$$

【例題 5.4】

仕事関数 $e\phi_M = 4.65\,\mathrm{eV}$ の銅 (Cu) を n 型シリコン (Si) に蒸着する．絶対温度 $T = 300\,\mathrm{K}$ において，ショットキー障壁 $e\phi_B$，拡散電位 ϕ_D，空乏層の厚さ l_0，バイアス電圧を印加しないときの最大電界 E_m を求めよ．なお，n 型シリコン (Si) に対して，電子親和力 $e\chi = 4.01\,\mathrm{eV}$，伝導帯における有効状態密度 $N_c = 2.83 \times 10^{19}\,\mathrm{cm}^{-3}$，ドナー濃度 $N_d = 3.00 \times 10^{16}\,\mathrm{cm}^{-3}$，比誘電率 $\varepsilon_n = 11.8$ とする．

解

式 (5.4) から，ショットキー障壁 $e\phi_B$ は次のように求められる．

$$e\phi_B = e\phi_M - e\chi = 4.65\,\mathrm{eV} - 4.01\,\mathrm{eV} = 0.64\,\mathrm{eV} \tag{5.27}$$

簡単のため，熱平衡状態において，すべてのドナーがイオン化していると仮定し，伝導電子濃度 n が N_d に等しいとする．このとき，例題 5.2 と同様にして次の結果が得られる．

$$E_c - E_F = k_B T \ln \frac{N_c}{N_d} = 0.177\,\mathrm{eV} \tag{5.28}$$

式 (5.6) に式 (5.27)，(5.28) を代入すると，拡散電位 ϕ_D は次のようになる．

$$\phi_D = \phi_B - \frac{E_c - E_F}{e} = 0.463\,\mathrm{V} \tag{5.29}$$

式 (5.26) において $V = 0$ とおくと，空乏層の厚さ l_0 は次の値になる．

$$l_0 = \sqrt{\frac{2\varepsilon_0 \varepsilon_n \phi_D}{eN_d}} = 0.142\,\mu\mathrm{m} \tag{5.30}$$

式 (5.21), (5.30) から，最大電界 E_m の値は次のようになる．

$$E_m = \frac{eN_d}{\varepsilon_0 \varepsilon_n} l_0 = 6.53 \times 10^4\,\mathrm{V\,cm}^{-1} \tag{5.31}$$

5.1.3 空乏層容量

空乏層に蓄えられる単位面積あたりの電荷 σ は，式 (5.26) から次のように与えられる．

$$\sigma = eN_d l_0 = eN_d \sqrt{\frac{2\varepsilon_0 \varepsilon_n (\phi_D - V)}{eN_d}} = \sqrt{2e\varepsilon_0 \varepsilon_n N_d (\phi_D - V)} \tag{5.32}$$

空乏層容量 C は，式 (5.32) を V について微分してから絶対値をとり，次のように求められる．

$$C = \left| \frac{d\sigma}{dV} \right| = \sqrt{\frac{e\varepsilon_0\varepsilon_n N_d}{2(\phi_D - V)}} \tag{5.33}$$

式 (5.33) から，$(\phi_D - V) > 0$ の範囲において，順バイアス $(V > 0)$ を印加すると $(\phi_D - V)$ が小さくなるので空乏層容量 C が大きくなり，逆バイアス $(V < 0)$ を印加すると $(\phi_D - V)$ が大きくなるので空乏層容量 C が小さくなることがわかる．

【例題 5.5】

絶対温度 $T = 300\,\mathrm{K}$ において，金属と nn$^+$ 形シリコン (Si) の接合 (mnn$^+$ 構造) の C–V 特性が，図 5.4 のようになったとする．このとき，(a) 拡散電位，(b) n 層のドナー濃度と n 層の幅，(c) n$^+$ 層のドナー濃度を求めよ．ただし，シリコン (Si) の比誘電率を $\varepsilon_n = 11.8$ とする．なお，n$^+$ の $^+$ は，n$^+$ 層の不純物濃度が n 層の不純物濃度よりもきわめて高いことを示している．

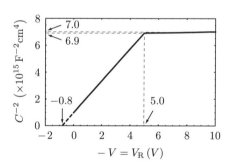

図 5.4　金属–半導体接合の C–V 特性

【解】

(a) 式 (5.33) の逆数を 2 乗すると，次のようになる．

$$\frac{1}{C^2} = \frac{2(\phi_D - V)}{e\varepsilon_0\varepsilon_n N_d} \tag{5.34}$$

図 5.4 から，$1/C^2 = 0$ になる逆バイアス電圧は $-V = -0.8\,\mathrm{V}$ だから，この値を式 (5.34) に代入すると，拡散電位 ϕ_D は次のようになる．

$$\phi_D = 0.8\,\mathrm{V} \tag{5.35}$$

(b) バイアス電圧 $-V = V_R \leq 5.0\,\mathrm{V}$ のときは，空乏層はn層のみに広がる．したがって，この範囲で $1/C^2$ と $(\phi_D - V)$ の微小変化をそれぞれ $\Delta\left(1/C^2\right)$ と $\Delta\left(\phi_D - V\right)$ とする．そして，n層におけるドナー濃度 N_d を N_{dn} と表し，図5.4の $-0.8\,\mathrm{V} \leq -V = V_R \leq 5.0\,\mathrm{V}$ における直線の傾きの逆数 $\Delta\left(\phi_D - V\right)/\Delta\left(1/C^2\right)$ と式 (5.34) を用いると，次のようになる．

$$N_{dn} = \frac{2}{e\varepsilon_0\varepsilon_n}\frac{\Delta\left(\phi_D - V\right)}{\Delta\left(1/C^2\right)} = 1.0 \times 10^{16}\,\mathrm{cm}^{-3} \tag{5.36}$$

式 (5.26) に式 (5.35) を代入し $V = 0$ とおくと，空乏層の厚さ l_0 は次の値になる．

$$l_0 = \sqrt{\frac{2\varepsilon_0\varepsilon_n\phi_D}{eN_{dn}}} = 3.2 \times 10^{-7}\,\mathrm{m} = 0.32\,\mathrm{\mu m} \tag{5.37}$$

(c) バイアス電圧 $-V = V_R \geq 5\,\mathrm{V}$ のとき，空乏層はn$^+$層にまで広がる．したがって，この範囲で $1/C^2$ と $(\phi_D - V)$ の微小変化をそれぞれ $\Delta\left(1/C^2\right)$ と $\Delta\left(\phi_D - V\right)$ とすると，n$^+$層におけるドナー濃度 N_{dn^+} の値は，図5.4の $5.0\,\mathrm{V} \leq -V = V_R \leq 10\,\mathrm{V}$ における直線の傾きの逆数 $\Delta\left(\phi_D - V\right)/\Delta\left(1/C^2\right)$ と式 (5.34) を用いると，次のようになる．

$$N_{dn^+} = \frac{2}{e\varepsilon_0\varepsilon_n}\frac{\Delta\left(\phi_D - V\right)}{\Delta\left(1/C^2\right)} = 6.0 \times 10^{17}\,\mathrm{cm}^{-3} \tag{5.38}$$

5.1.4 ショットキー接触とオーミック接触

まず，図5.1のように，金属の仕事関数 $e\phi_M$ がn型半導体の仕事関数 $e\phi_S$ よりも大きい場合 ($\phi_M > \phi_S$) について考えよう．金属–n型半導体接合が形成されると，金属に移動しようとするn型半導体中の伝導電子にとって，図5.2のようにエネルギー障壁 $e\phi_D$ が存在する．順バイアス電圧 $V(>0)$ を印加すると，エネルギー障壁は $e(\phi_D - V)$ に低下し，n型半導体中の伝導電子が金属に移動しやすくなる．一方，逆バイアス電圧 $V_R = -V(<0)$ を印加すると，エネルギー障壁は $e(\phi_D + V)$ に増加し，n型半導体中の伝導電子は金属に移動しづらくなる．この結果，バイアス電圧によって金属–n型半導体接合の電圧–電流特性には整流性が現れる．このような整流性をもつ金属–半導体の接触をショットキー接触 (Schottky contact) という．

次に，図5.5のように，金属の仕事関数 $e\phi_M$ がn型半導体の仕事関数 $e\phi_S$ よりも小さい場合 ($\phi_M < \phi_S$) について考えよう．金属–n型半導体接合が形成さ

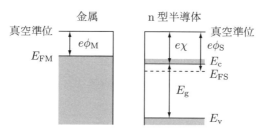

図 5.5 接合形成前の金属と n 型半導体のエネルギー ($\phi_M < \phi_S$)

れると，金属におけるフェルミ準位 E_{FM} と n 型半導体におけるフェルミ準位 E_{FS} とが一致するように，接合界面でキャリアが拡散し，熱平衡状態となる．また，接合界面では，金属中の電子に対する真空準位と n 型半導体中の電子に対する真空準位は，連続的に変化する．図 5.5 からわかるように，$E_{FM} > E_{FS}$ だから，n 型半導体の伝導帯の底付近のエネルギーをもつ伝導電子に着目すると，金属における伝導電子濃度のほうが n 型半導体における伝導電子濃度よりも高い．したがって，接合界面では，伝導電子が金属から n 型半導体に拡散し，接合界面付近の n 型半導体に伝導電子が蓄積される．このため，金属–n 型半導体接合界面のエネルギーバンドは図 5.6 のようになる．図 5.6 を見てすぐわかるように，金属に移動しようとする n 型半導体中の伝導電子にとっては，エネルギー障壁が存在しない．一方，金属に移動しようとする n 型半導体中の正孔にとっては，エネルギー障壁が存在する．この結果，金属–n 型半導

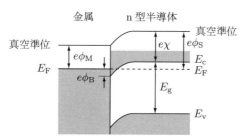

図 5.6 金属–n 型半導体接合におけるエネルギーの空間分布 ($\phi_M < \phi_S$)

体接合を流れる電流は，n型半導体中の多数キャリアである伝導電子によって支配される．そして，金属–n型半導体接合の電圧–電流特性は線形になる．このように，電流が電圧に比例するような金属–半導体の接触をオーミック接触 (Ohmic contact) という．半導体の不純物濃度を高くすると，金属–半導体接合界面において，エネルギーバンドが曲がっている領域の長さを小さくすることができる．エネルギーバンドが曲がっている領域の長さが小さくなれば，トンネル電流が増大し，接触抵抗が小さくなる．この現象を利用してオーミック接触を実現することも，よくおこなわれている．図5.7にショットキー接触とオーミック接触における電流–電圧 (I–V) 特性を示す．この図において，実線がショットキー接触の I–V 特性を示しており，破線がオーミック接触の I–V 特性を示している．前述のように，ショットキー接触では，I–V 特性に整流性が現れ，オーミック接触では I–V 特性が直線となる．

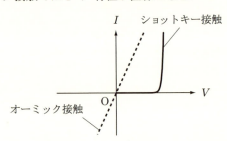

図5.7 ショットキー接触とオーミック接触における電流–電圧 (I–V) 特性

5.2 ショットキーダイオード

　ショットキー接触による整流性を利用したダイオードをショットキーダイオード (Schottky diode) という．pn接合ダイオードでは，おもに空乏層における拡散によって電流が決まるのに対し，ショットキーダイオードでは，空乏層における拡散と半導体から金属への熱電子放出を考える必要がある．ただし，空乏層の電界が 10^4–10^5 V cm^{-1} のとき，n型半導体としてゲルマニウム (Ge)，シリコン (Si)，ヒ化ガリウム (GaAs) を用いた金属–n型半導体ショットキーダイオードでは，半導体から金属への熱電子放出が支配的である．

半導体から金属への熱電子放出による電流密度 i_n は，次式によって与えられる．

$$i_n = A^* T^2 \exp\left(-\frac{e\phi_B}{k_B T}\right) \tag{5.39}$$

ここで，A^* は有効リチャードソン定数 (effective Richardson constant) であり，次のように表される．

$$A^* = \frac{4\pi e m_n k_B^{\,2}}{h^3} \tag{5.40}$$

ただし，e は電気素量，m_n は伝導電子の有効質量，k_B はボルツマン定数，h はプランク定数である．式 (5.39) において，T は絶対温度，ϕ_B は n 型半導体に移動しようとする金属中の伝導電子に対するエネルギー障壁である．

空乏層における正孔による拡散電流密度 i_p は，正孔による飽和電流となり，次のように表される．

$$i_p = e \frac{D_{p_n}}{L_{p_n}} p_{n0} \tag{5.41}$$

【例題 5.6】

金属–n 型シリコン (Si) ショットキーダイオードにおいて，ショットキー障壁 $e\phi_B = 0.75\,\mathrm{eV}$，有効リチャードソン係数 $A^* = 110\,\mathrm{A\,cm^{-2}\,K^{-2}}$ とする．絶対温度 $300\,\mathrm{K}$ において，伝導電子電流密度 i_n と正孔電流密度 i_p の比を求めよ．ただし，n 型シリコン (Si) において，正孔の拡散係数 $D_{p_n} = 12\,\mathrm{cm^2\,s^{-1}}$，正孔の拡散長 $L_{p_n} = 1.0 \times 10^{-3}\,\mathrm{cm}$，ドナー濃度 $N_d = 1.5 \times 10^{16}\,\mathrm{cm^{-3}}$ とする．

【解】

簡単のため，熱平衡状態において，すべてのドナーがイオン化していると仮定し，伝導電子濃度 n が N_d に等しいとする．このとき，n 型シリコン (Si) 中の正孔濃度 p_{n0} は，真性キャリア濃度 n_i を用いて，次のように表される．

$$p_{n0} = \frac{n_i^2}{n} = \frac{n_i^2}{N_d} = 2.5 \times 10^3\,\mathrm{cm^{-3}} \tag{5.42}$$

ここで，式 (4.35) を用いた．式 (5.39)，(5.41)，(5.42) から，伝導電子電流密度 i_n と正孔電流密度 i_p の比 γ は，次のようになる．

$$\gamma = \frac{i_n}{i_p} = \frac{A^* T^2 L_{p_n} N_d}{e D_{p_n} n_i^2} \exp\left(-\frac{e\phi_B}{k_B T}\right) = 5.5 \times 10^5 \tag{5.43}$$

式 (5.43) から，拡散電流と熱電子放出電流のうち，熱電子放出電流が支配的であるといえる．

5.3 pn 接合ダイオード

5.3.1 pn 接合界面

pn 接合ダイオード (pn-junction diode) は，**pn 接合** (pn junction) から形成された整流素子，すなわち方向によって電流の流れやすさが異なる素子である．p 型半導体と n 型半導体の接合，すなわち pn 接合では，n 型半導体におけるフェルミ準位と p 型半導体におけるフェルミ準位とが一致するように，n 型半導体から p 型半導体に伝導電子が拡散し，p 型半導体から n 型半導体には正孔が拡散する．図 5.8 (a) のように，キャリアの拡散によって，接合界面付近の領域ではキャリアが枯渇する．キャリアが枯渇した領域を**空乏層** (depletion layer) という．図 5.8 (b) のように，空乏層ではイオン化したアクセプターとイオン化したドナーだけが残り，**空間電荷層** (space charge layer) が形成される．

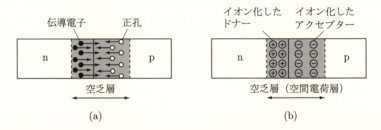

図 **5.8** pn 接合：(a) 界面におけるキャリアの拡散，(b) 空乏層（空間電荷層）

n 型半導体の真性フェルミ準位 $E_{\rm in}$ と p 型半導体の真性フェルミ準位 $E_{\rm ip}$ を用いて，n 型半導体における静電ポテンシャル $\phi_{\rm n}$ と p 型半導体における静電ポテンシャル $\phi_{\rm p}$ を，それぞれ次のように定義する．

$$\phi_{\rm n} = \frac{E_{\rm F} - E_{\rm in}}{e} = \frac{k_{\rm B}T}{e} \ln \frac{N_{\rm d}}{n_{\rm i}} \tag{5.44}$$

$$\phi_{\rm p} = \frac{E_{\rm F} - E_{\rm ip}}{e} = -\frac{k_{\rm B}T}{e} \ln \frac{N_{\rm a}}{n_{\rm i}} \tag{5.45}$$

ここで，$E_{\rm F}$ はフェルミ準位，e は電気素量，$k_{\rm B}$ はボルツマン定数，T は絶対温度，$N_{\rm d}$ は n 型半導体におけるドナー濃度，$N_{\rm a}$ は p 型半導体におけるアクセプター濃度，$n_{\rm i}$ は真性キャリア濃度である．

なお，n型半導体にはドナーだけがドーピングされ，p型半導体にはアクセプターだけがドーピングされていると仮定した．そして，簡単のため，すべてのアクセプターとドナーがイオン化しているとした．n型半導体とp型半導体が同じ半導体材料の場合には，$E_{\mathrm{in}} = E_{\mathrm{ip}}$である．このとき，接合界面には，次のような電位差 ϕ_{D} が生じる．

$$\phi_{\mathrm{D}} = \phi_{\mathrm{n}} - \phi_{\mathrm{p}} = \frac{k_{\mathrm{B}}T}{e} \ln \frac{N_{\mathrm{a}}N_{\mathrm{d}}}{n_{\mathrm{i}}^2} \tag{5.46}$$

この電位差 ϕ_{D} を**拡散電位** (diffusion potential) あるいはビルトイン電位 (built-in-potential) という．

拡散電位 ϕ_{D} が存在するので，pn接合界面には内部電界が生じる．内部電界によってキャリアがドリフト運動するが，熱平衡状態ではドリフトと拡散がつりあっており，pn接合には正味の電流は流れない．

5.3.2 階段状pn接合

図5.9のように，接合界面で不純物濃度 $(N_{\mathrm{a}} - N_{\mathrm{d}})$ の空間分布が階段状に変化しているpn接合を**階段状pn接合** (abrupt pn junction) という．図5.9では，接合界面を $x = 0$ とし，$x \leq 0$ にn型半導体（ドナー濃度 N_{d}）が存在し，$0 \leq x$ にp型半導体（アクセプター濃度 N_{a}）が存在する．ここで，n型半導体にはドナーだけがドーピングされ，p型半導体にはアクセプターだけがドーピングされていると仮定した．なお，図中に記述したnとpは，それぞれn型半導体の存在領域とp型半導体の存在領域を示している．

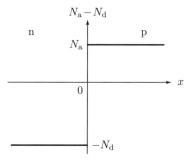

図**5.9** 階段状pn接合における不純物濃度

簡単のため，すべてのドナーとアクセプターがイオン化し，かつ接合界面近傍の $-l_n \leq x \leq l_p$ の領域が完全に空乏化していると仮定すると，キャリア濃度 n, p の空間分布は，図 5.10 のように表される．ただし，$-l_n$ と l_p は，それぞれ n 型半導体と p 型半導体における空乏層界面の x 座標である．このとき，pn 接合界面における電荷密度 ρ の空間分布は，図 5.11 のようになる．なお，$x \leq -l_n$ と $l_p \leq x$ の領域では，キャリアとイオン化した不純物とが同数存在し，電気的中性条件がみたされているとした．

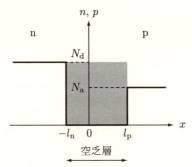

図 5.10　階段状 pn 接合におけるキャリア濃度

空乏層におけるポアソン方程式 (Poisson equation) は，図 5.11 から次のように表される．

$$\frac{d^2\phi}{dx^2} = \frac{d}{dx}\left(\frac{d\phi}{dx}\right) = -\frac{eN_d}{\varepsilon_0 \varepsilon_n} \quad (-l_n \leq x \leq 0) \tag{5.47}$$

$$\frac{d^2\phi}{dx^2} = \frac{d}{dx}\left(\frac{d\phi}{dx}\right) = \frac{eN_a}{\varepsilon_0 \varepsilon_p} \quad (0 \leq x \leq l_p) \tag{5.48}$$

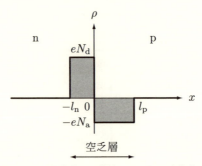

図 5.11　階段状 pn 接合における電荷密度

ここで，ϕ は電位，ε_0 は真空の誘電率，ε_n は n 型半導体の比誘電率，ε_p は p 型半導体の比誘電率である．

電気的中性領域 $x \leq -l_\mathrm{n}$ と $l_\mathrm{p} \leq x$ では，$E_x(x) = -\mathrm{d}\phi/\mathrm{d}x = 0$ である．すなわち，電界に対する境界条件として $E_x(-l_\mathrm{n}) = E_x(l_\mathrm{p}) = 0$ が成り立つ．

式 (5.47) と式 (5.48) を x について積分すると，次のようになる．

$$\frac{\mathrm{d}\phi}{\mathrm{d}x} = -\frac{eN_\mathrm{d}}{\varepsilon_0 \varepsilon_\mathrm{n}} x + C_\mathrm{n1} \quad (-l_\mathrm{n} \leq x \leq 0) \tag{5.49}$$

$$\frac{\mathrm{d}\phi}{\mathrm{d}x} = \frac{eN_\mathrm{a}}{\varepsilon_0 \varepsilon_\mathrm{p}} x + C_\mathrm{p1} \quad (0 \leq x \leq l_\mathrm{p}) \tag{5.50}$$

ここで，C_n1 と C_p1 は積分定数である．静電界の定義から $E_x(x) = -\mathrm{d}\phi/\mathrm{d}x$ であり，$E_x(x)$ は次のように表される．

$$E_x(x) = -\frac{\mathrm{d}\phi}{\mathrm{d}x} = \frac{eN_\mathrm{d}}{\varepsilon_0 \varepsilon_\mathrm{n}} x - C_\mathrm{n1} \quad (-l_\mathrm{n} \leq x \leq 0) \tag{5.51}$$

$$E_x(x) = -\frac{\mathrm{d}\phi}{\mathrm{d}x} = -\frac{eN_\mathrm{a}}{\varepsilon_0 \varepsilon_\mathrm{p}} x - C_\mathrm{p1} \quad (0 \leq x \leq l_\mathrm{p}) \tag{5.52}$$

ここで，境界条件 $E_x(-l_\mathrm{n}) = E_x(l_\mathrm{p}) = 0$ を用いると，次のようになる．

$$E_x(-l_\mathrm{n}) = -\frac{eN_\mathrm{d}}{\varepsilon_0 \varepsilon_\mathrm{n}} l_\mathrm{n} - C_\mathrm{n1} = 0 \quad \therefore \ C_\mathrm{n1} = -\frac{eN_\mathrm{d}}{\varepsilon_0 \varepsilon_\mathrm{n}} l_\mathrm{n} \tag{5.53}$$

$$E_x(l_\mathrm{p}) = -\frac{eN_\mathrm{a}}{\varepsilon_0 \varepsilon_\mathrm{p}} l_\mathrm{p} - C_\mathrm{p1} = 0 \quad \therefore \ C_\mathrm{p1} = -\frac{eN_\mathrm{a}}{\varepsilon_0 \varepsilon_\mathrm{p}} l_\mathrm{p} \tag{5.54}$$

したがって，静電界 $E_x(x)$ は次のように求められる．

$$E_x(x) = -\frac{\mathrm{d}\phi}{\mathrm{d}x} = \frac{eN_\mathrm{d}}{\varepsilon_0 \varepsilon_\mathrm{n}} x + \frac{eN_\mathrm{d}}{\varepsilon_0 \varepsilon_\mathrm{n}} l_\mathrm{n} \quad (-l_\mathrm{n} \leq x \leq 0) \tag{5.55}$$

$$E_x(x) = -\frac{\mathrm{d}\phi}{\mathrm{d}x} = -\frac{eN_\mathrm{a}}{\varepsilon_0 \varepsilon_\mathrm{p}} x + \frac{eN_\mathrm{a}}{\varepsilon_0 \varepsilon_\mathrm{p}} l_\mathrm{p} \quad (0 \leq x \leq l_\mathrm{p}) \tag{5.56}$$

式 (5.55), (5.56) の電界 $E_x = -\mathrm{d}\phi/\mathrm{d}x$ をグラフ化すると，図 5.12 のようになる．

接合界面 $x = 0$ において，電界 $E_x = -\mathrm{d}\phi/\mathrm{d}x$ の値は等しいはずだから，式 (5.55), (5.56) において $x = 0$ とすると，次式が成り立つ．

$$\frac{N_\mathrm{d} l_\mathrm{n}}{\varepsilon_\mathrm{n}} = \frac{N_\mathrm{a} l_\mathrm{p}}{\varepsilon_\mathrm{p}} \tag{5.57}$$

なお，$\varepsilon_\mathrm{n} = \varepsilon_\mathrm{p}$ の場合，$N_\mathrm{d} l_\mathrm{n} = N_\mathrm{a} l_\mathrm{p}$ だから，$N_\mathrm{d} > N_\mathrm{a}$ ならば，$l_\mathrm{n} < l_\mathrm{p}$ となる．つまり，空乏層は，低不純物濃度領域に広がる．

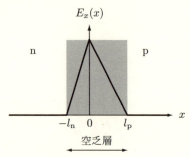

図 5.12　階段状 pn 接合における電界分布

さて，式 (5.55) と式 (5.56) を x について積分すると，次式が得られる．

$$\phi(x) = -\frac{eN_\mathrm{d}}{2\varepsilon_0\varepsilon_\mathrm{n}} x^2 - \frac{eN_\mathrm{d}l_\mathrm{n}}{\varepsilon_0\varepsilon_\mathrm{n}} x + C_\mathrm{n2} \quad (-l_\mathrm{n} \leq x \leq 0) \tag{5.58}$$

$$\phi(x) = \frac{eN_\mathrm{a}}{2\varepsilon_0\varepsilon_\mathrm{p}} x^2 - \frac{eN_\mathrm{a}l_\mathrm{p}}{\varepsilon_0\varepsilon_\mathrm{p}} x + C_\mathrm{p2} \quad (0 \leq x \leq l_\mathrm{p}) \tag{5.59}$$

ここで，C_n2 と C_p2 は積分定数である．境界条件として $\phi(0) = 0$ を仮定すると，次のようになる．

$$\phi(0) = C_\mathrm{n2} = 0 \quad (-l_\mathrm{n} \leq x \leq 0) \tag{5.60}$$

$$\phi(0) = C_\mathrm{p2} = 0 \quad (0 \leq x \leq l_\mathrm{p}) \tag{5.61}$$

式 (5.58), (5.59) に式 (5.60), (5.61) をそれぞれ代入すると，次式が導かれる．

$$\phi(x) = -\frac{eN_\mathrm{d}}{2\varepsilon_0\varepsilon_\mathrm{n}} x^2 - \frac{eN_\mathrm{d}l_\mathrm{n}}{\varepsilon_0\varepsilon_\mathrm{n}} x \quad (-l_\mathrm{n} \leq x \leq 0) \tag{5.62}$$

$$\phi(x) = \frac{eN_\mathrm{a}}{2\varepsilon_0\varepsilon_\mathrm{p}} x^2 - \frac{eN_\mathrm{a}l_\mathrm{p}}{\varepsilon_0\varepsilon_\mathrm{p}} x \quad (0 \leq x \leq l_\mathrm{p}) \tag{5.63}$$

式 (5.62), (5.63) をグラフ化すると，図 5.13 のようになる．図 5.13 において，$\phi_\mathrm{D} = \phi_\mathrm{n} - \phi_\mathrm{p}$ は拡散電位である．ここで，$\phi_\mathrm{n} = \phi(-l_\mathrm{n})$, $\phi_\mathrm{p} = \phi(l_\mathrm{n})$ とおいた．

電子のエネルギーは，電気素量を e として $-e\phi$ で与えられる．したがって，図 5.13 に示した電位分布を反映して，図 5.14 のように伝導帯と価電子帯が接合界面付近で折れ曲がる．

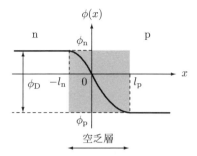

図 5.13 階段状 pn 接合における電位分布

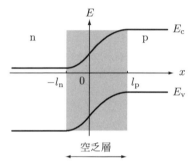

図 5.14 階段状 pn 接合におけるエネルギー分布

n 型半導体の比誘電率と p 型半導体の比誘電率の差が小さく，$\varepsilon_n = \varepsilon_p = \varepsilon_s$ とみなしてよい場合，$x = 0$ における電界 $E_x(0)$ を E_m と表すと，式 (5.55)，(5.56) から次のようになる．

$$E_x(0) = E_m = \frac{eN_d l_n}{\varepsilon_0 \varepsilon_s} = \frac{eN_a l_p}{\varepsilon_0 \varepsilon_s} = \frac{\sigma}{\varepsilon_0 \varepsilon_s} \tag{5.64}$$

ここで定義した σ は，空乏層に蓄えられる単位面積あたりの電荷であり，次式によって与えられる．

$$\sigma = eN_d l_n = eN_a l_p \tag{5.65}$$

pn 接合に電圧 V（順バイアスのとき $V > 0$，逆バイアスのとき $V < 0$）を印加すると，拡散電位 ϕ_D，印加電圧 V，pn 接合内の電位 $\phi(-l_n) = \phi_n$，$\phi(l_p) = \phi_p$ との間には，次の関係が成り立つ．

$$\begin{aligned}\phi_D - V &= \phi(-l_n) - \phi(l_p) = \phi_n - \phi_p \\ &= \frac{e}{2\varepsilon_0 \varepsilon_s}\left(N_d l_n^{\,2} + N_a l_p^{\,2}\right) = \frac{\sigma^2}{2e\varepsilon_0 \varepsilon_s}\left(\frac{1}{N_d} + \frac{1}{N_a}\right)\end{aligned} \tag{5.66}$$

そして，l_n と l_p は，次のように表される．

$$l_n = \frac{\sigma}{eN_d} = \sqrt{\frac{2\varepsilon_0\varepsilon_s}{eN_d}(\phi_D - V)\frac{N_a}{N_a + N_d}} \tag{5.67}$$

$$l_p = \frac{\sigma}{eN_a} = \sqrt{\frac{2\varepsilon_0\varepsilon_s}{eN_a}(\phi_D - V)\frac{N_d}{N_a + N_d}} \tag{5.68}$$

$$l_D = l_n + l_p \tag{5.69}$$

ここで，l_D は空乏層の厚さである．式 (5.67)–(5.69) から，$(\phi_D - V) > 0$ の範囲において，順バイアス $(V > 0)$ を印加すると $(\phi_D - V)$ が小さくなるので空乏層が薄くなり，逆バイアス $(V < 0)$ を印加すると $(\phi_D - V)$ が大きくなるので空乏層が厚くなることがわかる．

さて，階段状 pn 接合では，図 5.11 のように，正の電荷と負の電荷が局在しているため，キャパシタが形成されているとみなすことができる．このキャパシタの単位面積あたりの静電容量を**接合容量** (junction capacitance) または**空乏層容量** (depletion layer capacitance) といい，その値 C_J は次式で与えられる．

$$C_J = \left|\frac{d\sigma}{dV}\right| = \sqrt{\frac{e\varepsilon_0\varepsilon_s}{2(\phi_D - V)} \cdot \frac{N_a N_d}{N_a + N_d}} = \frac{\varepsilon_0\varepsilon_s}{l_D} \tag{5.70}$$

この結果から，$(\phi_D - V) > 0$ の範囲において，順バイアス $(V > 0)$ を印加すると $(\phi_D - V)$ が小さくなるので接合容量 C_J が大きくなり，逆バイアス $(V < 0)$ を印加すると $(\phi_D - V)$ が大きくなるので接合容量 C_J が小さくなることがわかる．

式 (5.70) から，次の結果が得られる．

$$C_J^{-2} = \frac{2(\phi_D - V)}{e\varepsilon_0\varepsilon_s} \cdot \frac{N_a + N_d}{N_a N_d} \tag{5.71}$$

式 (5.71) の C_J^{-2} をバイアス電圧 V に対してプロットすると，図 5.15 のようになる．式 (5.71) と図 5.15 からわかるように，$V = \phi_D$ において，$C_J^{-2} = 0$ となる．この関係を利用して，実験的に拡散電位 ϕ_D を求めることができる．

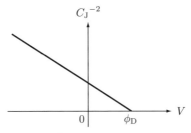

図 5.15　C_J^{-2} とバイアス電圧 V との関係

【例題 5.7】

ヒ化ガリウム (GaAs)p^+nn^+ 接合において，静電容量 C_J' の最小値が $1.2\,\mathrm{pF}$ の場合，n 層の厚さ W_n を求めよ．ただし，接合面積 S を $2 \times 10^{-4}\,\mathrm{cm}^2$ とする．また，ヒ化ガリウム (GaAs) の比誘電率は $\varepsilon_s = 13.1$ である．ここで，p^+ や n^+ の $^+$ は，p^+ 層や n^+ 層の不純物濃度が，p 層や n 層の不純物濃度よりもきわめて高いことを示している．

解

p^+n 接合界面付近に空乏層が形成されるが，p^+ 層の不純物濃度が n 層の不純物濃度に比べて十分高ければ，空乏層は p^+ 層にはほとんど広がらず，空乏層の大部分は n 層に形成される．また，n^+ 層にも空乏層はほとんど広がらない．この結果，静電容量 C_J' が最小となるのは，空乏層の厚さが最大になったとき，すなわち空乏層が n 層全体に広がったときとなる．したがって，次の関係が成り立つ．

$$C_J' = \frac{\varepsilon_0 \varepsilon_s S}{W_n} \tag{5.72}$$

これから，n 層の厚さ W_n は，次のようになる．

$$W_n = \frac{\varepsilon_0 \varepsilon_s S}{C_J'} = 1.93\,\mu\mathrm{m} \tag{5.73}$$

5.3.3 傾斜状 pn 接合

図 5.16 のように，接合界面で不純物濃度 $(N_\mathrm{a} - N_\mathrm{d})$ の空間分布が徐々に変化している pn 接合を**傾斜状 pn 接合** (graded pn junction) という．図 5.16 では，接合界面を $x = 0$ とし，不純物濃度 $(N_\mathrm{a} - N_\mathrm{d})$ の空間分布を次のように仮定している．

$$N_\mathrm{a} - N_\mathrm{d} = ax \quad (a > 0) \tag{5.74}$$

式 (5.74) のような不純物濃度 $(N_\mathrm{a} - N_\mathrm{d})$ の空間分布をもつ傾斜状 pn 接合を線形傾斜状 pn 接合 (linearly graded pn junction) という．また，$x \leq 0$ に n 型半導体（ドナー濃度 N_d）が存在し，$0 \leq x$ に p 型半導体（アクセプター濃度 N_a）が存在する．ここで，n 型半導体にはドナーだけがドーピングされ，p 型半導体にはアクセプターだけがドーピングされていると仮定した．図中に記述した n と p は，それぞれ n 型半導体の存在領域と p 型半導体の存在領域を示している．

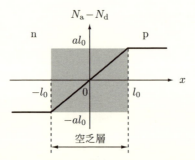

図 5.16 傾斜状 pn 接合における不純物濃度

簡単のため，すべてのドナーとアクセプターがイオン化し，かつ接合界面（$-l_0 \leq x \leq l_0$ の領域）が完全に空乏化していると仮定すると，キャリア濃度 n, p の空間分布は，図 5.17 のように表される．ただし，$-l_0$ と l_0 は，それぞれ n 型半導体と p 型半導体における空乏層界面の x 座標である．このとき，pn 接合界面における電荷密度 ρ の空間分布は，図 5.18 のようになる．なお，$x \leq -l_0$ と $l_0 \leq x$ の領域では，キャリアとイオン化した不純物とが同数存在し，電気的中性条件がみたされているとした．

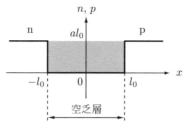

図 5.17 傾斜状 pn 接合におけるキャリア濃度

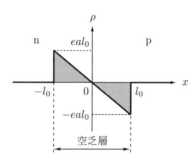

図 5.18 傾斜状 pn 接合における電荷密度

空乏層におけるポアソン方程式は，図 5.18 から次のように表される．

$$\frac{d^2\phi}{dx^2} = \frac{d}{dx}\left(\frac{d\phi}{dx}\right) = \frac{eax}{\varepsilon_0 \varepsilon_s} \quad (-l_0 \leq x \leq l_0) \tag{5.75}$$

ここで，ϕ は電位，ε_0 は真空の誘電率，ε_s は半導体の比誘電率である．簡単のため，n 型半導体と p 型半導体の比誘電率は等しいとした．

電気的中性領域 $x \leq -l_0$ と $l_0 \leq x$ では，電界 $E_x(x) = -d\phi/dx = 0$ である．すなわち，電界に対する境界条件として $E_x(-l_0) = E_x(l_0) = 0$ が成り立つ．

式 (5.75) を x について積分すると，次のようになる．

$$\frac{d\phi}{dx} = \frac{eax^2}{2\varepsilon_0 \varepsilon_s} + C_1 \quad (-l_0 \leq x \leq l_0) \tag{5.76}$$

ここで，C_1 は積分定数である．

静電界の定義から $E_x(x) = -\mathrm{d}\phi/\mathrm{d}x$ であり，$E_x(x)$ は次のように表される．

$$E_x(x) = -\frac{\mathrm{d}\phi}{\mathrm{d}x} = -\frac{eax^2}{2\varepsilon_0\varepsilon_\mathrm{s}} - C_1 \quad (-l_0 \le x \le l_0) \tag{5.77}$$

ここで，境界条件 $E_x(-l_0) = E_x(l_0) = 0$ を用いると，次のようになる．

$$E_x(-l_0) = E_x(l_0) = -\frac{eal_0{}^2}{2\varepsilon_0\varepsilon_\mathrm{s}} - C_1 = 0 \ \therefore \ C_1 = -\frac{eal_0{}^2}{2\varepsilon_0\varepsilon_\mathrm{s}} \tag{5.78}$$

したがって，静電界 $E_x(x)$ は次のように求められる．

$$E_x(x) = -\frac{\mathrm{d}\phi}{\mathrm{d}x} = -\frac{eax^2}{2\varepsilon_0\varepsilon_\mathrm{s}} + \frac{eal_0{}^2}{2\varepsilon_0\varepsilon_\mathrm{s}} \quad (-l_0 \le x \le l_0) \tag{5.79}$$

式 (5.79) の静電界 $E_x(x)$ をグラフ化すると，図 5.19 のようになる．ここで，接合界面 $x = 0$ における電界 $E_x(0)$ を E_m とすると，次のようになる．

$$E_\mathrm{m} = E_x(0) = \frac{eal_0{}^2}{2\varepsilon_0\varepsilon_\mathrm{s}} \tag{5.80}$$

式 (5.79) を x について積分すると，次式が得られる．

$$\phi(x) = \frac{eax^3}{6\varepsilon_0\varepsilon_\mathrm{s}} - \frac{eal_0{}^2}{2\varepsilon_0\varepsilon_\mathrm{s}}x + C_2 \tag{5.81}$$

ここで，C_2 は積分定数である．境界条件として $\phi(0) = 0$ を仮定すると，次のようになる．

$$\phi(0) = C_2 = 0 \tag{5.82}$$

式 (5.81) に式 (5.82) を代入すると，次式が導かれる．

$$\phi(x) = \frac{eax^3}{6\varepsilon_0\varepsilon_\mathrm{s}} - \frac{eal_0{}^2}{2\varepsilon_0\varepsilon_\mathrm{s}}x \quad (-l_0 \le x \le l_0) \tag{5.83}$$

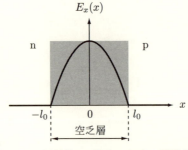

図 5.19 傾斜状 pn 接合における電界分布

式 (5.83) をグラフ化すると，図 5.20 のようになる．図 5.20 において，$\phi_\mathrm{D} = \phi_\mathrm{n} - \phi_\mathrm{p}$ は拡散電位である．ここで，$\phi_\mathrm{n} = \phi(-l_0)$, $\phi_\mathrm{p} = \phi(l_0)$ とおいた．

電子のエネルギーは，電気素量を e として $-e\phi$ で与えられるので，図 5.20 に示した電位分布を反映して，伝導帯と価電子帯は，図 5.21 のように接合界面付近で折れ曲がる．

さて，空乏層に蓄えられる単位面積あたりの電荷 σ は，次のようになる．

$$\sigma = \left|\int_{-l_0}^{0} -eax\,\mathrm{d}x\right| = \left|\int_{0}^{l_0} -eax\,\mathrm{d}x\right| = \frac{1}{2}eal_0^2 \tag{5.84}$$

pn 接合に電圧 V（順バイアスのとき $V > 0$, 逆バイアスのとき $V < 0$）を印加すると，拡散電位 ϕ_D, 印加電圧 V, pn 接合内の電位 $\phi(-l_0) = \phi_\mathrm{n}$, $\phi(l_0) = \phi_\mathrm{p}$ との間に次の関係が成り立つ．

$$\phi_\mathrm{D} - V = \phi(-l_0) - \phi(l_0) = \phi_\mathrm{n} - \phi_\mathrm{p} = \frac{2eal_0^3}{3\varepsilon_0\varepsilon_\mathrm{s}} = \frac{4\sqrt{2}}{3\varepsilon_0\varepsilon_\mathrm{s}}\sqrt{\frac{\sigma^3}{ea}} \tag{5.85}$$

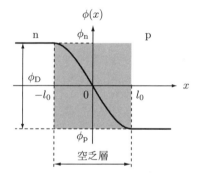

図 5.20 傾斜状 pn 接合における電位分布

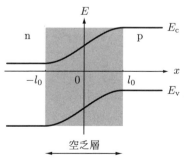

図 5.21 傾斜状 pn 接合におけるエネルギー分布

式 (5.85) から，l_0 と空乏層の厚さ l_D は，それぞれ次のように表される．

$$l_0 = \left[\frac{3\varepsilon_0\varepsilon_s}{2ea}(\phi_D - V)\right]^{1/3}, \quad l_D = 2l_0 \tag{5.86}$$

式 (5.86) から，$(\phi_D - V) > 0$ の範囲において，順バイアス $(V > 0)$ を印加すると $(\phi_D - V)$ が小さくなるので空乏層が薄くなり，逆バイアス $(V < 0)$ を印加すると $(\phi_D - V)$ が大きくなるので空乏層が厚くなることがわかる．

【例題 5.8】

シリコン (Si) の傾斜状 pn 接合を考える．勾配係数を $a = 10^{20}\,\mathrm{cm}^{-4}$ とし，逆バイアスとして $V = -5\,\mathrm{V}$ が印加されているとする．このとき，(a) 空乏層の厚さ l_D と (b) 空乏層内の最大電界 E_m を求めよ．なお，シリコン (Si) の比誘電率 ε_s を 11.8，この接合の拡散電位 ϕ_D を 0.59 V とする．

解

(a) 式 (5.86) から，傾斜状 pn 接合における空乏層の厚さ l_D は，次のようになる．

$$l_D = 2l_0 = 2\left[\frac{3\varepsilon_0\varepsilon_s}{2ea}(\phi_D - V)\right]^{1/3} = 1.64\,\mu\mathrm{m} \tag{5.87}$$

(b) 空乏層内の電界は，図 5.19 に示したように接合界面 $x = 0$ において最大となる．したがって，空乏層内の最大電界 E_m は，式 (5.80), (5.86) から次のようになる．

$$E_m = \frac{eal_0^2}{2\varepsilon_0\varepsilon_s} = \frac{ea}{2\varepsilon_0\varepsilon_s}\left[\frac{3\varepsilon_0\varepsilon_s}{2ea}(\phi_D - V)\right]^{2/3} = 5.13 \times 10^4\,\mathrm{V\,cm^{-1}} \tag{5.88}$$

傾斜状 pn 接合でも，図 5.18 のように，正の電荷と負の電荷が局在しているため，キャパシタが形成される．このキャパシタの単位面積あたりの静電容量の値，すなわち接合容量の値 C_J は，次式によって与えられる．

$$C_J = \left|\frac{d\sigma}{dV}\right| = \left[\frac{ea(\varepsilon_0\varepsilon_s)^2}{12(\phi_D - V)}\right]^{1/3} = \frac{\varepsilon_0\varepsilon_s}{2l_0} = \frac{\varepsilon_0\varepsilon_s}{l_D} \tag{5.89}$$

式 (5.89) から，線形傾斜状 pn 接合でも，$(\phi_D - V) > 0$ の範囲において，順バイアス $(V > 0)$ を印加すると $(\phi_D - V)$ が小さくなるので接合容量 C_J が大きくなり，逆バイアス $(V < 0)$ を印加すると $(\phi_D - V)$ が大きくなるので接合容量 C_J が小さくなることがわかる．

5.3.4 拡散電流

　熱平衡状態における pn 接合は，電気的に中性な p 領域と電気的に中性な n 領域とで，空間電荷層をはさんだ構成になっている．電気的に中性な n 領域，空間電荷層，電気的に中性な p 領域が，図 5.10 のように x 軸に沿って並んでいるとする．このとき，電気的に中性な n 領域と電気的に中性な p 領域において，キャリアの拡散方程式は，それぞれ次のように表される．

$$\frac{\partial p_{\mathrm{n}}}{\partial t} = -\frac{p_{\mathrm{n}} - p_{\mathrm{n}0}}{\tau_{p_{\mathrm{n}}}} + D_{p_{\mathrm{n}}} \frac{\partial^2 p_{\mathrm{n}}}{\partial x^2} \quad \text{(電気的に中性な n 領域)} \tag{5.90}$$

$$\frac{\partial n_{\mathrm{p}}}{\partial t} = -\frac{n_{\mathrm{p}} - n_{\mathrm{p}0}}{\tau_{n_{\mathrm{p}}}} + D_{n_{\mathrm{p}}} \frac{\partial^2 n_{\mathrm{p}}}{\partial x^2} \quad \text{(電気的に中性な p 領域)} \tag{5.91}$$

ここで，t は時間，p_{n} は n 領域における正孔濃度，$p_{\mathrm{n}0}$ は n 領域における正孔濃度の定常値，$\tau_{p_{\mathrm{n}}}$ は n 領域における正孔の寿命，$D_{p_{\mathrm{n}}}$ は n 領域における正孔の拡散係数である．また，n_{p} は p 領域における伝導電子濃度，$n_{\mathrm{p}0}$ は p 領域における伝導電子濃度の定常値，$\tau_{n_{\mathrm{p}}}$ は p 領域における伝導電子の寿命，$D_{n_{\mathrm{p}}}$ は p 領域における伝導電子の拡散係数である．電気的中性領域では電界が存在しないことに注意しよう．

　定常状態 $(\partial/\partial t = 0)$ では，過剰キャリア濃度 $p_{\mathrm{n}}{}' = p_{\mathrm{n}} - p_{\mathrm{n}0}$, $n_{\mathrm{p}}{}' = n_{\mathrm{p}} - n_{\mathrm{p}0}$ に対する拡散方程式は，次のように書き換えられる．

$$\frac{\partial^2 p_{\mathrm{n}}{}'}{\partial x^2} = \frac{p_{\mathrm{n}}{}'}{D_{p_{\mathrm{n}}} \tau_{p_{\mathrm{n}}}} = \frac{p_{\mathrm{n}}{}'}{L_{p_{\mathrm{n}}}{}^2} \quad \text{(電気的に中性な n 領域)} \tag{5.92}$$

$$\frac{\partial^2 n_{\mathrm{p}}{}'}{\partial x^2} = \frac{n_{\mathrm{p}}{}'}{D_{n_{\mathrm{p}}} \tau_{n_{\mathrm{p}}}} = \frac{n_{\mathrm{p}}{}'}{L_{n_{\mathrm{p}}}{}^2} \quad \text{(電気的に中性な p 領域)} \tag{5.93}$$

ここで，$L_{p_{\mathrm{n}}}$ は n 領域における正孔の**拡散長** (diffusion length), $L_{n_{\mathrm{p}}}$ は p 領域における伝導電子の拡散長であり，それぞれ次式によって定義される．

$$L_{p_{\mathrm{n}}} = \sqrt{D_{p_{\mathrm{n}}} \tau_{p_{\mathrm{n}}}} \tag{5.94}$$

$$L_{n_{\mathrm{p}}} = \sqrt{D_{n_{\mathrm{p}}} \tau_{n_{\mathrm{p}}}} \tag{5.95}$$

式 (5.92), (5.93) から，電気的に中性な p 領域における過剰電子濃度 $n_{\rm p}'$ と電気的に中性な n 領域における過剰正孔濃度 $p_{\rm n}'$ は，それぞれ次のように求められる．

$$n_{\rm p}'(x) = n_{\rm p0}\left[\exp\left(\frac{eV}{k_{\rm B}T}\right) - 1\right]\exp\left(-\frac{x - l_{\rm p}}{L_{n_{\rm p}}}\right) \tag{5.96}$$

$$p_{\rm n}'(x) = p_{\rm n0}\left[\exp\left(\frac{eV}{k_{\rm B}T}\right) - 1\right]\exp\left(\frac{x + l_{\rm n}}{L_{p_{\rm n}}}\right) \tag{5.97}$$

ここで，$-l_{\rm n}$ と $l_{\rm p}$ は，それぞれ n 型半導体と p 型半導体における空乏層界面の x 座標である．式 (5.96), (5.97) から，拡散によって電気的に中性な p 領域を流れる伝導電子電流密度 $i_{n_{\rm p}}(x)$ と電気的に中性な n 領域を流れる正孔電流密度 $i_{p_{\rm n}}(x)$ は，次式で与えられる．

$$\begin{aligned}i_{n_{\rm p}}(x) &= -eD_{n_{\rm p}}\frac{{\rm d}n_{\rm p}'}{{\rm d}x}\\ &= e\frac{D_{n_{\rm p}}}{L_{n_{\rm p}}}n_{\rm p0}\left[\exp\left(\frac{eV}{k_{\rm B}T}\right) - 1\right]\exp\left(-\frac{x - l_{\rm p}}{L_{n_{\rm p}}}\right)\end{aligned} \tag{5.98}$$

$$\begin{aligned}i_{p_{\rm n}}(x) &= eD_{p_{\rm n}}\frac{{\rm d}p_{\rm n}'}{{\rm d}x}\\ &= e\frac{D_{p_{\rm n}}}{L_{p_{\rm n}}}p_{\rm n0}\left[\exp\left(\frac{eV}{k_{\rm B}T}\right) - 1\right]\exp\left(\frac{x + l_{\rm n}}{L_{p_{\rm n}}}\right)\end{aligned} \tag{5.99}$$

総電流密度 i は $i_{n_{\rm p}}(l_{\rm p})$ と $i_{p_{\rm n}}(-l_{\rm n})$ との和で与えられ，次のように表される．

$$i = i_{n_{\rm p}}(l_{\rm p}) + i_{p_{\rm n}}(-l_{\rm n}) = i_{\rm s}\left[\exp\left(\frac{eV}{k_{\rm B}T}\right) - 1\right] \tag{5.100}$$

ここで，次式によって**飽和電流密度** (saturation current density) $i_{\rm s}$ を定義した．

$$i_{\rm s} = e\left(\frac{D_{n_{\rm p}}}{L_{n_{\rm p}}}n_{\rm p0} + \frac{D_{p_{\rm n}}}{L_{p_{\rm n}}}p_{\rm n0}\right) \tag{5.101}$$

5.3.5 拡散容量

　順バイアス電圧，すなわち pn 接合界面におけるエネルギー障壁を低くするようなバイアス電圧をかけると，伝導電子が n 領域から p 領域に注入され，正孔が p 領域から n 領域に注入される．p 領域に注入された伝導電子と，n 領域に注入された正孔は，少数キャリアである．このような少数キャリアの空間的な分布により，順方向電流が流れるとともに，pn 接合界面付近にキャリアが蓄積される．たとえば，n 領域における過剰正孔濃度 p_n' による単位面積あたりの電荷 σ_dp は，式 (5.97) から次のようになる．

$$\sigma_\mathrm{dp} = e\int_{-\infty}^{-l_\mathrm{n}} p_\mathrm{n}'(x)\,\mathrm{d}x = eL_{p_\mathrm{n}}p_\mathrm{n0}\left[\exp\left(\frac{eV}{k_\mathrm{B}T}\right) - 1\right] \tag{5.102}$$

順バイアス時に電気的に中性な n 領域に蓄積される正孔による単位面積あたりの拡散容量 C_dp は，式 (5.102) を V について微分してから絶対値をとることによって，次のように定義される．

$$C_\mathrm{dp} = \left|\frac{\mathrm{d}\sigma_\mathrm{dp}}{\mathrm{d}V}\right| = \frac{e^2 L_{p_\mathrm{n}}p_\mathrm{n0}}{k_\mathrm{B}T}\left[\exp\left(\frac{eV}{k_\mathrm{B}T}\right) - 1\right] \tag{5.103}$$

同様にして，順バイアス時に電気的に中性な p 領域に蓄積される伝導電子による単位面積あたりの拡散容量 C_dn は，次式によって定義される．

$$C_\mathrm{dn} = \frac{e^2 L_{n_\mathrm{p}}n_\mathrm{p0}}{k_\mathrm{B}T}\left[\exp\left(\frac{eV}{k_\mathrm{B}T}\right) - 1\right] \tag{5.104}$$

5.3.6 逆バイアス

　pn 接合に逆バイアス電圧，すなわち pn 接合界面におけるエネルギー障壁を高くするようなバイアス電圧をかけると，空乏層に大きな電界がかかる．このため，空乏層内で発生したキャリアは，ドリフト運動によって次々と移動し，熱平衡には達しない．シリコン (Si) のような間接遷移型半導体の場合は，再結合中心が介在して，空乏層内で伝導電子と正孔が再結合してキャリアが消失する．このようなキャリアの消失を補うように，n 層から空乏層に伝導電子が流入し，p 層から空乏層に正孔が流入する．この結果，電流が発生する．

空乏層における伝導電子と正孔の再結合レート（再結合による単位時間あたりの濃度変化），すなわちキャリアの再結合レートを $-U$ とすると，式 (4.149) で示したように U は次式によって与えられる．

$$U = \frac{np - n_0 p_0}{n + p + 2n_\mathrm{i} \cosh\left[(E_\mathrm{t} - E_\mathrm{i})/k_\mathrm{B}T\right]} \sigma v_\mathrm{th} N_\mathrm{t} \tag{5.105}$$

ここで，n は伝導電子濃度，p は正孔濃度，n_0 は熱平衡状態における伝導電子濃度，p_0 は熱平衡状態における正孔濃度，E_t は再結合中心のエネルギー，E_i は真性フェルミ準位，k_B はボルツマン定数，T は絶対温度である．また，σ はキャリアと再結合中心との間の衝突断面積，v_th はキャリアの熱速度，N_t は再結合中心の濃度である．ここでは，簡単のため，伝導電子と再結合中心との間の衝突断面積と，正孔と再結合中心との間の衝突断面積は等しいとした．また，伝導電子の熱速度と，正孔の熱速度も等しいとした．

空乏層においてキャリアの発生が無視できるときは，$n = p = 0$ とおく．さらに，$E_\mathrm{t} = E_\mathrm{i}$ であると仮定し，$n_0 p_0 = n_\mathrm{i}^2$ を用いると，キャリア濃度の変動レート $dn/dt = dp/dt = -U$ として，次式が得られる．

$$\frac{dn}{dt} = \frac{dp}{dt} = -U = \frac{n_\mathrm{i}}{2\tau_\mathrm{eff}} \tag{5.106}$$

$$\tau_\mathrm{eff} = \sigma v_\mathrm{th} N_\mathrm{t} \tag{5.107}$$

ここで定義した τ_eff をキャリアの**有効寿命** (effective lifetime) という．

以上から，空乏層が $-l_\mathrm{n} \leq x \leq l_\mathrm{p}$ に存在する場合，再結合中心が介在して生じる熱発生電流密度 i_gen は，次のように表される．

$$i_\mathrm{gen} = \int_{-l_\mathrm{n}}^{l_\mathrm{p}} e(-U)\,dx = -eUl_\mathrm{D} = \frac{en_\mathrm{i}}{2\tau_\mathrm{eff}} l_\mathrm{D}, \quad l_\mathrm{D} = l_\mathrm{n} + l_\mathrm{p} \tag{5.108}$$

この結果，逆方向電流密度 i_R は，式 (5.101) で与えられる飽和電流密度 i_s と再結合中心が介在して生じる熱発生電流密度 i_gen との和として，次式によって与えられる．

$$i_\mathrm{R} = i_\mathrm{s} + i_\mathrm{gen} = e\left(\frac{D_{n_\mathrm{p}}}{L_{n_\mathrm{p}}} n_\mathrm{p0} + \frac{D_{p_\mathrm{n}}}{L_{p_\mathrm{n}}} p_\mathrm{n0}\right) + \frac{en_\mathrm{i}}{2\tau_\mathrm{eff}} l_\mathrm{D} \tag{5.109}$$

【例題 5.9】

シリコン (Si) 階段状 pn 接合ダイオードを考える．絶対温度 $T = 300\,\mathrm{K}$ において，この pn 接合ダイオードに逆バイアス電圧として $V = -5.00\,\mathrm{V}$ を印加したとき，逆方向電流が $6.40 \times 10^{-12}\,\mathrm{A}$ 流れたとする．式 (5.109) が成り立つと仮定し，少数キャリアの有効寿命 τ_eff を求めよ．ただし，シリコン (Si) に対して，比誘電率 $\varepsilon_\mathrm{s} = 11.8$，p 層のアクセプター濃度 $N_\mathrm{a} = 1.00 \times 10^{17}\,\mathrm{cm}^{-3}$，n 層のドナー濃度 $N_\mathrm{d} = 1.00 \times 10^{19}\,\mathrm{cm}^{-3}$，接合断面積 $S = 1.00 \times 10^{-3}\,\mathrm{cm}^2$，逆方向飽和電流 $I_\mathrm{s} = 5.61 \times 10^{-14}\,\mathrm{A}$ とする．

【解】

拡散電位 ϕ_D は，式 (5.46) から次のようになる．

$$\phi_\mathrm{D} = \frac{k_\mathrm{B} T}{e} \ln \frac{N_\mathrm{a} N_\mathrm{d}}{n_\mathrm{i}^2} = 0.980\,\mathrm{V} \tag{5.110}$$

空乏層の厚さ l_D は，式 (5.110)，(5.67)–(5.69) から次のように求められる．

$$l_\mathrm{D} = \sqrt{\frac{2\varepsilon_0 \varepsilon_\mathrm{s}}{e N_\mathrm{d}} (\phi_\mathrm{D} - V) \frac{N_\mathrm{a}}{N_\mathrm{a} + N_\mathrm{d}}} \left(1 + \frac{N_\mathrm{d}}{N_\mathrm{a}}\right) = 0.281\,\mu\mathrm{m} \tag{5.111}$$

また，逆方向電流 I_R は，式 (5.109) から次のように表される．

$$I_\mathrm{R} = i_\mathrm{R} S = i_\mathrm{s} S + \frac{e n_\mathrm{i}}{2 \tau_\mathrm{eff}} l_\mathrm{D} S = I_\mathrm{s} + \frac{e n_\mathrm{i}}{2 \tau_\mathrm{eff}} l_\mathrm{D} S \tag{5.112}$$

ここで，$I_\mathrm{s} = i_\mathrm{s} S$ は，逆方向飽和電流である．少数キャリアの有効寿命 τ_eff は，式 (5.111)，(5.112) から次のようになる．

$$\tau_\mathrm{eff} = \frac{e n_\mathrm{i} l_\mathrm{D}}{2 (I_\mathrm{R} - I_\mathrm{s})} S = 2.16\,\mu\mathrm{s} \tag{5.113}$$

【例題 5.10】

シリコン (Si) 階段状 pn 接合において，p 層のアクセプター濃度を $N_\mathrm{a} = 10^{17}\,\mathrm{cm}^{-3}$，n 層のドナー濃度を $N_\mathrm{d} = 10^{15}\,\mathrm{cm}^{-3}$ とする．この pn 接合は，真性フェルミ準位 E_i よりも $0.02\,\mathrm{eV}$ エネルギーの高い再結合中心をもつとする．再結合中心の濃度 $N_\mathrm{t} = 10^{15}\,\mathrm{cm}^{-3}$ のとき，絶対温度 $T = 300\,\mathrm{K}$，逆バイアス電圧 $V = -0.5\,\mathrm{V}$ における熱発生電流密度を求めよ．ただし，キャリアの捕獲断面積 $\sigma = 10^{-15}\,\mathrm{cm}^2$，キャリアの熱速度 $v_\mathrm{th} = 10^7\,\mathrm{cm\,s}^{-1}$，シリコン (Si) の比誘電率 $\varepsilon_\mathrm{s} = 11.8$ とする．

190　第5章　半導体電子デバイス

【解】

式 (5.105) において，$n = p = 0$ とおき，$n_0 p_0 = n_\mathrm{i}^2$ を用いると，定常状態におけるキャリアの再結合レート $-U$ は，次のようになる．

$$-U = \frac{n_\mathrm{i}}{2\cosh\left[(E_\mathrm{t} - E_\mathrm{i})/k_\mathrm{B}T\right]} \sigma v_\mathrm{th} N_\mathrm{t} = 2.32 \times 10^{16}\,\mathrm{cm^{-3}\,s^{-1}} \tag{5.114}$$

また，拡散電位 ϕ_D は，式 (5.46) から次のようになる．

$$\phi_\mathrm{D} = \frac{k_\mathrm{B}T}{e}\ln\frac{N_\mathrm{a}N_\mathrm{d}}{n_\mathrm{i}^2} = 0.741\,\mathrm{V} \tag{5.115}$$

空乏層の厚さ l_D は，式 (5.67)–(5.69), (5.115) から次のように求められる．

$$l_\mathrm{D} = \sqrt{\frac{2\varepsilon_0 \varepsilon_\mathrm{s}}{eN_\mathrm{d}}(\phi_\mathrm{D} - V)\frac{N_\mathrm{a}}{N_\mathrm{a} + N_\mathrm{d}}\left(1 + \frac{N_\mathrm{d}}{N_\mathrm{a}}\right)} = 1.28\,\mu\mathrm{m} \tag{5.116}$$

式 (5.114), (5.116) を式 (5.108) に代入すると，再結合中心が介在して生じる熱発生電流密度 i_gen は，次のように求められる．

$$i_\mathrm{gen} = -eU l_\mathrm{D} = 4.76 \times 10^{-7}\,\mathrm{A\,cm^{-2}} \tag{5.117}$$

5.3.7　順バイアス

順バイアス時には，$np \gg n_0 p_0$ となり，再結合が活発となる．空乏層においても，もはや $n = p = 0$ ではなく，次式が成り立つ．

$$np = n_\mathrm{i}^2 \exp\left(\frac{eV}{k_\mathrm{B}T}\right) \tag{5.118}$$

ここで，V は印加電圧である．また，キャリアは熱平衡状態にあるのではなく，非平衡状態にあることに注意しよう．さらに，相加平均と相乗平均との関係から，次のようにおく．

$$\frac{n + p}{2} \simeq \sqrt{np} \tag{5.119}$$

このとき，再結合電流密度 i_rec は，次のように表される．

$$i_\mathrm{rec} = \int_{-l_\mathrm{n}}^{l_\mathrm{p}} -eU\,\mathrm{d}x \simeq \frac{e n_\mathrm{i} l_\mathrm{D}}{2\tau_\mathrm{eff}} \frac{\exp(eV/k_\mathrm{B}T) - 1}{\exp(eV/2k_\mathrm{B}T) + 1} \tag{5.120}$$

印加電圧 V が立上がり電圧程度（シリコン (Si) の場合，約 0.7 V）の大きさのときは，$\exp(eV/k_BT) \gg \exp(eV/2k_BT) \gg 1$ が成り立つから，再結合電流密度 $i_{\rm rec}$ は近似的に次のように表される．

$$i_{\rm rec} \simeq \frac{en_i l_D}{2\tau_{\rm eff}} \exp\left(\frac{eV}{2k_BT}\right) \tag{5.121}$$

したがって，順方向電流密度 i_F は，式 (5.101) で与えられる飽和電流密度 i_s と式 (5.121) の再結合電流密度 $i_{\rm rec}$ とを用いて，次のように表すことができる．

$$\begin{aligned} i_F &\simeq i_s \left[\exp\left(\frac{eV}{k_BT}\right) - 1\right] + \frac{en_i l_D}{2\tau_{\rm eff}} \exp\left(\frac{eV}{2k_BT}\right) \\ &\simeq i_0 \left[\exp\left(\frac{eV}{\eta k_BT}\right) - 1\right] \end{aligned} \tag{5.122}$$

ここで導入した η を**特性因子** (ideality factor) という．特性因子 η は，拡散電流が支配的なときは 1，再結合が支配的なときは 2 であり，1 から 2 の間の値をとる．シリコン (Si) の場合，$\eta \simeq 1.03$ である．

以上から，順方向電流 I_F は次のように表される．

$$I_F \simeq I_0 \left[\exp\left(\frac{eV}{\eta k_BT}\right) - 1\right] \tag{5.123}$$

いま，$I_F = I_{F0}$ となる電圧 V を立上がり電圧 V_0 と定義すると，次のようになる．

$$V_0 \simeq \frac{\eta k_BT}{e} \ln\left(\frac{I_{F0}}{I_0} + 1\right) \tag{5.124}$$

順方向電流 I_F とバイアス電圧 V との関係を図 5.22 に示す．

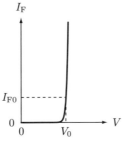

図 **5.22** 順方向電流 I_F とバイアス電圧 V との関係

【例題 5.11】

シリコン (Si) 階段状 pn 接合ダイオードを考える．絶対温度 $T = 300\,\text{K}$ のとき，式 (5.123) において $I_0 = 10^{-12}\,\text{A}$ とする．$I_{\text{F0}} = 10\,\text{mA}$ とするとき，立上がり電圧 V_0 を求めよ．

解

式 (5.124) において，$I_0 = 10^{-12}\,\text{A}$，順方向電流 $I_{\text{F0}} = 10\,\text{mA}$ だから，立上がり電圧 V_0 は次のようになる．

$$V_0 = \frac{\eta k_\text{B} T}{e} \ln\left(\frac{I_{\text{F0}}}{I_0} + 1\right) = 0.614\,\text{V} \tag{5.125}$$

【例題 5.12】

式 (5.124) から，pn 接合ダイオードの立上がり電圧 V_0 の温度係数 dV_0/dT が，バンドギャップエネルギー E_g を用いて，次式で表されることを示せ．

$$\frac{dV_0}{dT} \simeq \left(V_0 - \frac{\eta E_\text{g}}{e}\right)\frac{1}{T} \tag{5.126}$$

解

式 (5.124) を T について微分すると，次のようになる．

$$\begin{aligned}
\frac{dV_0}{dT} &= \frac{\eta k_\text{B}}{e} \ln\left(\frac{I_{\text{F0}}}{I_0} + 1\right) + \frac{\eta k_\text{B} T}{e}\frac{\partial}{\partial T}\ln\left(\frac{I_{\text{F0}} + I_0}{I_0}\right) \\
&= \frac{\eta k_\text{B}}{e} \ln\left(\frac{I_{\text{F0}}}{I_0} + 1\right) + \frac{\eta k_\text{B} T}{e}\frac{\partial I_0}{\partial T}\frac{\partial}{\partial I_0}\left[\ln\left(I_{\text{F0}} + I_0\right) - \ln I_0\right] \\
&= \frac{\eta k_\text{B}}{e} \ln\left(\frac{I_{\text{F0}}}{I_0} + 1\right) + \frac{\eta k_\text{B} T}{e}\left(\frac{1}{I_{\text{F0}} + I_0} - \frac{1}{I_0}\right)\frac{\partial I_0}{\partial T}
\end{aligned} \tag{5.127}$$

さて，式 (5.124) から次式が得られる．

$$\frac{I_{\text{F0}}}{I_0} + 1 \simeq \exp\left(\frac{eV_0}{\eta k_\text{B} T}\right) \tag{5.128}$$

また，$I_0 \propto i_\text{s}$ であることに着目し，i_s を表す式 (5.101) において $n_{\text{p0}}, p_{\text{n0}} \propto \exp(-E_\text{g}/2k_\text{B}T)$ を用いると，次のようになる．

$$\begin{aligned}
\frac{dV_0}{dT} &\simeq \frac{\eta k_\text{B}}{e}\left(\frac{eV_0}{\eta k_\text{B} T}\right) + \frac{\eta k_\text{B} T}{e}\left(\frac{1}{I_{\text{F0}} + I_0} - \frac{1}{I_0}\right)\frac{E_\text{g}}{k_\text{B} T^2} I_0 \\
&\simeq \left(V_0 - \frac{\eta E_\text{g}}{e}\right)\frac{1}{T}
\end{aligned} \tag{5.129}$$

ここで，$I_{\text{F0}} \gg I_0$ を用いた．

5.3.8 降伏現象

pn接合ダイオードに印加する逆バイアスの絶対値がある値以上に大きくなると，図5.23のようにpn接合ダイオードに急激に逆方向電流が流れる．この現象を**降伏** (breakdown) という．降伏現象には，キャリアと原子との衝突が次から次へと生じる**電子なだれ降伏** (avalanche breakdown) と，量子力学的なトンネル効果によって価電子帯の電子が伝導帯に移る**ツェナー降伏** (Zener breakdown) とがある．

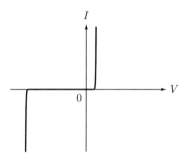

図5.23 電流 I とバイアス電圧 V との関係

イオン化率 (ionization coefficient) α は，キャリアが単位長さだけの距離を移動するときに作る電子–正孔対として定義される．いま，$-l_n < -l_c \leq x \leq l_a < l_p$ において衝突電離が生じるとすると，**電流増倍係数** (current multiplication factor) M は，次式によって与えられる．

$$M = \left(1 - \int_{-l_c}^{l_a} \alpha \, dx\right)^{-1} \tag{5.130}$$

電子なだれは $M = \infty$ で生じ，このとき次式が成り立つ．

$$\int_{-l_c}^{l_a} \alpha \, dx = 1 \tag{5.131}$$

【例題 5.13】

図 5.24 のようなシリコン (Si) 階段接合 n^+p 型ダイオードを考える．n^+ 領域のドナー濃度 $N_d = 10^{17}\,\mathrm{cm^{-3}}$，p 領域のアクセプター濃度 $N_a = 10^{14}\,\mathrm{cm^{-3}}$，曲率半径 $R_J = 3\,\mu\mathrm{m}$ のとき，降伏電圧は $V_B = 100\,\mathrm{V}$ である．降伏時の平たん部における (a) 空乏層厚 l_D と (b) 最大電界 E_m を求めよ．

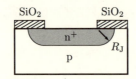

図 **5.24** 階段接合 n^+p 型ダイオードの断面図

解

(a) 式 (5.46) から，拡散電位 ϕ_D は次のようになる．

$$\phi_D = \frac{k_B T}{e} \ln \frac{N_a N_d}{n_i^2} = 0.682\,\mathrm{V} \tag{5.132}$$

n^+p 型ダイオードのように，n^+ 領域のドナー濃度 N_d が p 領域のアクセプター濃度 N_a に比べて十分高い場合，空乏層の大部分は p 領域に広がる．そこで，p 領域に広がる空乏層の厚さ l_p に比べて n 領域に広がる空乏層の厚さ l_n が十分小さいとして l_n を無視することができる．したがって，空乏層厚 l_D は，$V = -V_B$ として次のようになる．

$$l_D \simeq l_p = \sqrt{\frac{2\varepsilon_0 \varepsilon_s}{e N_a}(\phi_D - V)\frac{N_d}{N_a + N_d}} = 36.2\,\mu\mathrm{m} \tag{5.133}$$

(b) 式 (5.64) において $l_p \gg l_n$ として，最大電界 E_m は次のように求められる．

$$E_m \simeq \frac{e N_a}{\varepsilon_0 \varepsilon_s} l_p = 5.55 \times 10^4\,\mathrm{V\,cm^{-1}} \tag{5.134}$$

【例題 5.14】

シリコン (Si) の場合，イオン化率 α の電界依存性は，近似的に次式によって与えられる．

$$\alpha = \alpha_n = \alpha_p = KE^5, \quad K = 1.65 \times 10^{-24}\,\mathrm{V^{-5}\,cm^4} \tag{5.135}$$

(a) 電子なだれが生じる条件，すなわち式 (5.131) を用いて，n$^+$p 型階段接合ダイオードの降伏電圧 V_B が次式で与えられることを示せ．

$$V_B = \left[\frac{3}{4K}\left(\frac{\varepsilon_0 \varepsilon_s}{eN_a}\right)^2\right]^{1/3} \quad (5.136)$$

ここで，ε_0 は真空の誘電率，$\varepsilon_s = 11.8$ はシリコン (Si) の比誘電率，e は電気素量，N_a は p 領域のアクセプター濃度である．なお，シリコン (Si) の場合，逆バイアス電圧 $|V|$ と降伏電圧 V_B との間に実験式として次式が成り立つ．

$$\int_{-l_c}^{l_a} \alpha \, dx = \left(\frac{|V|}{V_B}\right)^3 \quad (5.137)$$

(b) 式 (5.136) を用いて，$N_a = 10^{16}\,\mathrm{cm}^{-3}$ のときの降伏電圧 V_B の値を推定せよ．

解

(a) n$^+$ 領域が $x \leq 0$ に，p 領域が $x > 0$ に存在しているとする．n$^+$p 型ダイオードでは，空乏層の大部分は p 領域に広がる．したがって，p 領域の空乏層の厚さ l_p に比べて n 領域の空乏層の厚さ l_n を無視することができる．この結果，電界 E_x は，式 (5.55), (5.56) から次のように表される．

$$E_x = \begin{cases} 0 & (-l_n < x \leq 0) \\ \dfrac{eN_a}{\varepsilon_0 \varepsilon_s}(-x + l_p) & (0 \leq x \leq l_p) \\ 0 & (x \leq -l_n,\ l_p < x) \end{cases} \quad (5.138)$$

したがって，イオン化率 α の電界依存性は，次のようになる．

$$\alpha = \alpha_n = \alpha_p = \begin{cases} 0 & (-l_n < x \leq 0) \\ K\left(\dfrac{eN_a}{\varepsilon_0 \varepsilon_s}\right)^5 (-x + l_p)^5 & (0 \leq x \leq l_p) \\ 0 & (x \leq -l_n,\ l_p < x) \end{cases} \quad (5.139)$$

式 (5.139) を式 (5.131) に代入すると，次の結果が得られる．

$$\int_{-l_c}^{l_a} \alpha \, dx = \int_0^{l_a} K\left(\frac{eN_a}{\varepsilon_0 \varepsilon_s}\right)^5 (-x + l_p)^5 \, dx \simeq \frac{K}{6}\left(\frac{eN_a}{\varepsilon_0 \varepsilon_s}\right)^5 l_p^6 \quad (5.140)$$

ここで，$l_a \simeq l_p$ とした．

また，逆バイアス電圧を V とすると，次のように表される．

$$|V| = \left| \int_{l_\mathrm{p}}^{-l_\mathrm{n}} E_x \, dx \right| = \int_0^{l_\mathrm{p}} \frac{eN_\mathrm{a}}{\varepsilon_0 \varepsilon_\mathrm{s}} (-x + l_\mathrm{p}) \, dx = \frac{eN_\mathrm{a}}{2\varepsilon_0 \varepsilon_\mathrm{s}} l_\mathrm{p}^{\,2} \tag{5.141}$$

式 (5.140), (5.141) から l_p を消去すると，次式が得られる．

$$\int_{-l_\mathrm{c}}^{l_\mathrm{a}} \alpha \, dx \simeq \frac{4K}{3} \left(\frac{eN_\mathrm{a}}{\varepsilon_0 \varepsilon_\mathrm{s}} \right)^2 |V|^3 \tag{5.142}$$

式 (5.142), (5.137) から，次の結果が導かれる．

$$V_\mathrm{B} = \left[\frac{3}{4K} \left(\frac{\varepsilon_0 \varepsilon_\mathrm{s}}{eN_\mathrm{a}} \right)^2 \right]^{1/3} \tag{5.143}$$

(b) 比誘電率 $\varepsilon_\mathrm{s} = 11.8$, $N_\mathrm{a} = 10^{16} \, \mathrm{cm}^{-3}$, $K = 1.65 \times 10^{-24} \, \mathrm{V}^{-5} \, \mathrm{cm}^4$ を式 (5.136) に代入すると，降伏電圧 V_B として次の値が得られる．

$$V_\mathrm{B} = 57.8 \, \mathrm{V} \tag{5.144}$$

5.4 バイポーラトランジスタ

5.4.1 npn トランジスタ

　バイポーラトランジスタ (bipolar transistor) は，キャリアとして伝導電子と正孔の両方を利用したトランジスタであり，その構造は npn 接合あるいは pnp 接合から形成される．

　まず，図 5.25 のような npn トランジスタを考えよう．中央の薄い p 層をベース (base) という．ベース (略号 B) の左側の n^+ 層はエミッタ (emitter) とよばれ，伝導電子をベースに注入する役目をもっている．エミッタ (略号 E) からベースに注入された伝導電子は，ベースを横切って，右側の n 層に集められる．このため，伝導電子が集められる右側の n 層をコレクタ (collector) という．なお，エミッタの n^+ は，コレクタ (略号 C) の n 層よりも不純物濃度が十分高く，このため伝導電子濃度が十分高いことを示している．

5.4 バイポーラトランジスタ

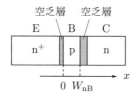

図 5.25　npn トランジスタ

さて，バイアス電圧を印加しないときの npn トランジスタのエネルギーバンドは，図 5.26 (a) のようになる．一方，エミッタ–ベース間の pn 接合が順バイアスで，コレクタ–ベース間の pn 接合が逆バイアスとなるベース接地では，npn トランジスタのエネルギーバンドは，図 5.26 (b) のようになる．バイポーラトランジスタでは，エミッタ–ベース間の pn 接合が順バイアスとなってベース電流 I_B が流れているときに，コレクタ–エミッタ間が導通すると考えればよい．図 5.26 (b) のように，エミッタからベースに伝導電子（●）が拡散する．そして，十分薄いベースを通り抜けた伝導電子は，ドリフトによってコレクタに集められる．このようにして，エミッタ–コレクタ間に電流が流れ，導通状態となる．

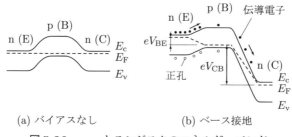

図 5.26　npn トランジスタのエネルギーバンド

【例題 5.15】

npn トランジスタの中性ベース領域において，少数キャリアは伝導電子である．いま，この中性ベース領域の伝導電子の濃度 $n_\mathrm{B}'(x)$ を考える．図 5.25 のように，エミッタ側の中性ベース領域端を原点 $(x = 0)$ とし，x 軸の正の方向にコレクタを配置する．また，中性ベース領域の厚さは W_nB である．境界条件 $n_\mathrm{B}'(0) = 10^3 n_\mathrm{p0}$, $n_\mathrm{B}'(W_\mathrm{nB}) = 10^{-1} n_\mathrm{p0}$ のもとで，$W_\mathrm{nB}/L_{n\mathrm{B}}$ が (a) 0.1, (b) 1, (c) 10 のとき，npn トランジスタの中性ベース領域の伝導電子濃度 $n_\mathrm{B}'(x)$ を図示せよ．ここで，n_p0 は p 型半導体領域における伝導電子濃度の定常値，$L_{n\mathrm{B}}$ は中性ベース領域における伝導電子の拡散長である．

解

npn トランジスタの中性ベース領域の伝導電子の濃度 $n_\mathrm{B}'(x)$ は，拡散方程式の一般解として，次のように表すことができる．

$$n_\mathrm{B}'(x) = A \exp\left(-\frac{x}{L_{n\mathrm{B}}}\right) + B \exp\left(\frac{x}{L_{n\mathrm{B}}}\right) \tag{5.145}$$

式 (5.145) に境界条件を代入すると，次のようになる．

$$n_\mathrm{B}'(0) = A + B = 10^3 n_\mathrm{p0} \tag{5.146}$$

$$n_\mathrm{B}'(W_\mathrm{nB}) = A \exp\left(-\frac{W_\mathrm{nB}}{L_{n\mathrm{B}}}\right) + B \exp\left(\frac{W_\mathrm{nB}}{L_{n\mathrm{B}}}\right) = 10^{-1} n_\mathrm{p0} \tag{5.147}$$

この連立方程式を解くと，次式が得られる．

$$A = \frac{10^3 \exp(W_\mathrm{nB}/L_{n\mathrm{B}}) - 10^{-1}}{2 \sinh(W_\mathrm{nB}/L_{n\mathrm{B}})} n_\mathrm{p0} \tag{5.148}$$

$$B = \frac{10^{-1} - 10^3 \exp(-W_\mathrm{nB}/L_{n\mathrm{B}})}{2 \sinh(W_\mathrm{nB}/L_{n\mathrm{B}})} n_\mathrm{p0} \tag{5.149}$$

以上から，npn トランジスタの中性ベース領域の伝導電子の濃度 $n_\mathrm{B}'(x)$ を示すと，図 5.27 のようになる．図 5.27 において，縦軸は $n_\mathrm{B}'(x)/n_\mathrm{p0}$，横軸は $x/L_{n\mathrm{B}}$，パラメータは $W_\mathrm{nB}/L_{n\mathrm{B}}$ である．

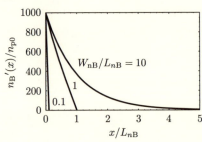

図 5.27 npn トランジスタの中性ベース領域の伝導電子の濃度

5.4.2 pnpトランジスタ

図5.28のようなpnpトランジスタでは,中央の薄いn層がベース(略号B)である.ベースの左側のp^+層は,エミッタ(略号E)であり,正孔をベースに注入する役目をもっている.エミッタからベースに注入された正孔は,ベースを横切って,右側のp層に集められる.このため,正孔が集められる右側のp層をコレクタ(略号C)という.なお,エミッタのp^+は,コレクタのp層よりも正孔濃度が高いことを示している.

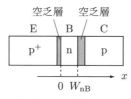

図 5.28 pnpトランジスタ

5.5 ユニポーラトランジスタ

ユニポーラトランジスタ (unipolar transistor) は,キャリアとして伝導電子,正孔の一方だけを利用したトランジスタである.図5.29にユニポーラトランジスタの構造を示す.

ユニポーラトランジスタは,図5.29のように金属–絶縁体–半導体 (metal-insulator-semiconductor, MIS) 構造から形成される.特に,絶縁体が酸化物 (oxide) の場合は,MOS構造とよばれることも多い.ユニポーラトランジスタでは,ソース (source, 略号S) とドレイン (drain, 略号D) の間を流れる電流をゲート (gate, 略号G) に印加する電圧で制御する.ゲート電圧によって,絶縁体の下にある半導体の電界を変え,半導体に形成されるチャネル (channel) の電気伝導を制御するので,**電界効果トランジスタ** (field effect transistor, FET) とよばれることも多い.

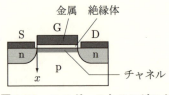

図5.29 ユニポーラトランジスタ

図5.30 (a) のようにゲート電圧 $V_G > 0$ の場合，絶縁体–p型半導体基板界面のp型半導体層には，負の電荷をもつ伝導電子が集まり，チャネル（nチャネル）が形成される．一方，図5.30 (b) のようにゲート電圧 $V_G < 0$ の場合，絶縁体–n型半導体基板界面のn型半導体層には，正の電荷をもつ正孔が集まり，チャネル（pチャネル）が形成される．

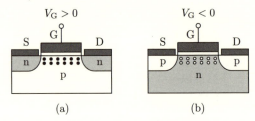

図5.30 ユニポーラトランジスタのチャネル：(a) $V_G > 0$, (b) $V_G < 0$

図5.29において，下向きに x 軸を選び，絶縁体–p型半導体界面を $x = 0$ とする．このとき，p型半導体中のポアソン方程式は，次のようになる．

$$\frac{\mathrm{d}^2 \phi(x)}{\mathrm{d}x^2} = \frac{\mathrm{d}}{\mathrm{d}x}\left(\frac{\mathrm{d}\phi}{\mathrm{d}x}\right) = \frac{eN_\mathrm{a}}{\varepsilon_0 \varepsilon_\mathrm{p}} \quad (5.150)$$

ここで，$\phi(x)$ は位置 x におけるp型半導体の電位，e は電気素量，N_a はp型半導体中におけるアクセプター濃度，ε_p はp型半導体の比誘電率，ε_0 は真空の誘電率である．簡単のため，p型半導体における不純物はアクセプターのみとし，すべてのアクセプターがイオン化していると仮定した．また，絶縁体–p型半導体界面付近に形成される空乏層には，まったくキャリアが存在しないとした．p型半導体中における空乏層の厚さを l_D とし，この空乏層の界面の座標を $x = l_\mathrm{D}$ とおき，境界条件として $E_x(l_\mathrm{D}) = 0, \phi(l_\mathrm{D}) = 0$ とする．

式 (5.150) を x について積分すると，次のようになる．

$$\frac{d\phi}{dx} = \frac{eN_a}{\varepsilon_0 \varepsilon_p} x + C_1 \tag{5.151}$$

ここで，C_1 は積分定数である．静電界の定義から $E_x(x) = -d\phi/dx$ であり，$E_x(x)$ は次のように表される．

$$E_x(x) = -\frac{d\phi}{dx} = -\frac{eN_a}{\varepsilon_0 \varepsilon_p} x - C_1 \tag{5.152}$$

ここで，境界条件 $E_x(l_D) = 0$ を用いると，次のようになる．

$$E_x(l_D) = -\frac{eN_a}{\varepsilon_0 \varepsilon_p} l_D - C_1 = 0 \quad \therefore \quad C_1 = -\frac{eN_a}{\varepsilon_0 \varepsilon_p} l_D \tag{5.153}$$

したがって，静電界 $E_x(x)$ は次のように求められる．

$$E_x(x) = -\frac{d\phi}{dx} = -\frac{eN_a}{\varepsilon_0 \varepsilon_p} x + \frac{eN_a}{\varepsilon_0 \varepsilon_p} l_D = -\frac{eN_a}{\varepsilon_0 \varepsilon_p} (x - l_D) \tag{5.154}$$

式 (5.154) を x について積分すると，次式が得られる．

$$\phi(x) = \frac{eN_a}{2\varepsilon_0 \varepsilon_p} x^2 - \frac{eN_a l_D}{\varepsilon_0 \varepsilon_p} x + C_2 \tag{5.155}$$

ここで，C_2 は積分定数である．境界条件 $\phi(l_D) = 0$ を用いると，次のようになる．

$$\phi(l_D) = \frac{eN_a}{2\varepsilon_0 \varepsilon_p} l_D{}^2 - \frac{eN_a}{\varepsilon_0 \varepsilon_p} l_D{}^2 + C_2 = -\frac{eN_a}{2\varepsilon_0 \varepsilon_p} l_D{}^2 + C_2 = 0$$

$$\therefore \quad C_2 = \frac{eN_a}{2\varepsilon_0 \varepsilon_p} l_D{}^2 \tag{5.156}$$

式 (5.155) に式 (5.156) を代入すると，次式が導かれる．

$$\phi(x) = \frac{eN_a}{2\varepsilon_0 \varepsilon_p} x^2 - \frac{eN_a l_D}{\varepsilon_0 \varepsilon_p} x + \frac{eN_a}{2\varepsilon_0 \varepsilon_p} l_D{}^2$$

$$= \frac{eN_a}{2\varepsilon_0 \varepsilon_p} \left(x^2 - 2l_D x + l_D{}^2 \right) = \frac{eN_a}{2\varepsilon_0 \varepsilon_p} l_D{}^2 \left(1 - \frac{x}{l_D} \right)^2 \tag{5.157}$$

絶縁体–p 型半導体界面における電位，すなわち表面電位 ϕ_{Surf} は，$x = 0$ における電位 $\phi(0)$ として定義され，次式によって与えられる．

$$\phi_{\text{Surf}} = \phi(0) = \frac{eN_a}{2\varepsilon_0 \varepsilon_p} l_D{}^2 \tag{5.158}$$

以上の計算にもとづいて絶縁体–p 型半導体界面における p 型半導体のエネルギーバンドを示すと，図 5.31 のようになる．

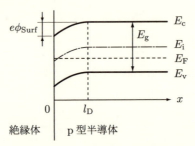

図 5.31 絶縁体–p 型半導体界面における p 型半導体のエネルギーバンド

イオン化したアクセプターによって空乏層に蓄えられる単位面積あたりの電荷 σ は,次のように表される.

$$\sigma = -eN_a l_D \tag{5.159}$$

さて,ゲートに蓄えられている単位面積あたりの電荷すなわちゲート電荷 σ_G と,絶縁体の比誘電率 ε_{ox} を用いて,絶縁体の内部電界 E_{ox} を次のように書くことができる.

$$E_{ox} = \frac{\sigma_G}{\varepsilon_0 \varepsilon_{ox}} \tag{5.160}$$

絶縁体の厚みを t_{ox} とすると,ゲート電位 V_G は次のように表される.

$$V_G = \phi_{Surf} + E_{ox} t_{ox} = \phi_{Surf} + \frac{\sigma_G}{C_{ox}} \tag{5.161}$$

ここで,C_{ox} は絶縁体の単位面積あたりの静電容量であって,次式によって定義される.

$$C_{ox} = \frac{\varepsilon_0 \varepsilon_{ox}}{t_{ox}} \tag{5.162}$$

なお,式 (5.161) は,p 型半導体内の空乏層端 $x = l_D$ の電位を 0 としたときのゲート電位であることに注意しよう.

【例題5.16】

静電容量 $C' = 10\,\text{pF}$ をもつ正方形MOSキャパシタを作りたい．SiO_2 の膜厚が $t_{ox} = 100\,\text{nm}$ のとき，正方形の1辺の長さ L を求めよ．ただし，SiO_2 の比誘電率 ε_{ox} を 3.9 とする．

解

静電容量 C' は，次のように表される．

$$C' = C_{ox}L^2 = \frac{\varepsilon_0 \varepsilon_{ox}}{t_{ox}} L^2 \tag{5.163}$$

したがって，正方形の1辺の長さ L は次のようになる．

$$L = \sqrt{\frac{C' t_{ox}}{\varepsilon_0 \varepsilon_{ox}}} = 170\,\mu\text{m} \tag{5.164}$$

p型半導体の電位 $\phi(x)$ と真性準位のエネルギー $E_i(x)$ との間には，次のような関係がある．

$$-e\phi(x) = E_i(x) - E_i(\infty) \tag{5.165}$$

したがって，フェルミ準位 E_F を用いて，次式が成り立つ．

$$E_F - E_i(x) = -[E_i(x) - E_i(\infty)] - [E_i(\infty) - E_F] = e[\phi(x) - \phi_F] \tag{5.166}$$

$$\phi_F = \frac{E_i(\infty) - E_F}{e} = \frac{k_B T}{e} \ln \frac{N_a}{n_i} \tag{5.167}$$

ここで，p型半導体における静電ポテンシャルを用いた．

式 (5.167) で定義した ϕ_F をp型半導体のフェルミポテンシャルという．この ϕ_F を用いると，伝導電子濃度 $n(x)$ は，式 (4.50), (5.166), (5.167) から次式によって与えられる．

$$n(x) = n_i \exp\left(e \frac{\phi(x) - \phi_F}{k_B T}\right) \tag{5.168}$$

絶縁体–p型半導体界面 ($x = 0$) における伝導電子濃度 $n_S = n(0)$ は，式 (5.168) から次のようになる．

$$n_S = n(0) = n_i \exp\left(e \frac{\phi(0) - \phi_F}{k_B T}\right) = n_i \exp\left(e \frac{\phi_{Surf} - \phi_F}{k_B T}\right) \tag{5.169}$$

絶縁体–p型半導体界面における正孔濃度 p_S は，式 (5.169) から次のようになる．

$$p_S = \frac{n_i^2}{n_S} = n_i \exp\left(-e \frac{\phi_{Surf} - \phi_F}{k_B T}\right) \tag{5.170}$$

表面電位 ϕ_{Surf} がフェルミポテンシャル ϕ_{F} よりも大きい場合 ($\phi_{\text{Surf}} > \phi_{\text{F}}$), 式 (5.169), (5.170) から次の関係が導かれる.

$$n_{\text{S}} > n_{\text{i}} > p_{\text{S}} \tag{5.171}$$

このとき, 図 5.32 のように, 絶縁体–p 型半導体界面に伝導電子が蓄積され, p 型半導体が n 型に反転する. 図 5.29 のようにソースとドレインが n 型半導体の場合, 絶縁体–p 型半導体界面も n 型になれば, チャネル (n チャネル) が形成され, ソース–ドレイン間に電流が流れる.

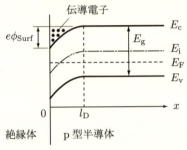

図 5.32 絶縁体–p 型半導体界面において p 型半導体層の伝導型が反転したときの p 型半導体のエネルギーバンド

表面電位 ϕ_{Surf} が大きくなって $\phi_{\text{Surf}} = 2\phi_{\text{F}}$ となると, 式 (5.167), (5.169) から次の関係が成り立つ.

$$n_{\text{S}} = n_{\text{i}} \exp\left(\frac{e\phi_{\text{F}}}{k_{\text{B}}T}\right) = N_{\text{a}} \tag{5.172}$$

こうなると, 表面電位 ϕ_{Surf} をこれ以上大きくしても, 絶縁体–p 型半導体界面における伝導電子濃度は変化せず, 空乏層の厚みも増加しない. したがって, 空乏層厚の最大値 l_{Dm} は, 式 (5.158) において $\phi_{\text{Surf}} = 2\phi_{\text{F}}$ とおいて, 次のように与えられる.

$$l_{\text{Dm}} = 2\sqrt{\frac{\varepsilon_0 \varepsilon_{\text{p}}}{eN_{\text{a}}}\phi_{\text{F}}} \tag{5.173}$$

5.5 ユニポーラトランジスタ

【例題 5.17】

アクセプター濃度 $N_\mathrm{a} = 5.00 \times 10^{16}\,\mathrm{cm}^{-3}$ の p 型シリコン (Si) と $\mathrm{SiO_2}$ が接合している MOS キャパシタを考える．絶対温度 300 K において，接合界面における p 型シリコン (Si) の空乏層の厚さの最大値 l_Dm を求めよ．ただし，p 型シリコン (Si) の比誘電率 ε_p を 11.8 とする．

解

式 (5.167) を式 (5.173) に代入すると，接合界面における p 型シリコン (Si) の空乏層の厚さの最大値 l_Dm は，次のようになる．

$$l_\mathrm{Dm} = 2\sqrt{\frac{\varepsilon_0 \varepsilon_\mathrm{p}}{e N_\mathrm{a}} \frac{k_\mathrm{B} T}{e} \ln \frac{N_\mathrm{a}}{n_\mathrm{i}}} = 0.147\,\mu\mathrm{m} \tag{5.174}$$

さて，$\phi_\mathrm{Surf} = 2\phi_\mathrm{F}$ のとき，絶縁体–p 型半導体界面に形成された反転層（伝導型が n 型に反転した層）の単位面積あたりの電荷を σ_I，空乏層内の単位面積あたりの空間電荷を σ_Dm とする．このとき，ゲート電荷 σ_G は次のように表される．

$$\sigma_\mathrm{G} = -(\sigma_\mathrm{I} + \sigma_\mathrm{Dm}) \tag{5.175}$$

$$\sigma_\mathrm{Dm} = -e N_\mathrm{a} l_\mathrm{Dm} \tag{5.176}$$

したがって，反転層の単位面積あたりの電荷 σ_I は，次のようになる．

$$\sigma_\mathrm{I} = -(\sigma_\mathrm{G} + \sigma_\mathrm{Dm}) = -[C_\mathrm{ox}(V_\mathrm{G} - 2\phi_\mathrm{F}) + \sigma_\mathrm{Dm}]$$

$$= -C_\mathrm{ox}\left(V_\mathrm{G} - 2\phi_\mathrm{F} + \frac{\sigma_\mathrm{Dm}}{C_\mathrm{ox}}\right) = -C_\mathrm{ox}(V_\mathrm{G} - V_\mathrm{TI}) \tag{5.177}$$

$$V_\mathrm{TI} = 2\phi_\mathrm{F} - \frac{\sigma_\mathrm{Dm}}{C_\mathrm{ox}} = 2\phi_\mathrm{F} + \frac{e N_\mathrm{a} l_\mathrm{Dm}}{C_\mathrm{ox}} \tag{5.178}$$

ここで定義した V_TI は，理想 MIS 構造において反転が目立ちはじめるしきい電圧を示している．

空乏層における単位面積あたりの静電容量 C_D は，次のように表される．

$$C_\mathrm{D} = \frac{\varepsilon_0 \varepsilon_\mathrm{p}}{l_\mathrm{D}} \tag{5.179}$$

チャネルにおける単位面積あたりの静電容量 C は，絶縁体の単位面積あたりの静電容量 C_{ox} と空乏層における単位面積あたりの静電容量 C_{D} との直列接続として，次式によって与えられる．

$$C = \left(\frac{1}{C_{\text{ox}}} + \frac{1}{C_{\text{D}}}\right)^{-1} \tag{5.180}$$

ゲート電圧 V_{G} の関数として C/C_{ox} を示すと，図 5.33 のようになる．ゲート電圧 V_{G} が大きくなるにつれて，高周波では反転層における電荷 σ_{I} の変化が信号の変化に追随できなくなることに注意しよう．

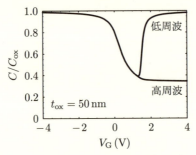

図 **5.33** チャネルにおける単位面積あたりの静電容量 C とゲート電圧 V_{G} との関係

【例題 5.18】

MIS 構造において，反転層内に誘導される伝導電荷密度は最大値をもつ．そして，この値は絶縁膜の絶縁耐力によってほぼ決まる．プロセス条件によって多少の差はあるが，SiO_2，Si_3N_4，AlO_3 の比誘電率と絶縁耐圧は，表 5.1 に示すような値をもつ．これら 3 種類の膜の最大誘導電荷を単位面積あたりの電荷数として求め，比較せよ．

表 **5.1** SiO_2，Si_3N_4，AlO_3 の比誘電率と絶縁耐圧

絶縁体の種類	SiO_2	Si_3N_4	AlO_3
比誘電率	3.9	7.4	8.1
絶縁耐圧 (V/cm)	2×10^6	10^7	6×10^6

5.5 ユニポーラトランジスタ

解

最大誘導電荷を Q_m，絶縁体の比誘電率を ε_ox，絶縁体の膜厚を t_ox，反転層の面積を S，絶縁耐圧を V_m とすると，次の関係が成り立つ．

$$Q_\mathrm{m} = \frac{\varepsilon_0 \varepsilon_\mathrm{ox} S}{t_\mathrm{ox}} V_\mathrm{m} \tag{5.181}$$

ここで，単位面積あたりの最大誘導電荷数 $N_\mathrm{m} = Q_\mathrm{m}/eS$ と絶縁耐圧 $E_\mathrm{m} = V_\mathrm{m}/t_\mathrm{ox}$ を用いると，次のようになる．

$$N_\mathrm{m} = \frac{\varepsilon_0 \varepsilon_\mathrm{ox}}{e} E_\mathrm{m} \tag{5.182}$$

したがって，単位面積あたりの最大誘導電荷数 N_m は，表5.2のようになる．

表5.2 SiO_2，Si_3N_4，AlO_3 の単位面積あたりの最大誘導電荷数 N_m

絶縁体の種類	SiO_2	Si_3N_4	AlO_3
N_m (cm^{-2})	4.3×10^{12}	4.1×10^{13}	2.7×10^{13}

【例題 5.19】

n型基板を用いたMOSトランジスタについて，ゲート電圧 V_G がしきい電圧 V_T に等しいときのゲート，絶縁体，n型基板のエネルギーバンドを描け．

解

ゲート，絶縁体，n型基板のエネルギーバンドは，図5.34のようになる．

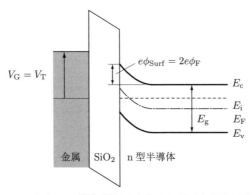

図5.34 $V_\mathrm{G} = V_\mathrm{T}$ のときのn型基板MOSトランジスタにおけるゲートのエネルギーバンド

【例題 5.20】

n 型基板を用いた MOS トランジスタについて,反転状態における (a) 電荷密度 ρ, (b) 電界 E_x, (c) 電位 ϕ の空間分布をそれぞれ示せ.

解

反転状態における (a) 電荷密度 ρ, (b) 電界 E_x, (c) 電位 ϕ の空間分布は,図 5.35 のようになる.この図において,N_d は n 型基板のドナー濃度,ρ_p は反転 p 層の電荷密度,ρ_M はゲート電荷密度,t_{ox} は SiO_2 の厚さ,l_D は空乏層の厚さ,V_G はゲート電圧,ϕ_{Surf} は表面電位である.

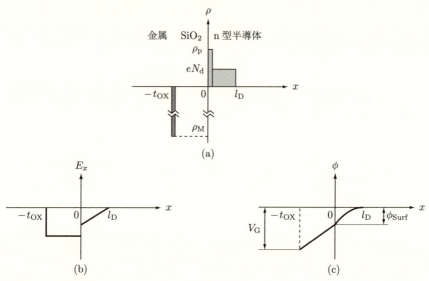

図 5.35 n 型基板 MOS トランジスタの反転状態における空間分布:(a) 電荷密度 ρ, (b) 電界 E_x, (c) 電位 ϕ

【例題 5.21】

p 型基板を用いた MOS トランジスタにおいて,ゲート電極として金属の代わりに n^+ 多結晶シリコン (Si) を用いたとき,ゲート電圧 $V_G = 0$ におけるゲート,絶縁体,p 型基板のエネルギーバンドを描け.

解

ゲート,絶縁体,p 型基板のエネルギーバンドは,図 5.36 のようになる.

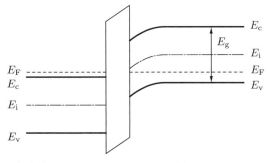

n$^+$ 多結晶シリコン　SiO$_2$　p型半導体

図 5.36 $V_G = 0$ のときの p 型基板 MOS トランジスタにおけるゲートのエネルギーバンド

さて，半導体基板内のエネルギーバンドを平坦にする電圧をフラットバンド電圧 (flat-band voltage) という．まず，金属のフェルミ準位と半導体のフェルミ準位とを一致させるために必要な電圧を V_{FBW} とすると，次のように表される．

$$V_{FBW} = \phi_M - \phi_S = \phi_D \tag{5.183}$$

ただし，ϕ_M は金属の仕事関数を電気素量 e で割ったもの，ϕ_S は半導体の仕事関数を電気素量 e で割ったもの，ϕ_D は接触電位差である．次に絶縁体内の電荷によるエネルギーバンドの曲がりを打ち消すために必要な電圧を V_{FBI} とすると，次のようになる．

$$V_{FBI} = -\frac{1}{\varepsilon_0 \varepsilon_{ox}} \int_0^{t_{ox}} x\rho(x)\,dx = -\frac{\sigma_{SS}}{C_{ox}} \tag{5.184}$$

ここで，$\rho(x)$ は絶縁体内の電荷密度，σ_{SS} は電荷が絶縁体-p 型半導体界面に集中していると考えたときの実効的な単位面積あたりの電荷，すなわち固定表面電荷密度 (fixed surface charge density) である．したがって，実際の MIS 構造では，フラットバンド電圧 V_{FB} は，次式によって与えられる．

$$V_{FB} = V_{FBW} + V_{FBI} = \phi_D - \frac{\sigma_{SS}}{C_{ox}} \tag{5.185}$$

実際のMIS構造におけるしきい電圧 V_T は，理想MIS構造におけるしきい電圧 V_{TI} とフラットバンド電圧 V_{FB} との和として，式(5.178), (5.185)から次のように表される．

$$V_T = V_{TI} + V_{FB} = 2\phi_F + \frac{eN_a l_{Dm}}{C_{ox}} + \phi_D - \frac{\sigma_{SS}}{C_{ox}} \quad (5.186)$$

さらに，p型半導体基板表面にイオン注入などでドナーをドーピングし，半導体基板表面の伝導型をn型に変えておくと，しきい電圧 V_T は次のようになる．

$$V_T = 2\phi_F + \frac{eN_a l_{Dm}}{C_{ox}} - \frac{eN_d l_C}{C_{ox}} + \phi_D - \frac{\sigma_{SS}}{C_{ox}} \quad (5.187)$$

ここで，N_d はドナー濃度，l_C はドナーがドーピングされた層の厚さである．

【例題5.22】

p型半導体基板を用いたMOSトランジスタにおいて，ゲート電極として金属の代わりにn$^+$ 多結晶シリコン(Si)を用いたとき，フラットバンドコンディションにおけるゲート，絶縁体，p型半導体基板のエネルギーバンドを描け．

【解】

ゲート，絶縁体，p型半導体基板のエネルギーバンドは，図5.37のようになる．

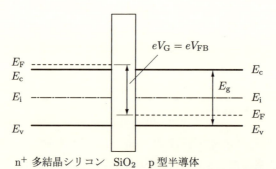

図 **5.37** フラットバンドコンディションにおけるp型半導体基板MOSトランジスタのゲートのエネルギーバンド

バイアスを印加したときの MIS 構造では，図 5.38 のように，チャネルの厚みが位置 z とともに変わる．また，チャネルの周辺にキャリアが枯渇した空乏化領域が形成される．図 5.38 のように，チャネルのソース側の端を $z = 0$，ドレイン側の端を $z = L$ とする．位置 z における半導体基板の電位を $V_C(z)$ とすると，絶縁体–p 型半導体界面付近の p 型半導体に反転層が形成されるために必要な表面電位 $\phi_{\text{Surf}}(z)$ は，次のように表される．

$$\phi_{\text{Surf}}(z) = 2\phi_F + V_C(z) \tag{5.188}$$

絶縁体–p 型半導体界面に誘導される，伝導キャリアによる表面電荷密度（単位面積あたりの電荷）$\sigma_I(z)$ は，次式によって与えられる．

$$\sigma_I(z) = -C_{\text{ox}} \left[V_G - V_T - V_C(z) \right] \tag{5.189}$$

図 5.39 のように，チャネル（電流の流れる経路）の幅を W とすると，チャネルを流れる電流すなわちドレイン電流 I_D は，反転層における伝導電子の移動度 μ_n と電界の z 成分 $E_z(z)$ を用いて，次のように表される．

$$I_D = \sigma_I(z) W \mu_n E_z(z) \tag{5.190}$$

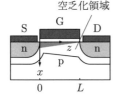

図 5.38　電圧印加時の MIS 構造

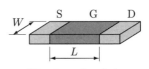

図 5.39　チャネル

式 (5.190) における電界の z 成分 $E_z(z)$ は，次のように表すことができる．

$$E_z(z) = -\frac{d\phi_{\text{Surf}}(z)}{dz} = -\frac{dV_C(z)}{dz} \tag{5.191}$$

式 (5.190) に式 (5.189), (5.191) を代入すると，次のようになる．

$$I_D = C_{\text{ox}} \left[V_G - V_T - V_C(z) \right] W \mu_n \frac{dV_C(z)}{dz} \tag{5.192}$$

ここで,境界条件を次のようにおく.

$$V_C(0) = 0, \quad V_C(L) = V_D \tag{5.193}$$

このとき,ドレイン電流 I_D を $z=0$ から $z=L$ まで積分すると,次のようになる.

$$\begin{aligned}
\int_0^L I_D \, dz &= \mu_n C_{ox} W \int_0^L [V_G - V_T - V_C(z)] \frac{dV_C(z)}{dz} dz \\
&= \mu_n C_{ox} W \int_{V_C(0)}^{V_C(L)} [V_G - V_T - V_C(z)] \, dV_C(z) \\
&= \mu_n C_{ox} W \int_0^{V_D} [V_G - V_T - V_C] \, dV_C
\end{aligned} \tag{5.194}$$

式 (5.194) から次の結果が得られる.

$$I_D L = \frac{1}{2} \mu_n C_{ox} W \left[2(V_G - V_T) V_D - V_D^2 \right] \tag{5.195}$$

式 (5.195) の両辺を $L(\neq 0)$ で割ると,ドレイン電流 I_D が次のように導かれる.

$$I_D = \frac{1}{2L} \mu_n C_{ox} W \left[2(V_G - V_T) V_D - V_D^2 \right] \tag{5.196}$$

ドレイン電流 I_D が最大値をとるのは,$dI_D/dV_D = 0$ のときである.この条件をみたすドレイン電圧 V_D をピンチオフ電圧 (pinch-off voltage) V_P といい,式 (5.196) から次のように求められる.

$$V_P = V_G - V_T \tag{5.197}$$

ドレイン電流 I_D の最大値すなわち飽和ドレイン電流 I_{Dsat} は,式 (5.197) の V_P を式 (5.196) の V_D に代入して,次のように与えられる.

$$I_{Dsat} = \frac{1}{2L} \mu_n C_{ox} W V_P^2 \tag{5.198}$$

ドレイン電流 I_D とドレイン電圧 V_D との関係を $(V_G - V_T)$ をパラメータとして図 5.40 に示す.

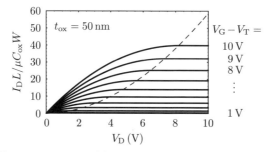

図 5.40 ドレイン電流 I_D とドレイン電圧 V_D との関係

図5.41 (a) のような，p型基板を用いたユニポーラトランジスタでは，ゲート電圧 V_G を印加しないときは，ほとんどドレイン電流 I_D が流れない．正のゲート電圧 V_G を大きくするにつれて，絶縁体–p型半導体界面にn型反転層が形成される．そして，nチャネルの電気抵抗が低減し，ドレイン電流 I_D が大きくなる．このようにゲート電圧 V_G の増加にともなってドレイン電流 I_D が大きくなるユニポーラトランジスタをエンハンスメント型 (enhancement-mode) という．また，ゲート電圧 $V_G = 0$ のときにドレイン電流 I_D が流れないことから，ノーマリーオフ (normally off) ともいう．

図5.41 (b) のように，p型半導体基板表面にイオン注入などでドナーをドーピングし，半導体基板表面の伝導型をn型に変えておくと，ゲート電圧 V_G を印加しないときでもドレイン電流 I_D が流れる．そして，ゲート電圧 V_G を大きくすれば，ドレイン電流 I_D が大きくなり，ゲート電圧 V_G を負にすれば，ドレイン電流 I_D が小さくなる．このようにゲート電圧 V_G を印加しないときにドレイン電流 I_D が流れ，ゲート電圧 V_G の正負によってドレイン電流 I_D が増減するユニポーラトランジスタをディプレッション型 (depletion-mode) という．また，ゲート電圧 $V_G = 0$ のときにドレイン電流 I_D が流れることから，ノーマリーオン (normally on) ともいう．

図5.41 (c) のような，n型基板を用いたユニポーラトランジスタでは，ゲート電圧 V_G を印加しないときは，ほとんどドレイン電流 I_D が流れない．負のゲート電圧を印加し $|V_G|$ を大きくするにつれて，絶縁体–n型半導体界面にp型反転層が形成される．そして，pチャネルの電気抵抗が低減し，ドレイン電流 I_D が大きくなる．このようなユニポーラトランジスタもエンハンスメント型という．

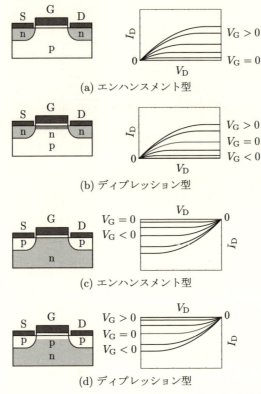

図 5.41　エンハンスメント型とディプレッション型

　図 5.41 (d) のように，n 型半導体基板表面にイオン注入などでアクセプターをドーピングし，半導体基板表面の伝導型を p 型に変えておくと，ゲート電圧 V_G を印加しないときでもドレイン電流 I_D が流れる．そして，ゲート電圧 V_G の正負によってドレイン電流 I_D が増減する．このようなユニポーラトランジスタもディプレッション型という．

【例題 5.23】

表 5.3 に示したエンハンスメント型シリコン (Si)MOSFET において，絶縁膜として (a)SiO_2 を用いた場合と (b)AlO_3 を用いた場合のしきい電圧 V_T をそれぞれ求めよ．また，ゲート電圧 $V_G = 5\,\text{V}$ の場合，ピンチオフ電圧 V_P と飽和ドレイン電流 I_{Dsat} は，それぞれいくらか．なお，SiO_2 の比誘電率は $\varepsilon_{ox} = 3.9$，AlO_3 の比誘電率は $\varepsilon_{ox} = 8.1$ である．また，絶対温度 $T = 300\,\text{K}$ とする．

表 5.3　Al-SiO_2-Si 系 MOSFET の諸元

項目	数値
基板のアクセプター濃度 $N_a\,(\text{cm}^{-3})$	10^{16}
酸化膜の厚み $t_{ox}\,(\text{nm})$	100
界面準位濃度 $N_{ss}\,(\text{cm}^{-2})$	(1) 5×10^{11}, (2) 5×10^{10}
伝導電子の表面移動度 $\mu_n\,(\text{V}^{-1}\,\text{cm}^2\,\text{s}^{-1})$	500
ゲート電極 (Al) の仕事関数 $e\phi_M\,(\text{eV})$	4.25
シリコン (Si) の仕事関数 $e\phi_S\,(\text{eV})$	4.957
チャネル長 $L\,(\mu\text{m})$	5
チャネル幅 $W\,(\mu\text{m})$	100

解

(a) 式 (5.162) から，SiO_2 の単位面積あたりの静電容量 C_{ox} は，次のようになる．

$$C_{ox} = \frac{\varepsilon_0 \varepsilon_{ox}}{t_{ox}} = 3.45 \times 10^{-8}\,\text{F}\,\text{cm}^{-2} \tag{5.199}$$

(1) $N_{ss} = 5 \times 10^{11}\,\text{cm}^{-2}$ のとき，界面の表面電荷密度 σ_{ss} は次のようになる．

$$\sigma_{ss} = eN_{ss} = 8.01 \times 10^{-8}\,\text{C}\,\text{cm}^{-2} \tag{5.200}$$

しきい電圧 V_T は，式 (5.186) から次のように求められる．

$$V_T = 2\phi_F + \frac{eN_a l_{Dm}}{C_{ox}} + \phi_D - \frac{\sigma_{SS}}{C_{ox}} = -0.843\,\text{V} \tag{5.201}$$

式 (5.201) を式 (5.197) に代入すると，ピンチオフ電圧 V_P は，次のようになる．

$$V_\mathrm{P} = V_\mathrm{G} - V_\mathrm{T} = 5.843\,\mathrm{V} \tag{5.202}$$

式 (5.199), (5.202) を式 (5.198) に代入すると，飽和ドレイン電流 I_Dsat が，次のように求められる．

$$I_\mathrm{Dsat} = \frac{1}{2L}\mu_n C_\mathrm{ox} W V_\mathrm{P}^2 = 5.89\,\mathrm{mA} \tag{5.203}$$

(2) $N_\mathrm{ss} = 5 \times 10^{10}\,\mathrm{cm}^{-2}$ のとき，界面の表面電荷密度 σ_ss は次のようになる．

$$\sigma_\mathrm{ss} = eN_\mathrm{ss} = 8.01 \times 10^{-9}\,\mathrm{C\,cm}^{-2} \tag{5.204}$$

しきい電圧 V_T は，式 (5.186) から次のように求められる．

$$V_\mathrm{T} = 2\phi_\mathrm{F} + \frac{eN_\mathrm{a}l_\mathrm{Dm}}{C_\mathrm{ox}} + \phi_\mathrm{D} - \frac{\sigma_\mathrm{SS}}{C_\mathrm{ox}} = 1.246\,\mathrm{V} \tag{5.205}$$

式 (5.205) を式 (5.197) に代入すると，ピンチオフ電圧 V_P は次のようになる．

$$V_\mathrm{P} = V_\mathrm{G} - V_\mathrm{T} = 3.754\,\mathrm{V} \tag{5.206}$$

式 (5.199), (5.206) を式 (5.198) に代入すると，飽和ドレイン電流 I_Dsat が，次のように求められる．

$$I_\mathrm{Dsat} = \frac{1}{2L}\mu_n C_\mathrm{ox} W V_\mathrm{P}^2 = 2.431\,\mathrm{mA} \tag{5.207}$$

(b) 式 (5.162) から，$\mathrm{AlO_3}$ の単位面積あたりの静電容量 C_ox は，次のようになる．

$$C_\mathrm{ox} = \frac{\varepsilon_0 \varepsilon_\mathrm{ox}}{t_\mathrm{ox}} = 7.17 \times 10^{-8}\,\mathrm{F\,cm}^{-2} \tag{5.208}$$

(1) $N_\mathrm{ss} = 5 \times 10^{11}\,\mathrm{cm}^{-2}$ のとき，しきい電圧 V_T は，式 (5.186) から次のように求められる．

$$V_\mathrm{T} = 2\phi_\mathrm{F} + \frac{eN_\mathrm{a}l_\mathrm{Dm}}{C_\mathrm{ox}} + \phi_\mathrm{D} - \frac{\sigma_\mathrm{SS}}{C_\mathrm{ox}} = -0.388\,\mathrm{V} \tag{5.209}$$

式 (5.209) を式 (5.197) に代入すると，ピンチオフ電圧 V_P は次のようになる．

$$V_\mathrm{P} = V_\mathrm{G} - V_\mathrm{T} = 5.388\,\mathrm{V} \tag{5.210}$$

式 (5.208), (5.210) を式 (5.198) に代入すると，飽和ドレイン電流 I_Dsat が，次のように求められる．

$$I_\mathrm{Dsat} = \frac{1}{2L}\mu_n C_\mathrm{ox} W V_\mathrm{P}^2 = 10.4\,\mathrm{mA} \tag{5.211}$$

(2) $N_{ss} = 5 \times 10^{10}\,\text{cm}^{-2}$ のとき，界面の表面電荷密度 σ_{ss} は次のようになる．

$$\sigma_{ss} = eN_{ss} = 8.01 \times 10^{-9}\,\text{C}\,\text{cm}^{-2} \tag{5.212}$$

しきい電圧 V_T は，式 (5.186) から次のように求められる．

$$V_T = 2\phi_F + \frac{eN_a l_{Dm}}{C_{ox}} + \phi_D - \frac{\sigma_{SS}}{C_{ox}} = 0.618\,\text{V} \tag{5.213}$$

式 (5.213) を式 (5.197) に代入すると，ピンチオフ電圧 V_P は次のようになる．

$$V_P = V_G - V_T = 4.382\,\text{V} \tag{5.214}$$

式 (5.208), (5.214) を式 (5.198) に代入すると，飽和ドレイン電流 I_{Dsat} が，次のように求められる．

$$I_{Dsat} = \frac{1}{2L}\mu_n C_{ox} W V_P{}^2 = 6.88\,\text{mA} \tag{5.215}$$

【例題 5.24】

表 5.3 に示したエンハンスメント型シリコン (Si)MOSFET において，絶縁膜として SiO_2 を用いた場合を考える．いま，イオン注入によって，p 型半導体基板表面にドナーをドーピングし，p 型半導体基板表面をドナー濃度 $N_d = 10^{16}\,\text{cm}^{-3}$ の n 型に変更する．このとき，しきい電圧 V_T はいくらになるか．ただし，n 型半導体層の厚さ $l_C = 0.1\,\mu\text{m}$ とする．また，絶対温度 $T = 300\,\text{K}$ とする．

解

例題 5.23 の結果と式 (5.187) を用いて，しきい電圧 V_T を計算する．
(1) $N_{ss} = 5 \times 10^{11}\,\text{cm}^{-2}$ のとき，しきい電圧 V_T は次のようになる．

$$V_T = -0.843\,\text{V} - \frac{eN_d l_C}{C_{ox}} = -0.843\,\text{V} - 0.464\,\text{V} = -1.307\,\text{V} \tag{5.216}$$

(2) $N_{ss} = 5 \times 10^{10}\,\text{cm}^{-2}$ のとき，しきい電圧 V_T は次のように求められる．

$$V_T = 1.246\,\text{V} - \frac{eN_d l_C}{C_{ox}} = 1.246\,\text{V} - 0.464\,\text{V} = 0.782\,\text{V} \tag{5.217}$$

ドレイン電圧 V_D がピンチオフ電圧 V_P に等しくなって，チャネルの厚みが 0 になる点，すなわちピンチオフ点が $z = L$ に生じたとする．このとき，チャネル内の位置 z における $V_C(z)$ を求めよう．式 (5.192) を $z = 0$ から $z = z$ まで積分して式 (5.197) を代入すると，次式が得られる．

$$I_{\text{Dsat}} z = \frac{1}{2} \mu_n C_{\text{ox}} W \left[-V_C(z)^2 + 2 V_P V_C(z) \right] \tag{5.218}$$

式 (5.218) の左辺に式 (5.198) を代入すると，次のようになる．

$$V_C(z)^2 - 2 V_P V_C(z) + \frac{z}{L} V_P^2 = 0 \tag{5.219}$$

ここで，$V_C(z) < V_P$ であることに注意すると，次の結果が導かれる．

$$V_C(z) = V_P \left(1 - \sqrt{1 - \frac{z}{L}} \right) \tag{5.220}$$

絶縁体–p 型半導体界面に誘導される，伝導キャリアによる表面電荷密度（単位面積あたりの電荷）$\sigma_I(z)$ は，式 (5.189), (5.197), (5.220) から，次のように表される．

$$\sigma_I(z) = -C_{\text{ox}} [V_P - V_C(z)] = -C_{\text{ox}} V_P \sqrt{1 - \frac{z}{L}} \tag{5.221}$$

電界の z 成分 $E_z(z)$ は，式 (5.220) から次のように求められる．

$$E_z(z) = -\frac{dV_C(z)}{dz} = -\frac{1}{2L} V_P \left(1 - \frac{z}{L} \right)^{-\frac{1}{2}} \tag{5.222}$$

図 5.42 に，チャネルにおける (a) 電位 $V_C(z)$，(b) 表面電荷密度 $\sigma_I(z)$，(c) 電界の z 成分 $E_z(z)$ をそれぞれ位置 z の関数として示す．

チャネル内に蓄えられる全電荷 Q_C は，次式によって与えられる．

$$Q_C = W \int_0^L \sigma_I(z) \, dz = -\frac{2}{3} L W C_{\text{ox}} V_P \tag{5.223}$$

したがって，ゲート–ソース間静電容量 C_{GS} は，次のようになる．

$$C_{\text{GS}} = -\frac{dQ_C}{dV_G} = -\frac{dQ_C}{dV_P} = \frac{2}{3} L W C_{\text{ox}} \tag{5.224}$$

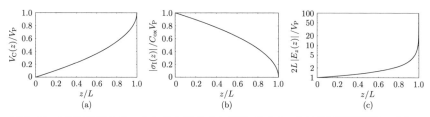

図 5.42 MIS 構造のチャネルにおける (a) 電位 $V_C(z)$, (b) 表面電荷密度 $\sigma_I(z)$, (c) 電界の z 成分 $E_z(z)$

ゲート電圧 V_G が変化すると，ドレイン電流の最大値（飽和値）I_{Dsat} も変化する．相互コンダクタンス g_m は，次式によって定義される．

$$g_m = \left[\frac{dI_{Dsat}}{dV_G}\right]_{V_D=\text{constant}} = \left[\frac{dI_{Dsat}}{dV_P}\right]_{V_D=\text{constant}} \tag{5.225}$$

式 (5.225) に式 (5.197), (5.198) を代入すると，次のように表される．

$$g_m = \frac{W}{L}\mu_n C_{ox} V_P = \frac{2I_{Dsat}}{V_P} \tag{5.226}$$

【例題 5.25】

表 5.3 に示したエンハンスメント型シリコン (Si)MOSFET において，絶縁膜として SiO_2 を用いた場合を考える．ゲート電圧 $V_G = 5\,\text{V}$ のとき，ドレイン電流 I_D と相互コンダクタンス g_m の値をそれぞれ求めよ．ただし，ドレイン電圧 $V_D = 4.5\,\text{V}$, 絶対温度 $T = 300\,\text{K}$ とする．

解

(1) $N_{ss} = 5 \times 10^{11}\,\text{cm}^{-2}$ のとき，式 (5.201) から，しきい電圧 $V_T = -0.843\,\text{V}$ である．ドレイン電流 I_D は，式 (5.196) から次のようになる．

$$I_D = \frac{1}{2L}\mu_n C_{ox} W \left[2(V_G - V_T)V_D - V_D{}^2\right] = 5.6\,\text{mA} \tag{5.227}$$

式 (5.202) からピンチオフ電圧 $V_P = 5.843\,\text{V}$ である．相互コンダクタンス g_m は，式 (5.226) から次のようになる．

$$g_m = \frac{W}{L}\mu_n C_{ox} V_P = 2.02\,\text{mS} \tag{5.228}$$

(2) $N_{ss} = 5 \times 10^{10}\,\mathrm{cm}^{-2}$ のとき,式 (5.205) から,しきい電圧 $V_T = 1.246\,\mathrm{V}$ である.ドレイン電流 I_D は,式 (5.196) から次のようになる.

$$I_D = \frac{1}{2L}\mu_n C_{ox} W \left[2\left(V_G - V_T\right)V_D - V_D{}^2\right] = 2.33\,\mathrm{mA} \tag{5.229}$$

式 (5.206) からピンチオフ電圧 $V_P = 3.754\,\mathrm{V}$ である.相互コンダクタンス g_m は,式 (5.226) から次のようになる.

$$g_m = \frac{W}{L}\mu_n C_{ox} V_P = 1.3\,\mathrm{mS} \tag{5.230}$$

【例題 5.26】

エンハンスメント型 Al-SiO$_2$-Si 系サブミクロン MOSFET を考える.チャネル長 $L = 0.25\,\mu\mathrm{m}$,チャネル幅 $W = 5\,\mu\mathrm{m}$,アクセプター濃度 $N_a = 10^{17}\,\mathrm{cm}^{-3}$,伝導電子の表面移動度 $\mu = 500\,\mathrm{V}^{-1}\,\mathrm{cm}^2\,\mathrm{s}^{-1}$,絶縁体の単位面積あたりの静電容量 $C_{ox} = 3.45 \times 10^{-7}\,\mathrm{F\,cm}^{-2}$,しきい電圧 $V_T = 0.5\,\mathrm{V}$,ゲート電圧 $V_G = 1\,\mathrm{V}$ とする.このとき,相互コンダクタンス g_m を求めよ.

解

式 (5.197),(5.226) から,次のようになる.

$$g_m = \frac{W}{L}\mu_n C_{ox}\left(V_G - V_T\right) = 1.73\,\mathrm{mS} \tag{5.231}$$

5.6 サイリスタ

3 個以上の pn 接合を組み合わせた半導体スイッチを広義のサイリスタ (thyristor) という.一方,狭義のサイリスタは,ショックレーダイオード (Shockley diode) にスイッチング用のゲート電極を設けたものであり,**SCR** (semiconductor controlled rectifier または silicon controlled rectifier) とよばれる.

5.6.1 ショックレーダイオード

図 5.43 のような pnpn 構造ダイオードをショックレーダイオードという．図 5.43 からわかるように，3 個の pn 接合 J_1, J_2, J_3 をもっており，広義のサイリスタである．

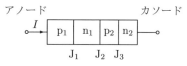

図 5.43 ショックレーダイオード

アノードに印加する電圧（アノード電圧）V が正のとき $(V > 0)$ のとき，接合 J_1 と J_3 が順バイアスになっており，J_2 は逆バイアスとなっている．したがって，アノード電圧 V がスイッチング電圧 V_S よりも小さい間は，電圧 V の大部分は，接合 J_2 にかかり，接合 J_2 の空乏層がどんどん広がる．このときのエネルギーバンドを図 5.44 に示す．接合 J_2 には，eV 程度のエネルギー（図 5.44 では，$\sim$ eV と表記）のエネルギー障壁が存在し，接合 J_1 と J_3 には，拡散電位程度のエネルギー障壁が存在する．したがって，電流はほとんど流れない．

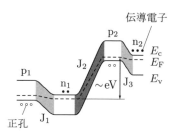

図 5.44 アノード電圧 V が $0 < V < V_S$ のときのショックレーダイオードのエネルギーバンド

アノード電圧 V が大きくなると，接合 J_2 の空乏層にかかる電界が大きくなる．そして，アノード電圧 V がスイッチング電圧 V_S に達すると，接合 J_2

の空乏層で電子なだれが生じてスイッチングが起こり，電流が流れるようになる．このとき，キャリアが接合 J_2 に注入されるため，しゃへい効果によって接合 J_2 における空間電荷密度が小さくなる．この結果，アノード–カソード間電圧が小さくなる．そして，接合 J_1 と J_3 では拡散によって電流が流れ，接合 J_2 ではドリフトによって電流が流れる．このときのエネルギーバンドを図 5.45 に示す．

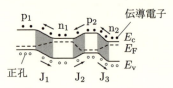

図 5.45 スイッチング後のショックレーダイオードのエネルギーバンド

一方，アノード電圧 V が負 ($V < 0$) のときは，接合 J_2 が順バイアスとなり，接合 J_1 と J_3 が逆バイアスになる．したがって，接合 J_1 と J_3 に空乏層が形成される．そして，電流はほとんど流れない．さらに，バイアス電圧の絶対値 $|V|$ が大きくなって接合 J_1 と J_3 における空乏層で電子なだれが生じるとき，キャリアは接合 J_1 と J_3 を横切るだけである．したがって，接合 J_1 と J_3 における空間電荷密度はほとんど変化しない．このため，アノード–カソード間電圧は，降伏電圧にほぼ等しいままである．このときのエネルギーバンドを図 5.46 に示す．

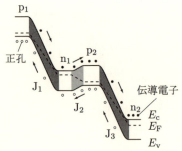

図 5.46 降伏時のショックレーダイオードのエネルギーバンド

以上の説明のように，ショックレーダイオードの電流–電圧特性は，図 5.47 のようになる．

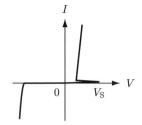

図 5.47 ショックレーダイオードの電流–電圧特性

【例題 5.27】

図 5.48 のショックレーダイオードのアノードに正の電圧を印加し，カソードを接地する．このとき，n_1 領域の電子なだれ降伏電圧 V_{BD} と，パンチスルー電圧 V_{PT}（接合 J_2 の空乏層が接合 J_1 の空乏層と接触する電圧）を求めよ．ただし，電子なだれをおこす電界を E_{BD}，n_1 領域の厚さを W_1 とする．

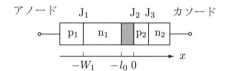

図 5.48 ショックレーダイオードの n_1 領域における空乏層

解

図 5.48 において，p_2 の不純物濃度が n_1 の不純物濃度に比べて十分高く，n_1–p_2 界面で空乏層が n_1 領域のみに広がっているとする．そして，図 5.48 のように x 軸をとり，n_1–p_2 界面における空乏層の両端の座標を $-l_0, 0$ とする．このとき，n_1–p_2 界面における空乏層に対するポアソン方程式は，次のようになる．

$$\frac{d^2\phi}{dx^2} = \frac{d}{dx}\left(\frac{d\phi}{dx}\right) = -\frac{eN_d}{\varepsilon_0 \varepsilon_{n1}} \tag{5.232}$$

ここで，$\phi(x)$ は位置 x における空乏層の電位，e は電気素量，N_d は n_1 領域におけるドナー濃度，ε_0 は真空の誘電率，ε_{n1} は n_1 領域の比誘電率である．簡単のため，n_1 領域における不純物はドナーのみとし，すべてのドナーがイオン化していると仮定した．また，n_1–p_2 界面における空乏層には，まったくキャリアが存在しないとした．境界条件として，空乏層の端 $x = -l_0$ において電界の x 成分 $E_x(x)$ が 0, すなわち $E_x(-l_0) = 0$ とする．

式 (5.232) を x について積分すると，次のようになる．

$$\frac{\mathrm{d}\phi}{\mathrm{d}x} = -\frac{eN_\mathrm{d}}{\varepsilon_0\varepsilon_\mathrm{n1}} x + C_1 \tag{5.233}$$

ここで，C_1 は積分定数である．静電界の定義から $E_x(x) = -\mathrm{d}\phi/\mathrm{d}x$ であり，$E_x(x)$ は次のように表される．

$$E_x(x) = -\frac{\mathrm{d}\phi}{\mathrm{d}x} = \frac{eN_\mathrm{d}}{\varepsilon_0\varepsilon_\mathrm{n1}} x - C_1 \tag{5.234}$$

ここで，境界条件 $E_x(-l_0) = 0$ を用いると，次のようになる．

$$E_x(-l_0) = -\frac{eN_\mathrm{d}}{\varepsilon_0\varepsilon_\mathrm{n1}} l_0 - C_1 = 0 \quad \therefore \ C_1 = -\frac{eN_\mathrm{d}}{\varepsilon_0\varepsilon_\mathrm{n1}} l_0 \tag{5.235}$$

したがって，静電界 $E_x(x)$ は次のように求められる．

$$E_x(x) = -\frac{\mathrm{d}\phi}{\mathrm{d}x} = \frac{eN_\mathrm{d}}{\varepsilon_0\varepsilon_\mathrm{n1}} x + \frac{eN_\mathrm{d}}{\varepsilon_0\varepsilon_\mathrm{n1}} l_0 = \frac{eN_\mathrm{d}}{\varepsilon_0\varepsilon_\mathrm{n1}} (x + l_0) \tag{5.236}$$

式 (5.236) を x について積分すると，次式が得られる．

$$\phi(x) = -\frac{eN_\mathrm{d}}{2\varepsilon_0\varepsilon_\mathrm{n1}} x^2 - \frac{eN_\mathrm{d} l_0}{\varepsilon_0\varepsilon_\mathrm{n1}} x + C_2 \tag{5.237}$$

ここで，C_2 は積分定数である．境界条件として $\phi(-l_0) = 0$ とすると，次のようになる．

$$\phi(-l_0) = -\frac{eN_\mathrm{d}}{2\varepsilon_0\varepsilon_\mathrm{n1}} l_0^2 + \frac{eN_\mathrm{d}}{\varepsilon_0\varepsilon_\mathrm{n1}} l_0^2 + C_2 = \frac{eN_\mathrm{d}}{2\varepsilon_0\varepsilon_\mathrm{n1}} l_0^2 + C_2 = 0$$

$$\therefore \ C_2 = -\frac{eN_\mathrm{d}}{2\varepsilon_0\varepsilon_\mathrm{n1}} l_0^2 \tag{5.238}$$

式 (5.237) に式 (5.238) を代入すると，次式が導かれる．

$$\phi(x) = -\frac{eN_\mathrm{d}}{2\varepsilon_0\varepsilon_\mathrm{n1}} x^2 - \frac{eN_\mathrm{d} l_0}{\varepsilon_0\varepsilon_\mathrm{n1}} x - \frac{eN_\mathrm{d}}{2\varepsilon_0\varepsilon_\mathrm{n1}} l_0^2$$

$$= -\frac{eN_\mathrm{d}}{2\varepsilon_0\varepsilon_\mathrm{n1}} \left(x^2 + 2l_0 x + l_0^2\right) = -\frac{eN_\mathrm{d}}{2\varepsilon_0\varepsilon_\mathrm{n1}} (x + l_0)^2 \tag{5.239}$$

電子なだれをおこす電界 E_BD が $E_x(0)$ に等しいとすると，式 (5.236) から次のようになる．

$$l_0 = \frac{\varepsilon_0\varepsilon_\mathrm{n1}}{eN_\mathrm{d}} E_x(0) = \frac{\varepsilon_0\varepsilon_\mathrm{n1}}{eN_\mathrm{d}} E_\mathrm{BD} \tag{5.240}$$

また，電子なだれ降伏電圧 V_BD が $\mathrm{n_1\text{-}p_2}$ 界面における空乏層のみにかかっているとすると，次式が得られる．

$$V_\mathrm{BD} = \phi(-l_0) - \phi(0) = \frac{eN_\mathrm{d}}{2\varepsilon_0\varepsilon_\mathrm{n1}} l_0^2 = \frac{\varepsilon_0\varepsilon_\mathrm{n1}}{2eN_\mathrm{d}} E_\mathrm{BD}^2 \tag{5.241}$$

ここで，式 (5.239), (5.240) を用いた．

一方，パンチスルー電圧 V_{PT} は，$l_0 = W_1$ のときの電圧だから，式 (5.239) から次のようになる．

$$V_{\mathrm{PT}} = \phi(-W_1) - \phi(0) = \frac{eN_{\mathrm{d}}}{2\varepsilon_0\varepsilon_{\mathrm{n}1}} W_1{}^2 \tag{5.242}$$

ここで，接合 J_1 における空乏層の厚さは無視した．

5.6.2 SCR

図 5.49 に SCR の等価回路を示す．図 5.49 (a) のように，SCR は，pnp トランジスタと npn トランジスタとが接続されたものと考えることができる．いま，pnp トランジスタの電流増幅率を α_1，npn トランジスタの電流増幅率を α_2 とおき，アノードから注入される電流すなわち pnp トランジスタのエミッタ電流を I とする．このとき，SCR の等価回路は，図 5.49 (b) のように描くことができる．図 5.49 (b) において，npn トランジスタのコレクタ電流 $I_{\mathrm{C}2}$ とエミッタ電流 $I_{\mathrm{E}2}$ は，それぞれ次のように表される．

$$I_{\mathrm{C}2} = (1 - \alpha_1) I - I_{\mathrm{C}0} \tag{5.243}$$
$$I_{\mathrm{E}2} = I + I_{\mathrm{G}} \tag{5.244}$$

また，次のように近似することができる．

$$I_{\mathrm{C}2} \simeq \alpha_2 I_{\mathrm{E}2} \tag{5.245}$$

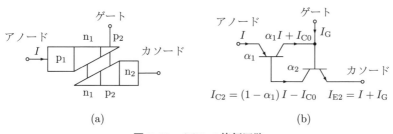

図 **5.49** SCR の等価回路

式 (5.243)–(5.245) から次の関係が成り立つ．

$$(1 - \alpha_1) I - I_{C0} = \alpha_2 (I + I_G) \tag{5.246}$$

したがって，電流 I は次のように表される．

$$I = \frac{\alpha_2 I_G + I_{C0}}{1 - \alpha_1 - \alpha_2} \tag{5.247}$$

式 (5.247) から，

$$\alpha_1 + \alpha_2 = 1 \tag{5.248}$$

のとき，電流 I が急激に大きくなって，導通状態となることがわかる．SCR では，ゲート電流 I_G によって α_2 を制御し，式 (5.248) を満足すると，スイッチングが起こる．

【例題 5.28】

電流 $\alpha_2 I_G = 0.6\,\mathrm{mA}$，$I_{C0} = 0.4\,\mathrm{mA}$ の SCR を考える．電流利得 $\alpha_1 + \alpha_2 = 0.01$ のときのサイリスタの動作と，$\alpha_1 + \alpha_2 = 0.9999$ のときのサイリスタの動作について説明せよ．

【解】

電流利得 α_1 と α_2 は，電流 I の関数であり，電流 I とともに増加する．電流 I が小さい間は，電流利得 α_1 と α_2 は 1 に比べて十分小さい．そして，電流利得 $\alpha_1 + \alpha_2 = 0.01$ のときは，式 (5.247) から

$$I = \frac{\alpha_2 I_G + I_{C0}}{1 - \alpha_1 - \alpha_2} = 1.01\,\mathrm{mA} \tag{5.249}$$

であり，SCR はオフ状態である．

SCR への印加電圧が大きくなって，電流利得 $\alpha_1 + \alpha_2 = 0.9999$ となると，式 (5.247) から次のようになる．

$$I = \frac{\alpha_2 I_G + I_{C0}}{1 - \alpha_1 - \alpha_2} = 10\,\mathrm{A} \tag{5.250}$$

この電流値はオフ状態の 10^4 倍にもなっており，SCR はオン状態となる．

5.7 ガンダイオード

図 5.50 にヒ化ガリウム (GaAs) のエネルギーバンドを示す．この図に示すように，ヒ化ガリウム (GaAs) の伝導帯は二つの谷（Γ 点と X 点）をもっている．

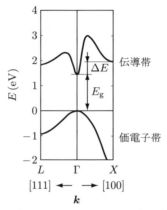

図 5.50　ヒ化ガリウム (GaAs) のエネルギーバンド

ヒ化ガリウム (GaAs) に印加される電界 E が小さい間は，伝導電子は伝導帯のエネルギーが最小である Γ 点に存在する．電界 E が大きくなり，その値が数 $\mathrm{kV\,cm^{-1}}$ を超えるようになると，伝導電子は Γ 点から X 点に遷移するようになる．Γ 点と X 点における伝導電子の移動度が異なるため，実効的な移動度 μ_{eff} は，Γ 点と X 点における伝導電子の分布に依存する．いま，Γ 点と X 点における伝導電子の割合をそれぞれ $\eta, (1-\eta)$ とすると，実効的な移動度 μ_{eff} は，次のように表される．

$$\mu_{\mathrm{eff}} = \eta\mu_\Gamma + (1-\eta)\mu_X \tag{5.251}$$

ここで，μ_Γ, μ_X はそれぞれ Γ 点と X 点における伝導電子の移動度である．ドリフト速度 $v_\mathrm{d} = \mu_{\mathrm{eff}} E$ を電界 E に対してプロットすると，図 5.51 のようになる．

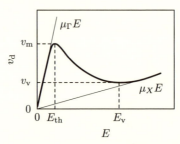

図 5.51　ヒ化ガリウム (GaAs) の移動度の電界依存性

ヒ化ガリウム (GaAs) では，数 $\mathrm{kV\,cm^{-1}}$ を超えるような高電界のもとでは，実効的な移動度 μ_{eff} を電界 E について微分すると，負になる．つまり，数 $\mathrm{kV\,cm^{-1}}$ を超えるような高電界では，負の微分移動度が得られ，微分コンダクタンスも負となる．この現象をガン効果 (Gunn effect) という．

ここで，デバイス内部の微分移動度が負のときの現象を考えよう．ゆらぎなどによってデバイス内部で伝導電子に局所的な偏りができると，伝導電子が空乏化した領域と，伝導電子が蓄積された領域から構成される二重層 (dipole domain) が形成される．この二重層は，アノードに向かって移動し，アノードに到達した後は，元の状態に戻る．そして，再び二重層が形成され，またアノードに向かって進む．この過程を繰り返すことで発振するデバイスが，ガンダイオード (Gunn diode) である．ガンダイオードの発振周波数 f は，二重層の走行速度 v_{d0} と二重層の走行距離 l を用いて，次式で与えられる．

$$f = \frac{v_{\mathrm{d0}}}{l} \tag{5.252}$$

【例題 5.29】
　ガンダイオードを作るための半導体材料としては，伝導帯の Γ 点と X 点のエネルギー差 ΔE が，次の関係

$$E_g > \Delta E > k_B T$$

を満足する必要がある．この理由を説明せよ．ただし，E_g は半導体材料のバンドギャップ，k_B はボルツマン定数，T は絶対温度である．

> **解**

ガンダイオードは，正の微分利得と負の微分利得が，電界によって切り替わることを利用している．そして，この微分利得の正負の切り替わりは，Γ点における伝導電子の移動度 μ_Γ と X 点における伝導電子の移動度 μ_X との値が異なることにもとづく．もし，伝導帯の Γ 点と X 点のエネルギー差 ΔE が，熱エネルギー $k_B T$ と同程度以下ならば，電界を印加しない状態でも熱励起によって，Γ 点から X 点に伝導電子が遷移し，Γ 点と X 点における伝導電子の濃度差が小さくなる．したがって，電界によって Γ 点と X 点における伝導電子の濃度差を大きくすることが困難になる．

電界によって Γ 点と X 点における伝導電子の濃度差を大きくするためには，電界を印加しない状態で Γ 点と X 点における伝導電子の濃度差を大きくしておくことが必要である．このためには，熱励起による Γ 点から X 点への伝導電子の遷移を抑制しなければならない．したがって，$\Delta E > k_B T$ が必要となる．また，なるべく小さな電界で Γ 点から X 点への伝導電子の遷移を実現するためには，$E_g > \Delta E$ であることが望ましい．以上から，

$$E_g > \Delta E > k_B T$$

という関係を満足する必要があるといえる．

5.8 インパットダイオード

インパットダイオード (IMPATT diode) は，電子なだれが起きるように，直流バイアスが印加された状態で，マイクロ波電圧を重畳することで生じる交流負性抵抗を用いた増幅，発振デバイスである．なお，IMPATT は，*imp*act *a*valanche and *t*ransit *t*ime のイタリック部分からなる略語である．インパットダイオードは，ヒ化ガリウム (GaAs) のような伝導帯構造をもたない半導体材料でも，発振デバイスを実現できるという特徴がある．

【例題 5.30】

図 5.52 のような p^+pnn^+ 二重ドリフト形インパットダイオードにおいて，空乏層厚 $l = 2\,\mu\mathrm{m}$ のとき，発振周波数 f は，どれくらいになるか．ただし，伝導電子と正孔の飽和速度を $v_\mathrm{sat} = 10^7\,\mathrm{cm\,s^{-1}}$ とする．

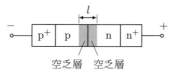

図 **5.52** インパットダイオード

解

電子なだれが起きるような高電界では,伝導電子の速度と正孔の速度は飽和し,伝導電子と正孔は,飽和速度 $v_\mathrm{sat} = 10^7\,\mathrm{cm\,s^{-1}}$ で移動する.空乏層厚 $l = 2\,\mu\mathrm{m}$ のとき,pn接合界面における空乏層は,p領域,n領域にそれぞれ $l/2 = 1\,\mu\mathrm{m}$ ずつ広がっているとする.このとき,伝導電子と正孔が,それぞれ $l/2 = 1\,\mu\mathrm{m}$ の距離をドリフトによって一往復すれば,インパットダイオードは発振できる.したがって,発振に要する伝導電子と正孔の移動距離は $2 \times l/2 = l = 2\,\mu\mathrm{m}$ となり,発振周波数 f は次のように求められる.

$$f \simeq \frac{v_\mathrm{sat}}{l} = 5 \times 10^{10}\,\mathrm{Hz} = 50\,\mathrm{GHz} \tag{5.253}$$

第6章

半導体光デバイス

この章の目的
　本章では，光検出デバイスや，発光デバイスの特性について説明する．
キーワード
　吸収，自然放出，誘導放出，直接遷移，間接遷移，光導電セル，フォトダイオード，アバランシェフォトダイオード，ソーラーセル，発光ダイオード，半導体レーザー

6.1 半導体の光物性

6.1.1 光学遷移

　半導体に光が入射すると，バンド間吸収，励起子吸収，バンド–不純物準位間吸収，不純物準位間吸収，バンド内吸収，自由キャリア吸収などの過程によって，エネルギー保存則と運動量保存則をみたすように，入射光が吸収される．図6.1に光吸収時の**光学遷移** (optical transition) の例を示す．ここで，$\hbar\omega_A$ は伝導帯とアクセプター準位のエネルギー差，$\hbar\omega_D$ はドナー準位と価電子帯のエネルギー差，$\hbar\omega_{DA}$ はドナー準位とアクセプター準位のエネルギー差，$\hbar\omega_g$ は伝導帯–価電子帯のエネルギー差，$\hbar\omega_e$ は伝導電子と正孔が対になり励起子を形成するのに必要なエネルギーである．前述のバンド間吸収，励起子吸収，バンド–不純物準位間吸収の過程では，光吸収にともなってキャリア

が発生するので，これらの過程を用いて，光検出デバイスが実現されている．

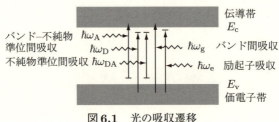

図 6.1 光の吸収遷移

　図 6.2 のような遷移が起きると，エネルギー保存則と運動量保存則をみたすように，遷移によって失ったエネルギーを放出して発光が起きうる．発光については，バンド間発光，励起子発光，バンド–不純物準位間発光，不純物準位間発光などの過程がある．

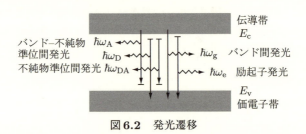

図 6.2 発光遷移

　外部から半導体に光や電子線を照射すると，これらのエネルギーを受け取った価電子帯の電子が伝導帯に**励起** (excitation) されて伝導電子となる．そして，価電子帯には電子の抜け殻である正孔が発生する．ただし，半導体光デバイスとしては，電流注入によって半導体中に伝導電子と正孔を発生するほうが，光や電子線によって励起するよりもはるかにコンパクトで扱いやすい．電流注入によって半導体中に伝導電子と正孔を発生し，伝導電子と正孔とが再結合するときの発光すなわちバンド間発光を利用した発光デバイスが，発光ダイオードや半導体レーザーである．

　図 6.3 に光の吸収と放射の様子を模式的に示す．ここで，$\hbar\omega$ は入射光あるいは放出光における 1 個の光子のエネルギーである．図 6.3 (a) の吸収

6.1 半導体の光物性

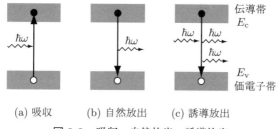

図 **6.3** 吸収,自然放出,誘導放出

(absorption) は,電子が入射光のエネルギーを受け取って,低いエネルギー状態から高いエネルギー状態に遷移する過程である.入射光に誘導されて遷移が生じるので,**誘導吸収** (induced absorption) とよばれることもある.しかし,自然吸収は存在しないので,誘導を省略して吸収とよぶことが多い.放射には,**自然放出** (spontaneous emission) と**誘導放出** (stimulated emission または induced emission) とがある.図 6.3 (b) の自然放出は,励起された電子がある寿命で**緩和** (relaxation) して発光する過程で,入射光の有無に関係なく生じる.一方,図 6.3 (c) の誘導放出は,励起された電子が入射光に誘導されて発光する過程で,入射光と同波長,同位相で,同方向に発光する.つまり,誘導放出光は,単色性に優れ,干渉性が高く,直進性に優れている.図 6.3 に示したように,1 個の光子が入射することによって,2 個の光子(1 個は入射光,もう 1 個は誘導放出光)が出てくる.つまり,誘導放出によって光は増幅される.

6.1.2 レーザー

光子が入射すると,誘導放出と吸収とが同時に起きる.自然界はエネルギーが低いほうが安定なので,熱平衡状態ではエネルギーの低い電子の数のほうがエネルギーの高い電子の数よりも多い.したがって,熱平衡状態において観測されるのは,誘導放出ではなく吸収である.

誘導放出による増幅を実現するためには,エネルギーの高い電子の数をエネルギーの低い電子の数よりも多くすればよい.このような状態における分布は,通常の分布と反転していることから,**反転分布** (inverted population ま

たは population inversion) とよばれる．反転分布は，半導体の場合，光照射や電流注入による励起を用いて，バンド端付近に実現することができる．

自然放出光の一部を入力として利用し，その自然放出光を誘導放出によって増幅して光の発振を実現したのがレーザー (laser) である．この用語は，"light amplification by stimulated emission of radiation"（放射の誘導放出による光増幅）の頭文字を集めてつくった造語である．

4.5節で説明したように，直接遷移の遷移確率のほうが間接遷移の遷移確率よりも大きい．遷移確率が大きいと，光利得が大きくなるので発光効率が高い．したがって，発光デバイスの材料としては，直接遷移型半導体（GaAs, AlGaAs, InP, InGaAsP, InGaN系などの化合物半導体）が適している．シリコン (Si) は，電子デバイスの材料としてよく用いられているが，間接遷移型半導体であり，発光効率が低い．したがって，シリコン (Si) は，発光デバイスの材料として研究されてはいるものの実用化にはいたっていない．

6.2 光検出デバイス

6.2.1 光導電セル

光照射時のキャリア発生による電気伝導率の変化を利用したデバイスが光導電セル (photoconductor) である．キャリア濃度が空間的に一様な場合，バンド間吸収における伝導電子濃度 n と正孔濃度 p に対する単位時間あたりの変化を示す方程式，すなわちレート方程式は次のようになる．

$$\frac{dn}{dt} = G - \frac{n - n_0}{\tau_n} \tag{6.1}$$

$$\frac{dp}{dt} = G - \frac{p - p_0}{\tau_p} \tag{6.2}$$

ここで，G は伝導電子および正孔の単位体積あたりの生成レート，n_0 は熱平衡状態における伝導電子濃度，τ_n は伝導電子の寿命，p_0 は熱平衡状態における正孔濃度，τ_p は正孔の寿命である．

定常状態 ($dn/dt = dp/dt = 0$) では，伝導電子濃度 n と正孔濃度 p は，式

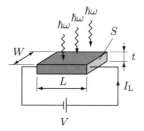

図 **6.4** 光導電セル

(6.1), (6.2) から次のようになる.

$$n = n_0 + G\tau_n \tag{6.3}$$
$$p = p_0 + G\tau_p \tag{6.4}$$

伝導電子と正孔の移動度をそれぞれ μ_n, μ_p とすると,電気伝導率 σ は次のように表される.

$$\sigma = \sigma_0 + \sigma_L \tag{6.5}$$
$$\sigma_0 = e(n_0\mu_n + p_0\mu_p) \tag{6.6}$$
$$\sigma_L = eG(\mu_n\tau_n + \mu_p\tau_p) \tag{6.7}$$

ここで,σ_0 は光照射がないときの電気伝導率すなわち暗伝導率,σ_L は光照射による電気伝導率である.

さて,$\mu_n\tau_n \gg \mu_p\tau_p$ の場合には,光照射による電気伝導率 σ_L は,次のようになる.

$$\sigma_L \simeq eG\mu_n\tau_n \tag{6.8}$$

図 6.4 のような,長さ L,断面積 S の光導電セルに電圧 V を印加すると,次のような光照射電流 I_L が流れる.

$$I_L = \sigma_L \frac{V}{L} S = egGLS \tag{6.9}$$

ここで,g は光利得係数であり,次のように表される.

$$g = \frac{\sigma_L V}{eGL^2} = \frac{\mu_n V}{L^2}\tau_n = \frac{\tau_n}{\tau} \tag{6.10}$$

$$\tau = \frac{L^2}{\mu_n V} \tag{6.11}$$

式 (6.11) の τ はキャリアの走行時間である.

【例題6.1】

内部量子効率 $\eta_\mathrm{i} = 0.5$ の光導電セルを考える．この光導電セルにおいて，伝導電子の寿命を $\tau_n = 10^{-3}$ s，移動度を $\mu_n = 10^3\,\mathrm{V^{-1}\,cm^2\,s^{-1}}$ とする．また，正孔は，発生すると同時にトラップに捕獲され，正孔の寿命を $\tau_p = 0$ s とする．光導電セルの受光面（横幅 $W = 0.5\,\mathrm{cm}$，長さ $L = 1\,\mathrm{cm}$）に対して垂直に，単位面積あたりの光強度 $P_\mathrm{L} = 10\,\mathrm{mW\,cm^{-2}}$ の紫外線（波長 $\lambda = 409.6\,\mathrm{nm}$）を照射したとき，次の問いに答えよ．なお，光導電セルの厚さは，$t = 2 \times 10^{-2}\,\mathrm{cm}$ である．

(a) 受光面に入射する毎秒あたりの光子濃度 n_ph を求めよ．
(b) 光導電セル内での伝導電子の発生レート G はいくらか．
(c) 長さ方向に電圧 $V = 50\,\mathrm{V}$ を印加したとき，伝導電子の走行時間 τ はいくらか．
(d) 長さ方向に電圧 $V = 50\,\mathrm{V}$ を印加したときの光照射電流 I_L を計算せよ．

解

(a) 受光面に入射する毎秒あたりの光子濃度 n_ph は，プランク定数 h と真空中の光速 c を用いて，次のような値になる．

$$n_\mathrm{ph} = \frac{P_\mathrm{L}}{hc/\lambda} = 2.06 \times 10^{16}\,\mathrm{cm^{-2}\,s^{-1}} \tag{6.12}$$

ここで，hc/λ は1個の光子のエネルギーである．

(b) 光導電セル内での伝導電子の発生レート G は，次のようになる．

$$G = \eta_\mathrm{i} \frac{n_\mathrm{ph}}{t} = 5.15 \times 10^{17}\,\mathrm{cm^{-3}\,s^{-1}} \tag{6.13}$$

(c) 伝導電子の走行時間 τ は，次のように計算される．

$$\tau = L \div \left(\mu_n \frac{V}{L}\right) = \frac{L^2}{\mu_n V} = 20\,\mathrm{\mu s} \tag{6.14}$$

(d) 光照射電流 I_L は，式 (6.9)，(6.10) から次のように求められる．

$$I_\mathrm{L} = e\frac{\tau_n}{\tau}GtS = e\frac{\tau_n}{\tau}GtLW = 41.3\,\mathrm{mA} \tag{6.15}$$

ただし，式 (6.9) において L を光導電セルの厚さ t で置き換え，$S = LW$ を用いた．

6.2.2 フォトダイオード，アバランシェフォトダイオード，ソーラーセル

フォトダイオード (photo diode) は，ダイオードを逆バイアスした状態で光を照射し，このときの電流変化を利用した光検出デバイスである．特性をよくするために，pn 接合の間に i 層を挿入した pin 構造を用いることが多い．

アバランシェフォトダイオード (avalanche photo diode) は，フォトダイオードの空乏層に高電界を印加して電子なだれを起こし，高感度化を図った光検出デバイスである．

ソーラーセル (solar cell) は，ダイオードにバイアス電圧を印加しない状態で光を照射し，このときの電流変化を利用した光検出デバイスである．ソーラーセルは，よく太陽電池という名前でよばれている．しかし，動作原理として電池とは異なることに注意しよう．図 6.5 にソーラーセルの等価回路を示す．ここで，I_L は光照射によって発生したキャリアがドリフトで移動することによって発生した電流，I は負荷抵抗 R_L に流れる電流，R_S はソーラーセルの内部抵抗である．また，ドリフトによる伝導電子と正孔の移動にともなって，n 側が負に帯電し，p 側が正に帯電する．この結果，ソーラーセルに順バイアス電圧 V がかかる．この順バイアス電圧 V によって，ソーラーセル内部に電流 I_D が流れる．この電流 I_D はダイオードの順方向電流であり，次のように書くことができる．

$$I_\mathrm{D} = I_0 \left[\exp\left(\frac{eV}{\eta k_\mathrm{B} T} \right) - 1 \right] \tag{6.16}$$

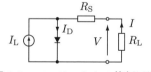

図 **6.5** ソーラーセルの等価回路

図 6.5 において，負荷抵抗 R_L に流れる電流 I は，I_L と I_D を用いて，次のように表される．

$$I = I_\mathrm{D} - I_\mathrm{L} \tag{6.17}$$

ソーラーセルの電流–電圧（I–V）特性は，図 6.6 のようになる．シリコン

(Si) ソーラーセルでは，短絡電流 I_{SC} は $2 \times 10^{-2} \, \text{A cm}^{-2}$ 程度である．ソーラーセルを短絡しているときは，ソーラーセルのアノード–カソード間電圧 V は 0 V である．一方，ソーラーセルを開放しているときは，ソーラーセルに電流は流れない．シリコン (Si) ソーラーセルの場合，開放電圧 V_{OC} は 0.6 V 程度である．また，ソーラーセルの出力 P は，曲線因子あるいは完全因子 (full factor) FF を用いて，次のように表すことが多い．

$$P = FF \cdot I_{SC} V_{OC} \tag{6.18}$$

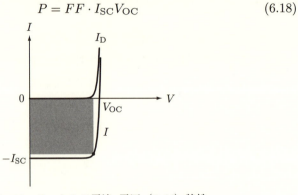

図 **6.6** ソーラーセルの電流–電圧（I–V）特性

【例題 6.2】

(a) 単位面積あたりの光強度 $P_L = 100 \, \text{mW cm}^{-2}$ の光を単結晶シリコン (Si) ソーラーセルに照射したとき，短絡電流密度 $J_{SC} = 31.5 \, \text{mA cm}^{-2}$，開放端出力電圧 $V_{OC} = 0.560 \, \text{V}$，効率 $\eta = 13.5\%$ が得られたとする．このとき，曲線因子 FF を求めよ．

(b) 単位面積あたりの光強度 $P_L = 100 \, \text{mW cm}^{-2}$ の光を非晶質シリコン (Si) ソーラーセルに照射したとき，短絡電流密度 $J_{SC} = 13.5 \, \text{mA cm}^{-2}$，開放端出力電圧 $V_{OC} = 0.909 \, \text{V}$，曲線因子 $FF = 0.617$ が得られたとする．このとき，効率 η を求めよ．

解

(a) ソーラーセルの面積を S とすると，ソーラーセルの出力 P は，式 (6.18) から次のように表すことができる．

$$P = FF \cdot J_{SC} S V_{OC} = \eta S P_L \tag{6.19}$$

したがって，曲線因子 FF は，次のようになる．

$$FF = \frac{\eta P_L}{J_{SC} V_{OC}} = 0.765 \tag{6.20}$$

(b) 効率 η は，式 (6.19) から次のように求められる．

$$\eta = \frac{FF \cdot J_{\text{SC}} V_{\text{OC}}}{P_{\text{L}}} = 7.57\,\% \tag{6.21}$$

6.3 発光ダイオード

6.3.1 構造と用途

発光ダイオード (light emitting diode, LED) は，自然放出光を出射する発光デバイスであり，図 6.7 (a) のように，pn 接合の間に活性層とよばれる発光層がはさまれた構造をしている．pn 接合に順バイアスを印加すると，活性層にキャリアが注入され，自然放出光が発生する．発光色は材料系に依存し，AlGaInP 系では黄緑，アンバー，サンセットオレンジ，橙，赤が得られ，InGaN 系では，緑，青，紫，紫外が得られている．図 6.7 (b) は，LED の実装例である．この例では，LED から出射した青色光，あるいは紫外光を蛍光塗料に当てて，白色光を得ている．異なる色の複数の LED を組み合わせて白色光を得たり，独立に発光させてカラーディスプレイや信号機の表示をしたりしている．LED は，白熱灯や蛍光灯に比べて，低消費電力で寿命が長いという特長がある．

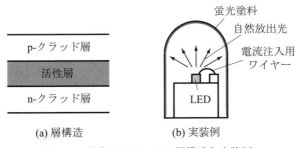

図 **6.7** 発光ダイオードの層構造と実装例

6.3.2 電流-光出力特性

活性層内部のキャリア濃度 (carrier concentration) $n(t)$ と自然放出光の光子濃度 (photon concentration) $S(t)$ に対して，レート方程式 (rate equations) は，次のように表される．

$$\frac{dn(t)}{dt} = \frac{J(t)}{ed} - \frac{n(t)}{\tau_n} \tag{6.22}$$

$$\frac{dS(t)}{dt} = \frac{n(t)}{\tau_r} - \frac{S(t)}{\tau_{ph}} \tag{6.23}$$

ここで，t は時間，$J(t)$ は注入電流密度，e は電気素量，d は活性層厚，τ_n はキャリア寿命 (carrier lifetime)，τ_r は自然放出による発光再結合寿命 (radiative recombination lifetime)，τ_{ph} は光子寿命 (photon lifetime) である．

注入電流密度 $J(t)$ が一定値 J をとるとし，定常状態 (steady state) を考える．このとき，$dn(t)/dt = dS(t)/dt = 0$ である．キャリア濃度 $n(t)$ と光子濃度 $S(t)$ が時間 t に依存しないので，$n(t) = n$, $S(t) = S$ と表すと，式 (6.22), (6.23) から次のように求められる．

$$n = \frac{\tau_n}{ed} J, \quad S = \frac{\tau_{ph}}{\tau_r} \frac{\tau_n}{ed} J \tag{6.24}$$

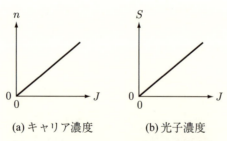

(a) キャリア濃度　　(b) 光子濃度

図 6.8　LED のキャリア濃度と光子濃度

したがって，図 6.8 に示すように，LED の定常状態におけるキャリア濃度 n と光子濃度 S は，どちらも注入電流密度 J に比例する．

6.3.3 直接変調

直流電流密度 J_0 に周波数 f の正弦波電流 $\delta J(f)\mathrm{e}^{\mathrm{i}2\pi ft}$ を重畳して，キャリア濃度 $n(t)$ と光子濃度 $S(t)$ が，定常値 n_0 と S_0 に対して，それぞれ $n(t) = n_0 + \delta n(f)\mathrm{e}^{\mathrm{i}2\pi ft}$ と $S(t) = S_0 + \delta S(f)\mathrm{e}^{\mathrm{i}2\pi ft}$ になったと仮定する．これらを式 (6.22), (6.23) に代入し，**変調度** (modulation efficiency) $\delta(f)$ を注入電子1個あたりに発生する光子数で定義すると，次のようになる．

$$\delta(f) = \left|\frac{\delta S(f)}{\delta J(f)/ed}\right| = \frac{\tau_n}{\tau_\mathrm{r}} \frac{\tau_\mathrm{ph} f_\mathrm{r}^2}{\sqrt{(f^2 - f_\mathrm{r}^2)^2 + (f\gamma_0/2\pi)^2}} \quad (6.25)$$

ここで，次のようにおいた．

$$f_\mathrm{r} = \frac{1}{2\pi}\sqrt{\frac{1}{\tau_n \tau_\mathrm{ph}}}, \quad \gamma_0 = \frac{1}{\tau_n} + \frac{1}{\tau_\mathrm{ph}} \quad (6.26)$$

図 6.9 に LED の変調特性を示す．減衰係数 γ_0 が大きいことから，共振特性は得られず，変調帯域は 10^8 Hz = 100 MHz 程度になる．光出射面の反射率を高くして，光子寿命 τ_ph を長くすれば，減衰係数 γ_0 が小さくなって変調帯域は増加するが，光の取り出し効率が低下する．したがって，LED は，高速変調には適していない．また，LED の発光スペクトルは，半導体レーザーの発光スペクトルに比べてきわめて広いので，光ファイバの分散の影響を強く受ける．このため，LED は，長距離大容量通信には用いられていない．

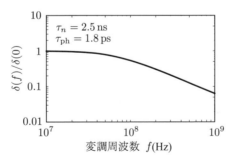

図 **6.9** LED の変調特性

6.4 半導体レーザー

6.4.1 構造と用途

半導体レーザー (laser diode, LD) でも，LED と同様に，活性層にキャリアを注入するために，pn 接合が用いられている．さらに，室温連続発振を実現するには，活性層にキャリアと光の両方を閉じ込めることができるダブルヘテロ構造 (double heterostructure) が必須である．ヘテロ接合 (heterojunction) とは，異なった結晶材料あるいは組成で作られた接合である．図 6.10 のように，二つのヘテロ接合をもつダブルヘテロ構造では，接合界面にエネルギー障壁 (energy barrier) が生じ，接合界面間にポテンシャル井戸 (potential well) が形成される．このポテンシャル井戸にキャリアを閉じ込めることができる．また，例題 4.13 で学んだように，一般に半導体ではバンドギャップが小さいほど，屈折率が大きいという性質があり，ポテンシャル井戸の位置に存在する活性層に光を閉じ込めることができる．

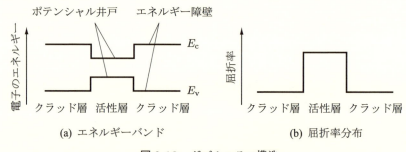

図 **6.10** ダブルヘテロ構造

半導体レーザーは，LED と違って，光の発振器である．レーザー発振を実現するためには，光利得をもつ活性層を光が何度も往復するようにして，損失を上回るまで光を増幅することが必要である．このために用いられるのが，光共振器である．図 6.11 (a) は，ファブリ・ペロー (Fabry-Perot) 共振器を用いたファブリ・ペロー LD であり，空気の屈折率と半導体の屈折率の違いを利用し，へき開面 (cleaved facet) をミラーとしている．特に，{011} 面や {01$\bar{1}$} 面を出射端面として用いることが多い．

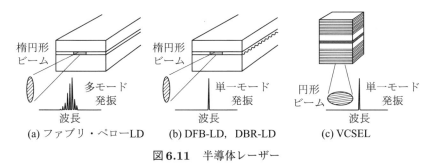

図**6.11** 半導体レーザー

ファブリ・ペロー共振器において，入射光強度を I_0，透過光強度を I_t とする．パワー反射率 R_1, R_2，パワー透過率 T_1, T_2，光導波路の等価屈折率 n_r，波数 k_0，デバイス長（ミラー間隔）L を用いると，I_t と I_0 の関係は，次のように表される．

$$\frac{I_t}{I_0} = \frac{T_1 T_2 G_{s0}}{(1 - G_{s0}\sqrt{R_1 R_2})^2 + 4G_{s0}\sqrt{R_1 R_2}\sin^2(n_r k_0 L)} \tag{6.27}$$

$$G_{s0} = \exp(gL) \tag{6.28}$$

ここで，g は光強度に対するパワー利得係数である．発振条件は，式 (6.27) において，$I_0 = 0$ かつ $I_t > 0$ とおいて，次のように表される．

$$\sin(n_r k_0 L) = 0 \tag{6.29}$$

$$1 - G_{s0}\sqrt{R_1 R_2} = 0 \tag{6.30}$$

共振条件 (resonance condition) は，式 (6.29) から次のようになる．

$$L = m\frac{\lambda_0}{2n_r} \tag{6.31}$$

ここで，m は正の整数，$\lambda_0 = 2\pi/k_0$ は真空中の波長である．

利得条件 (gain condition) は，式 (6.30) から活性層における光閉じ込め係数 (optical confinement factor) Γ_a，活性層におけるパワー利得係数 g_a，光導波路の内部損失 (internal loss) α_i を用いると，次のように表される．

$$\Gamma_a g_a = \alpha_i + \frac{1}{L}\ln\frac{1}{\sqrt{R_1 R_2}} \tag{6.32}$$

ここで，$g = \Gamma_a g_a - \alpha_i$ を用いた．

ファブリ・ペローLDは，変調時に多モード動作しやすいため，レーザーポインター，バーコードリーダー，コンパクトディスク・DVD・ブルーレイディスク，レーザープリンター，短距離光ファイバ通信に用いられている．

図6.11 (b) は，単一モード発振を実現するために，回折格子を用いて光共振器を形成した分布帰還型 (distributed feedback (DFB))-LD と分布ブラッグ反射型 (distributed Bragg reflector (DBR))-LD である．複素屈折率の虚部が一様な屈折率結合型の場合，複素屈折率の実部 $n_r(z)$ だけが，共振器軸の座標 z に対して，次のように周期的に変化する．

$$n_r(z) = n_{r0} + \Delta n_r \cos(2\beta_0 z + \Omega) \tag{6.33}$$

ここで，$\beta_0 = \pi/\Lambda$ であり，Λ は回折格子のピッチである．

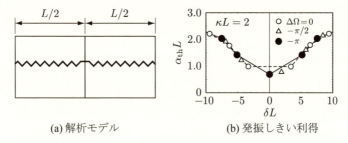

(a) 解析モデル　　　　(b) 発振しきい利得

図6.12 位相シフト回折格子の解析モデルと発振しきい利得

図6.12 (a) の解析モデルにおいて，二つの領域の間の位相シフトを $\Delta\Omega$ とすると，発振条件は，次式によって与えられる．

$$\left[\cosh(\gamma L) - \frac{\alpha_0 - i\delta}{\gamma}\sinh(\gamma L)\right] + \frac{\kappa^2}{\gamma^2}(e^{i\Delta\Omega} - 1)\left[\sinh\left(\frac{\gamma L}{2}\right)\right]^2 = 0 \tag{6.34}$$

ここで，回折格子の結合係数 (coupling coefficient) κ と δ を次式によって定義した．

$$\kappa = \frac{\pi \Delta n_r}{\lambda_0}, \quad \delta = \frac{\beta^2 - \beta_0^2}{2\beta_0} \simeq \beta - \beta_0 \tag{6.35}$$

ただし，β はレーザー光の伝搬定数である．

図6.12 (b) に発振しきい利得 $\alpha_{th}L$ と δL の関係を示す．パラメータは，位相シフト $\Delta\Omega$ である．ただし，両端面の反射率は 0 とした．位相シフト $\Delta\Omega$

が0のとき，すなわち均一回折格子の場合は，発振しきい利得が最小のモードが二つあるため，2モード発振しやすい．位相シフト $\Delta\Omega$ が 0 から $-\pi$ に近づくにつれて単一モード性が向上し，$\Delta\Omega = -\pi$ においてもっとも安定に単一モード発振する．位相シフトDFB-LDは，もっとも安定に単一モード発振することから，日本縦貫光ファイバー通信システムやTPC-4などの長距離大容量光ファイバ通信で用いられ，インターネットのインフラストラクチャーの要素として貢献してきた．携帯電話における基地局間でも光ファイバー通信が用いられており，情報化社会を支える基盤技術として光ファイバー通信は重要な役割を担っている．

DBR-LDは，共振器軸方向において回折格子領域と活性層領域が分離したレーザーであって，回折格子は反射鏡としてはたらく．単一モードの安定性と光出力の観点からは，DFB-LDのほうがDBR-LDよりも優れている．DBR-LDは，主に測定用の光源として用いられている．

図6.11 (c) のような，周期的多層膜をDBRとする垂直共振器型面発光レーザー (vertical cavity surface emitting laser, VCSEL) では，共振器長がわずか数 μm 以下である．したがって，低い発振しきい利得を実現するために，周期的多層反射膜を用い，99.5%程度のパワー反射率を実現している．垂直共振器型面発光レーザーは，2次元集積化が容易で，極低しきい値動作が期待されるという長所をもち，並列光情報処理や並列光伝送に用いられている．

6.4.2 電流－光出力特性

半導体レーザーのレート方程式は，キャリア濃度 $n(t)$ とレーザー光の光子濃度 $S(t)$ に対して，次のように表される．

$$\frac{dn(t)}{dt} = \frac{J(t)}{ed} - G(n(t))S(t) - \frac{n(t)}{\tau_n} \tag{6.36}$$

$$\frac{dS(t)}{dt} = \Gamma_a G(n(t))S(t) - \frac{S(t)}{\tau_{ph}} + \beta_{sp}\frac{n(t)}{\tau_r} \tag{6.37}$$

ここで，$G(n(t))$ は誘導放出に関係する係数, Γ_a は活性層における光の閉じ込め係数, β_{sp} は自然放出光結合係数である．定常状態 $(dn(t)/dt = dS(t)/dt = 0)$ において，発振しきい値以下では，正味の誘導放出を無視して $S(t) = 0$ とす

ると，式 (6.36), (6.37) から次の結果が得られる．

$$n = \frac{J}{ed}\tau_n, \quad J_{\text{th}} = \frac{ed}{\tau_n}n_{\text{th}} \tag{6.38}$$

ここで，n と J は，それぞれ定常状態におけるキャリア濃度と注入電流密度，J_{th} は発振しきい電流密度，n_{th} は発振しきいキャリア濃度である．

自然放出光結合係数 β_{sp} が十分小さいとき，定常状態におけるキャリア濃度 n，レーザー光の光子濃度 S，注入電流密度 J に対して，式 (6.36), (6.37) から次式が成り立つ．

$$S = \frac{\tau_{\text{ph}}}{ed}(J - J_{\text{th}}), \quad \Gamma_a G(n) = \frac{1}{\tau_{\text{ph}}} \tag{6.39}$$

式 (6.38), (6.39) から，LD の定常状態におけるキャリア濃度 n と光子濃度 S は，図 6.13 のようになる．

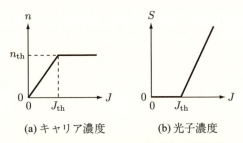

(a) キャリア濃度　　(b) 光子濃度

図 6.13 LD のキャリア濃度と光子濃度

6.4.3　直接変調

直流電流密度 J_0 に周波数 f の正弦波電流 $\delta J(f)\text{e}^{\text{i}2\pi ft}$ を重畳して，キャリア濃度 $n(t)$ と光子濃度 $S(t)$ が，定常値 n_0 と S_0 に対して，それぞれ $n(t) = n_0 + \delta n(f)\text{e}^{\text{i}2\pi ft}$ と $S(t) = S_0 + \delta S(f)\text{e}^{\text{i}2\pi ft}$ になったと仮定する．これらを式 (6.36), (6.37) に代入すると，変調度 $\delta(f)$ は，次のようになる．

$$\delta(f) = \left|\frac{\delta S(f)}{\delta J(f)/ed}\right| = \frac{\tau_{\text{ph}}f_r^2}{\sqrt{(f^2 - f_r^2)^2 + (f\gamma_0/2\pi)^2}} \tag{6.40}$$

ここで，次のようにおいた．

$$f_r = \frac{1}{2\pi}\sqrt{\frac{\partial G}{\partial n}S_0 \frac{1}{\tau_{\text{ph}}}}, \quad \gamma_0 = \frac{1}{\tau_n} + \frac{\partial G}{\partial n}S_0 \tag{6.41}$$

図 6.14 に LD の変調特性を示す．パラメータは，注入電流密度 J である．変調度 $\delta(f)$ が共振特性を示し，共振周波数 f_r が変調帯域のほぼ上限を表す．式 (6.41) からわかるように，光子濃度の定常値 S_0 が大きくなるにつれて，共振周波数 f_r が大きくなって，変調帯域が広くなる．

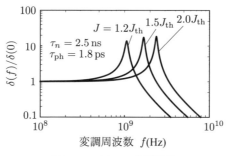

図 **6.14** LD の変調特性

6.4.4 量子井戸 LD

量子井戸 LD (quantum well laser diode) は，活性層が量子井戸構造からなる半導体レーザーである．ポテンシャル井戸の個数に応じて，単数のレーザーを**単一量子井戸** (single quantum well, SQW) レーザー，複数のレーザーを**多重量子井戸** (multiple quantum well, MQW) レーザーという．量子井戸では，特定のエネルギーに対して，**状態密度** (density of state) が大きくなる．したがって，量子井戸レーザーでは，低発振しきい値，高微分量子効率，高速変調，低チャーピング，狭スペクトル線幅など，半導体レーザーの高性能化が実現される．

【例題 6.3】

波長 $\lambda = 1.30\,\mu\text{m}$ で発振する，共振器長 $L = 300\,\mu\text{m}$ の InGaAsP/InP レーザーを考える．なお，この半導体レーザーの等価屈折率を $n_r = 3.52$ とする．

(a) 共振器長 L は，媒質内の半波長 $\lambda/(2n_\mathrm{r})$ の何倍か．
(b) 隣接する共振波長の間隔 $\Delta\lambda$ はいくらか．

【解】
(a) 共振器長 L を媒質内の半波長 $\lambda/(2n_\mathrm{r})$ で割った値を m とすると，次のようになる．
$$m = \frac{L}{\lambda/(2n_\mathrm{r})} = \frac{2n_\mathrm{r}L}{\lambda} = 271 \tag{6.42}$$
したがって，271 倍である．
(b) 共振波長を $\lambda_m = 2n_\mathrm{r}L/m$ と表すと，$\Delta\lambda$ は次のようになる．
$$\Delta\lambda = |\lambda_{m\pm 1} - \lambda_m| \simeq \frac{2n_\mathrm{r}L}{m^2} = 4.8\,\mathrm{nm} \tag{6.43}$$

第7章

表面と界面

この章の目的
　結晶表面には，結合する相手を失った原子が存在する．このため，結晶表面の構造は結晶内部とは異なる．この章では，結晶表面の構造について説明した後，界面制御の観点から電界効果トランジスタのチャネルについて考える．

キーワード
　表面再構成，緩和，メッシュ，電界効果トランジスタ

7.1 表面再構成

7.1.1 結晶表面

　結晶内部は，同一構造の繰り返しであり，周期的境界条件がみたされている．一方，**結晶表面** (crystal surface) では，結晶内部と違い，結合する相手を失った原子が存在する．このため，結晶表面では，結晶内部と構造を変えることで，エネルギーを低く保とうとする．したがって，結晶表面は，結晶内部とは著しく構造の異なる数層の**原子層** (atomic layer) で構成されている．そして，結晶表面は，真空中に存在している場合でも，必ずしも清浄ではなく，他の原子が付着したり，侵入していることも多い．

7.1.2 表面再構成と緩和

結晶内部では，原子が規則正しく配列している．一方，結晶表面付近では，結晶面が直接あるいは数原子層を介して真空中と接している．このため，結晶表面は，自由原子と結晶内部との中間の状態にあると考えられる．したがって，真空中に置かれた清浄な結晶表面では，原子面内の配列そのものが変わる **表面再構成** (surface reconstruction) や，原子面内の配列は結晶内部と同じで原子面間隔だけが変わる **緩和** (relaxation) などが起こる．

7.1.3 結晶表面の基本並進ベクトル

結晶表面を構成する原子面は，2次元格子 (net) を用いて扱うことができる．また，2次元単位格子をメッシュ (mesh) という．ここで，図7.1のように，結晶表面のメッシュの基本並進ベクトルを $\hat{c}_1, \hat{c}_2$ とおく．そして，結晶内部の基本並進ベクトル $\hat{a}_1, \hat{a}_2, \hat{a}_3$ のうち，結晶表面と平行な面上に存在する基本並進ベクトル $\hat{a}_1, \hat{a}_2$ を用いることにする．このとき，結晶表面のメッシュの基本並進ベクトル $\hat{c}_1, \hat{c}_2$ は，次のように表すことができる．

$$\begin{bmatrix} \hat{c}_1 \\ \hat{c}_2 \end{bmatrix} = \begin{bmatrix} P_{11} & P_{12} \\ P_{21} & P_{22} \end{bmatrix} \begin{bmatrix} \hat{a}_1 \\ \hat{a}_2 \end{bmatrix} \tag{7.1}$$

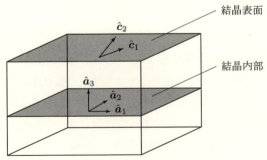

図 **7.1** 結晶表面と結晶内部の基本並進ベクトル

7.1.4 結晶表面の2次元格子

図 7.2 に示すように，$\hat{c}_1$ と $\hat{c}_2$ との間の角と，$\hat{a}_1$ と $\hat{a}_2$ との間の角が等しい場合，結晶表面の構造を次のように表す．

$$\left(\frac{|\hat{c}_1|}{|\hat{a}_1|} \times \frac{|\hat{c}_2|}{|\hat{a}_2|}\right) \mathrm{R}\alpha \tag{7.2}$$

ただし，α は二つのメッシュ間の相対的な回転 R の角度であり，ここでは $\hat{c}_1$ と $\hat{c}_2$ との間の角度と，$\hat{a}_1$ と $\hat{a}_2$ との間の角度が等しいとしている．なお，$\alpha = 0$ のときは，$\mathrm{R}\alpha$ は省略する．

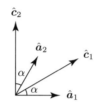

図 7.2　メッシュと結晶内部の基本並進ベクトル

吸着原子の表面2次元格子の例を図 7.3 に示す．この図において，○は基板の最上層の原子を示す．図 7.3 (a) の fcc(111) は，面心立方構造 (face-centered

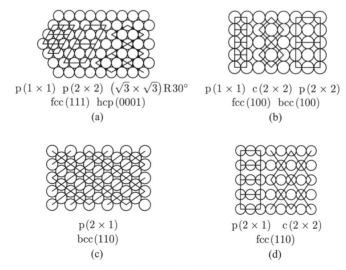

図 7.3　吸着原子の表面2次元格子

cubic structure) の (111) 面を意味しており，この面が基準の 2 次元格子となる．また，hcp(0001) は六方最密構造 (hexagonal closed-packed structure) の (0001) 面を示しており，面指数として，平面上の三つのベクトルと平面に垂直な一つのベクトルの合計四つのベクトルによって結晶面を指定している．直線は，規則正しい配列をもった上層を示しており，2 本の直線の交点（2 次元格子の格子点）に吸着原子が存在する．

図 7.3 (a) の p(1 × 1) において，p は 2 次元の基本単位格子 (primitive mesh) であることを示している．また，(1 × 1) という表現からわかるように，$\alpha = 0$，$|\hat{c}_1| = |\hat{a}_1|$, $|\hat{c}_2| = |\hat{a}_2|$ であり，結晶表面の単位構造は，結晶内部の格子の単位構造と一致している．

図 7.3 (b) の c(2 × 2) において，c は中心に格子点を含む格子 (centered mesh) であることを示している．また，(2 × 2) という表現からわかるように，$|\hat{c}_1| = 2|\hat{a}_1|$, $|\hat{c}_2| = 2|\hat{a}_2|$ であり，結晶表面の単位構造のベクトルは，結晶内部の格子のベクトルの 2 倍の長さをもっている．また，bcc(100) は，体心立方構造 (body-centered cubic structure) の (100) 面を意味している．

7.1.5 結晶表面の 2 次元格子の逆格子ベクトル

3 次元格子の場合と同様に

$$\hat{c}_1 \cdot \hat{c}_2^* = \hat{c}_2 \cdot \hat{c}_1^* = 0 \tag{7.3}$$

$$\hat{c}_1 \cdot \hat{c}_1^* = \hat{c}_2 \cdot \hat{c}_2^* = 2\pi \tag{7.4}$$

となるように，結晶表面の逆格子の基本ベクトル $\hat{c}_1^*$, $\hat{c}_2^*$ を定義する．ここで，h, k を定数として，次のような結晶表面の逆格子ベクトルを考えると，回折線の指標は，hk で表される．

$$\boldsymbol{g} = h\hat{c}_1^* + k\hat{c}_2^* \tag{7.5}$$

【例題 7.1】

基本並進ベクトル $\hat{c}_1 = a\hat{x}$, $\hat{c}_2 = 3a\hat{y}$ をもつ 2 次元格子に対して，逆格子の基本ベクトル $\hat{c}_1^*, \hat{c}_2^*$ を求めよ．

解

基本並進ベクトル $\hat{c}_1 = a\hat{x}$, $\hat{c}_2 = 3a\hat{y}$ に直交する仮想的な基本並進ベクトル $\hat{c}_3 = c\hat{z}$ を考えることがポイントである．後は，3次元格子と同じ方法で逆格子の基本ベクトルを求めればよい．ただし，$\hat{c}_3^*$ を計算しないことに注意しよう．

$\hat{c}_1 = a\hat{x} = (a, 0, 0)$, $\hat{c}_2 = 3a\hat{y} = (0, 3a, 0)$, $\hat{c}_3 = c\hat{z} = (0, 0, c)$ を基本並進ベクトルとする基本セルの体積 V は，次のように $V = 3a^2c$ となる．

$$V = \begin{vmatrix} a & 0 & 0 \\ 0 & 3a & 0 \\ 0 & 0 & c \end{vmatrix} = 3a^2c \tag{7.6}$$

したがって，逆格子の基本ベクトル $\hat{c}_1^*, \hat{c}_2^*$ は，次のように求められる．

$$\hat{c}_1^* = \frac{2\pi}{V}\hat{c}_2 \times \hat{c}_3 = \frac{2\pi}{3a^2c}\begin{vmatrix} \hat{x} & \hat{y} & \hat{z} \\ 0 & 3a & 0 \\ 0 & 0 & c \end{vmatrix} = \frac{2\pi}{3a^2c} \cdot 3ac\hat{x} = \frac{2\pi}{a}\hat{x} \tag{7.7}$$

$$\hat{c}_2^* = \frac{2\pi}{V}\hat{c}_3 \times \hat{c}_1 = \frac{2\pi}{3a^2c}\begin{vmatrix} \hat{x} & \hat{y} & \hat{z} \\ 0 & 0 & c \\ a & 0 & 0 \end{vmatrix} = \frac{2\pi}{3a^2c} \cdot ac\hat{y} = \frac{2\pi}{3a}\hat{y} \tag{7.8}$$

7.2 界面伝導チャネル

界面層 (interface layer) の厚みや，界面層におけるキャリア濃度は，界面に垂直に電界を印加することによって，変えることができる．この効果を利用した半導体電子デバイスの一つが，第 5 章で紹介した金属–酸化物–半導

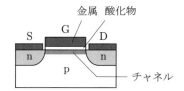

図 **7.4** 電界効果トランジスタの構造

体電界効果トランジスタ (metal-oxide-semiconductor field-effect transistor, MOSFET) である．

図7.4のように，電界効果トランジスタでは，ソース (source，略号 S) とドレイン (drain，略号 D) の間を流れる電流をゲート (gate，略号 G) に印加する電圧で制御する．ゲート電圧によって，絶縁体の下にある半導体の電界を変え，半導体に形成されるチャネル (channel) の電気伝導を制御する．

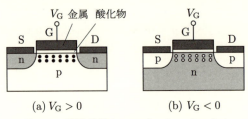

図 **7.5** 電界効果トランジスタのチャネル

図7.5 (a) のようにゲート電圧 $V_G > 0$ の場合，絶縁体–p 型半導体基板界面の p 型半導体層には，負の電荷をもつ伝導電子が集まり，チャネル（n チャネル）が形成される．一方，図7.5 (b) のようにゲート電圧 $V_G < 0$ の場合，絶縁体–n 型半導体基板界面の n 型半導体層には，正の電荷をもつ正孔が集まり，チャネル（p チャネル）が形成される．

【例題7.2】

金属–酸化物–半導体トランジスター (MOSFET) の中にあるような，絶縁体と半導体との間の接触面を考える．SiO_2–Si 界面に垂直に大きな電界をかけたとき，伝導電子のポテンシャルは，x が正のとき $U(x) = eEx$，x が負のとき $U(x) = \infty$ と近似的に表されると仮定する．ここで，x 軸の原点は界面上にとっている．波動関数は，x が負の領域で 0 であり，x が正の領域で次のように変数分離できるとする．

$$\psi(x,y,z) = u(x) \exp[i(k_y y + k_z z)] \tag{7.9}$$

ここで，$u(x)$ は次の微分方程式をみたす．

$$-\frac{\hbar^2}{2m}\frac{d^2 u}{dx^2} + U(x)u = \epsilon u \tag{7.10}$$

(a) 変分試行関数 $x\exp(-ax)$ を用いて，エネルギー ϵ の平均値 $\langle\epsilon\rangle$ を求めよ．
(b) $\langle\epsilon\rangle$ が最小となるための条件を求めよ．
(c) $\langle\epsilon\rangle$ の最小値 $\langle\epsilon\rangle_{\min}$ を求めよ．

解

(a) x が正の領域を考え，変分試行関数 $u(x) = x\exp(-ax)$ とポテンシャル $U(x) = eEx$ を式 (7.10) に代入すると，次のようになる．

$$\left[-\frac{\hbar^2}{2m}\left(a^2 - \frac{2a}{x}\right) + eEx\right]u = \epsilon u \tag{7.11}$$

ここで，$x > 0$ における次の関係を用いた．

$$\frac{du}{dx} = \exp(-ax) - ax\exp(-ax) \tag{7.12}$$

$$\begin{aligned}\frac{d^2 u}{dx^2} &= \frac{d}{dx}\left(\frac{du}{dx}\right) \\ &= \frac{d}{dx}\left[\exp(-ax) - ax\exp(-ax)\right] \\ &= -a\exp(-ax) - a\exp(-ax) + a^2 x\exp(-ax) \\ &= a^2 x\exp(-ax) - 2\frac{a}{x}x\exp(-ax) = \left(a^2 - \frac{2a}{x}\right)u \end{aligned} \tag{7.13}$$

したがって，エネルギー ϵ の平均値 $\langle\epsilon\rangle$ は次のように求められる．

$$\begin{aligned}\langle\epsilon\rangle &= \frac{\int_0^\infty \epsilon u^2\, dx}{\int_0^\infty u^2\, dx} = \frac{\int_0^\infty \left[-\frac{\hbar^2}{2m}\left(a^2 - \frac{2a}{x}\right) + eEx\right]u^2\, dx}{\int_0^\infty x^2 e^{-2ax}\, dx} \\ &= \frac{\int_0^\infty \left[-\frac{\hbar^2}{2m}(a^2 x^2 - 2ax) + eEx^3\right]e^{-2ax}\, dx}{\int_0^\infty x^2 e^{-2ax}\, dx} = \frac{\hbar^2}{2m}a^2 + \frac{3eE}{2a}\end{aligned} \tag{7.14}$$

(b) $\langle\epsilon\rangle$ が最小となるのは，次の二つの式を同時にみたすときである．

$$\frac{d\langle\epsilon\rangle}{da} = \frac{\hbar^2}{m}a - \frac{3eE}{2a^2} = 0 \tag{7.15}$$

$$\frac{d^2\langle\epsilon\rangle}{da^2} = \frac{\hbar^2}{m} + \frac{3eE}{a^3} > 0 \tag{7.16}$$

式 (7.15) から a は次のようになる.

$$a = \left(\frac{3eEm}{2\hbar^2}\right)^{1/3} \tag{7.17}$$

式 (7.17) の a は，次のように式 (7.16) をみたす.

$$\frac{d^2\langle\epsilon\rangle}{da^2} = \frac{\hbar^2}{m} + 3eE\frac{2\hbar^2}{3eEm} = \frac{\hbar^2}{m} + \frac{2\hbar^2}{m} = \frac{3\hbar^2}{m} > 0 \tag{7.18}$$

したがって，$\langle\epsilon\rangle$ が最小となる条件は，式 (7.17) によって与えられる.

(c) 例題 7.2(a), (b) の結果から，エネルギーの最小値 $\langle\epsilon\rangle_{\min}$ は，次のようになる.

$$\begin{aligned}
\langle\epsilon\rangle_{\min} &= \frac{\hbar^2}{2m}\left(\frac{3eEm}{2\hbar^2}\right)^{2/3} + \frac{3eE}{2}\left(\frac{3eEm}{2\hbar^2}\right)^{-1/3} \\
&= \left(2^{-2/3} + 2^{1/3}\right)\left(\frac{\hbar^2}{2m}\right)^{1/3}\left(\frac{3eE}{2}\right)^{2/3} \\
&= 1.89\left(\frac{\hbar^2}{2m}\right)^{1/3}\left(\frac{3eE}{2}\right)^{2/3}
\end{aligned} \tag{7.19}$$

次に，解析解を求めよう．ここで，次のようにおいて変数変換する．

$$z = \left(\frac{2meE}{\hbar^2}\right)^{1/3} x - \left(\frac{2m}{\hbar^2 e^2 E^2}\right)^{1/3} \epsilon \tag{7.20}$$

式 (7.20) の z を用いると，式 (7.10) は次のように書き換えられる.

$$\frac{d^2 u(z)}{dz^2} - zu(z) = 0 \tag{7.21}$$

式 (7.21) をみたす固有関数は，図 7.6 に示すエアリー関数 (Airy function) $A_i(z)$，$B_i(z)$ である．

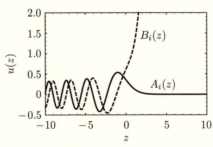

図 **7.6** エアリー関数 $A_i(z)$（実線）と $B_i(z)$（点線）

これから，境界条件をもとに，固有関数とエネルギーを求めよう．$x>0$ において，ポテンシャル $U(x)=eEx$ だから，$U(\infty)=\infty$ となる．したがって，$u(z_{x=\infty})=0$ でなければならない．これをみたすのは，図 7.6 からわかるように，$A_i(z)$ と $B_i(z)$ のうち $A_i(z)$ のほうである．また，$V(0)=\infty$ だから，$u(z_{x=0})=0$ となる．この結果，次の関係が成り立つ．

$$-\lambda_n = z_{x=0} = -\left(\frac{2m}{\hbar^2 e^2 E^2}\right)^{1/3}\epsilon_n \tag{7.22}$$

ここで，$-\lambda_n$ は，$A_i(-\lambda_n)=0$ をみたす点であり，またエネルギー ϵ に指標 n をつけて ϵ_n と表した．

以上から，エネルギー ϵ_n は，次のように表される．

$$\epsilon_n = \lambda_n \left(\frac{\hbar^2 e^2 E^2}{2m}\right)^{1/3} \tag{7.23}$$

エネルギーの最小値 $\epsilon_{\min}$ は，λ_n の最小値 2.33811 に対応し，次のようになる．

$$\epsilon_{\min} = 2.33811\left(\frac{\hbar^2 e^2 E^2}{2m}\right)^{1/3} = 1.78431\left(\frac{\hbar^2}{2m}\right)^{1/3}\left(\frac{3eE}{2}\right)^{2/3} \tag{7.24}$$

これが，基底状態の正確なエネルギーの値である．この結果から，変分試行関数を用いた解も，かなりよい近似であることがわかる．基底状態の波動関数は，図 7.7 のようになり，実線がエアリー関数（厳密解），破線が変分試行関数である．この図からわかるように，電界 E が大きくなると，波動関数の x 方向の広がりは小さくなる．そして，関数 $u(x)$ によって，界面の半導体側の表面伝導チャンネルが決まる．また，$u(x)$ の固有値によって，電気的サブバンドが決まる．関数 $u(x)$ は x の実関数なので，x 方向には電流は流れない．しかし，表面伝導チャンネルによって，yz 面内には電流が流れる．このチャンネルの x 方向の電界 E 依存性を利用した半導体電子デバイスが，電界効果トランジスタである．

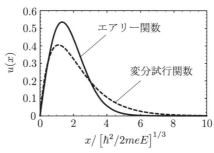

図 7.7　エアリー関数 $A_i(z)$（実線）と 変分試行関数（破線）

第8章

格子欠陥

この章の目的
　現実の結晶では，原子やイオンが占有すべき格子点が空になっていたり，不可逆な変形をしている．これらの欠陥により，結晶の物性が劣化したり，逆に完全結晶では実現できない物性を実現できる場合がある．この章では，これらの欠陥について説明する．

キーワード
　格子位置，空格子点，ショットキー欠陥，格子間位置，フレンケル欠陥，色中心，刃状転位，らせん転位

8.1 ショットキー欠陥とフレンケル欠陥

8.1.1 空格子点

　原子やイオンが規則正しく格子点（格子位置）に配置されている結晶が，理想的な結晶すなわち完全結晶である．しかし，本来ならば**格子位置** (lattice site) に配置されているべき原子やイオンが，格子位置から消失していることがある．このような**欠陥** (defect) を**空格子点** (lattice vacancy) という．そして，格子位置から消失した原子やイオンが，結晶の表面に移動している場合，この欠陥を**ショットキー欠陥** (Schottky defect) とよぶ．また，原子やイオンが，格子位置から**格子間位置** (interstitial position) に移動して空格子点が形

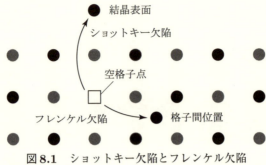

図 8.1　ショットキー欠陥とフレンケル欠陥

成されている場合，この欠陥をフレンケル欠陥 (Frenkel defect) という．図 8.1 にショットキー欠陥とフレンケル欠陥を示す．

8.1.2　ショットキー欠陥

熱平衡状態において，原子を結晶内部の格子位置から結晶表面に移動させるのに必要なエネルギーを E_V とする．このとき，N 個の原子と n 個のショットキー欠陥との関係を求めてみよう．

原子が N 個存在するということは，原子が本来配置されるべき格子点が N 個存在するということである．また，ショットキー欠陥が n 個存在するということは，空格子点が n 個存在するということを意味している．このことから，状態数 W は，N 個の格子点の中から空格子点を n 個選ぶ組合せの数となる．したがって，状態数 W は次式によって与えられる．

$$W = {}_N C_n = \frac{N!}{(N-n)!n!} \tag{8.1}$$

ここで，次のスターリング (Stirling) の公式

$$\ln x! \simeq x \ln x - x \quad (x \gg 1) \tag{8.2}$$

を用いると，エントロピー σ は次のようになる．

$$\begin{aligned}
\sigma &= \ln W = \ln N! - \ln(N-n)! - \ln n! \\
&\simeq N \ln N - N - [(N-n)\ln(N-n) - (N-n)] - (n \ln n - n) \\
&= N \ln N - (N-n)\ln(N-n) - n \ln n
\end{aligned} \tag{8.3}$$

ショットキー欠陥1個の平均エネルギーを E_S とすると，ショットキー欠陥の全エネルギーは $U = nE_S$ となる．したがって，ヘルムホルツの自由エネルギー F は，次のように表される．

$$F = U - k_B T\sigma = nE_S - k_B T \ln W$$
$$\simeq nE_S - k_B TN \ln N + k_B T(N-n) \ln(N-n) + k_B Tn \ln n \quad (8.4)$$

ここで，k_B はボルツマン定数，T は結晶の絶対温度である．

式 (8.4) から，フェルミ準位 E_F は次のようになる．

$$E_F = \frac{\partial F}{\partial n} \simeq E_S - k_B T \ln(N-n) - k_B T \frac{N-n}{N-n} + k_B T \ln n + k_B T \frac{n}{n}$$
$$= E_S + k_B T[\ln n - \ln(N-n)] = E_S + k_B T \ln \frac{n}{N-n} \quad (8.5)$$

原子1個を結晶内部の格子位置から結晶表面に移動するのに必要なエネルギー E_V は，ショットキー欠陥1個の平均エネルギー E_S とフェルミ準位 E_F との差，つまり $E_V = E_S - E_F$ である．したがって，式 (8.5) から次式が得られる．

$$E_V = E_S - E_F \simeq -k_B T \ln \frac{n}{N-n} \quad (8.6)$$

式 (8.6) の両辺を $-k_B T$ で割ってから両辺を比較すると，次式が得られる．

$$\frac{n}{N-n} \simeq \exp\left(-\frac{E_V}{k_B T}\right) \quad (8.7)$$

一般に，$N \gg n$ だから $N - n \simeq N$ とすると，次の結果が得られる．

$$n \simeq N \exp\left(-\frac{E_V}{k_B T}\right) \quad (8.8)$$

式 (8.8) から，高温になるほどショットキー欠陥が多くなることがわかる．たとえば，高温で結晶成長し急速に冷却すると，原子やイオンが格子点に移動することができないまま，結晶が形成される．したがって，ショットキー欠陥が多くなる．ただし，結晶をゆっくり冷却すれば，原子やイオンが，拡散によって格子点に移動できる．この結果，ショットキー欠陥は少なくなる．

8.1.3 イオン結晶におけるショットキー欠陥

イオン結晶では，陽イオンと陰イオンの空格子点の数がほぼ等しいとき，エネルギーが最小となることが多い．そして，空格子点のペアは，局所的なス

ケールで結晶を電気的に中性に保つ．このとき，空格子点のペア数 n は次式によって与えられる．

$$n \simeq N \exp\left(-\frac{E_\mathrm{p}}{2k_\mathrm{B}T}\right) \tag{8.9}$$

ここで，陽イオンと陰イオンは，それぞれ N 個存在すると仮定し，空格子点のペアを形成するのに必要なエネルギーを E_p とした．また，$N \gg n$ とした．

【例題 8.1】
　式 (8.9) を導出せよ．

解

状態数 W は，陽イオンが本来配置されるべき N 個の格子点の中から空格子点を n 個選ぶ組合せの数 ${}_N C_n$ と，陰イオンが本来配置されるべき N 個の格子点の中から空格子点を n 個選ぶ組合せの数 ${}_N C_n$ との積となる．したがって，状態数 W は次式によって与えられる．

$$W = {}_N C_n \times {}_N C_n = \frac{N!}{(N-n)!n!} \cdot \frac{N!}{(N-n)!n!} \tag{8.10}$$

ここで，式 (8.2) のスターリングの公式を用いると，エントロピー σ は次のようになる．

$$\begin{aligned}
\sigma &= \ln W = 2\ln N! - 2\ln(N-n)! - 2\ln n! \\
&\simeq 2(N\ln N - N) - 2[(N-n)\ln(N-n) - (N-n)] - 2(n\ln n - n) \\
&\simeq 2N\ln N - 2(N-n)\ln(N-n) - 2n\ln n
\end{aligned} \tag{8.11}$$

空格子点のペア 1 組の平均エネルギーを E_SP とすると，ショットキー欠陥の全エネルギーは $U = nE_\mathrm{SP}$ である．したがって，ヘルムホルツの自由エネルギー F は，次のように表される．

$$\begin{aligned}
F &= U - k_\mathrm{B}T\sigma = nE_\mathrm{SP} - k_\mathrm{B}T\ln W \\
&\simeq nE_\mathrm{SP} - 2k_\mathrm{B}TN\ln N + 2k_\mathrm{B}T(N-n)\ln(N-n) + 2k_\mathrm{B}Tn\ln n
\end{aligned} \tag{8.12}$$

ここで，k_B はボルツマン定数，T は結晶の絶対温度である．

式 (8.12) から，フェルミ準位 E_F は次のようになる．

$$\begin{aligned}
E_\mathrm{F} &= \frac{\partial F}{\partial n} \simeq E_\mathrm{SP} - 2k_\mathrm{B}T\ln(N-n) - 2k_\mathrm{B}T\frac{N-n}{N-n} + 2k_\mathrm{B}T\ln n + 2k_\mathrm{B}T\frac{n}{n} \\
&= E_\mathrm{SP} + 2k_\mathrm{B}T[\ln n - \ln(N-n)] = E_\mathrm{SP} + 2k_\mathrm{B}T\ln\frac{n}{N-n}
\end{aligned} \tag{8.13}$$

空格子点のペア 1 組を形成するのに必要なエネルギー E_P は，空格子点のペア 1 組の平均エネルギー E_{SP} とフェルミ準位 E_F との差，つまり $E_P = E_{SP} - E_F$ である．したがって，式 (8.13) から次式が得られる．

$$E_P = E_{SP} - E_F \simeq -2k_B T \ln \frac{n}{N-n} \tag{8.14}$$

式 (8.14) の両辺を $-2k_B T$ で割ってから両辺を比較すると，次式が得られる．

$$\frac{n}{N-n} \simeq \exp\left(-\frac{E_P}{2k_B T}\right) \tag{8.15}$$

ここで，$N \gg n$ だから $N - n \simeq N$ とすると，次の結果が得られる．

$$n \simeq N \exp\left(-\frac{E_P}{2k_B T}\right) \tag{8.16}$$

【例題 8.2】

ナトリウム結晶（原子濃度 $N = 2.65 \times 10^{22}\,\mathrm{cm}^{-3}$）の内部からナトリウム原子を表面に移動させるのに必要なエネルギー E_V を 1 eV とする．絶対温度 $T = 300\,\mathrm{K}$ におけるショットキー欠陥の濃度を計算せよ．

【解】

$T = 300\,\mathrm{K}$ のとき，$k_B T = 2.59 \times 10^{-2}\,\mathrm{eV}$ である．また，$N = 2.65 \times 10^{22}\,\mathrm{cm}^{-3}$，$E_V = 1\,\mathrm{eV}$ である．これらを式 (8.8) に代入すると，ショットキー欠陥の濃度 n は次のようになる．

$$n = N \exp\left(-\frac{E_V}{k_B T}\right) = 4.52 \times 10^5\,\mathrm{cm}^{-3} \tag{8.17}$$

8.1.4 フレンケル欠陥

格子位置の数を N，フレンケル欠陥の数を n，格子間位置の数を N' とする．また，$N, N' \gg n$ とすると，次式のようになる．

$$n \simeq (NN')^{1/2} \exp\left(-\frac{E_I}{2k_B T}\right) \tag{8.18}$$

ここで，E_I は原子を格子位置から格子間位置に移動させるのに必要なエネルギーである．

【例題 8.3】

N 個の格子点と N' 個の占有可能な格子間位置をもつ結晶において，n 個の原子を格子位置から格子間位置に移動させるのに必要なエネルギー E_I を求めよ．

解

状態数 W は，次式によって与えられる．

$$W = {}_N C_n \times {}_{N'} C_n = \frac{N!}{(N-n)!n!} \cdot \frac{N'!}{(N'-n)!n!} \tag{8.19}$$

ここで，式 (8.2) のスターリングの公式を用いると，エントロピー σ は次のようになる．

$$\begin{aligned}
\sigma &= \ln W = \ln N! - \ln(N-n)! - \ln n! + \ln N'! - \ln(N'-n)! - \ln n! \\
&\simeq N \ln N - N - [(N-n)\ln(N-n) - (N-n)] - (n\ln n - n) \\
&\quad + N' \ln N' - N' - [(N'-n)\ln(N'-n) - (N'-n)] - (n\ln n - n) \\
&= N \ln N + N' \ln N' - (N-n)\ln(N-n) - (N'-n)\ln(N'-n) \\
&\quad - 2n \ln n
\end{aligned} \tag{8.20}$$

欠陥 1 個の平均エネルギーを E_0 とすると，欠陥の全エネルギーは $U = nE_0$ である．したがって，ヘルムホルツの自由エネルギー F は，次のように表される．

$$\begin{aligned}
F &= U - k_\mathrm{B} T \sigma = nE_0 - k_\mathrm{B} T \ln W \\
&\simeq nE_0 - k_\mathrm{B} T(N \ln N + N' \ln N') + k_\mathrm{B} T(N-n)\ln(N-n) \\
&\quad + k_\mathrm{B} T(N'-n)\ln(N'-n) + 2k_\mathrm{B} T n \ln n
\end{aligned} \tag{8.21}$$

以上から，フェルミ準位 E_F は次のようになる．

$$\begin{aligned}
E_\mathrm{F} &= \frac{\partial F}{\partial n} \\
&\simeq E_0 - k_\mathrm{B} T \ln(N-n) - k_\mathrm{B} T \frac{N-n}{N-n} \\
&\quad - k_\mathrm{B} T \ln(N'-n) - k_\mathrm{B} T \frac{N'-n}{N'-n} + 2k_\mathrm{B} T \ln n + 2k_\mathrm{B} T \frac{n}{n} \\
&= E_0 - k_\mathrm{B} T \ln(N-n) - k_\mathrm{B} T \ln(N'-n) + 2k_\mathrm{B} T \ln n \\
&= E_0 - k_\mathrm{B} T \ln \frac{(N-n)(N'-n)}{n^2}
\end{aligned} \tag{8.22}$$

ここで，$E_\mathrm{I} = E_0 - E_\mathrm{F}$ だから，次式が成り立つ．

$$E_\mathrm{I} \simeq k_\mathrm{B} T \ln \frac{(N-n)(N'-n)}{n^2} \tag{8.23}$$

また，$N, N' \gg n$ のとき，$N - n \simeq N$, $N' - n \simeq N'$ とすると，次のようになる．

$$E_\mathrm{I} \simeq k_\mathrm{B}T \ln \frac{NN'}{n^2} \tag{8.24}$$

したがって，次の結果が得られる．

$$n \simeq (NN')^{1/2} \exp\left(-\frac{E_\mathrm{I}}{2k_\mathrm{B}T}\right) \tag{8.25}$$

8.2 色中心

純粋なアルカリハライド結晶 (alkali halide crystal) は，可視光に対して透明 (transparent) である．しかし，**色中心** (color center) とよばれる格子欠陥を形成すれば，可視光を吸収できるようになる．また，色中心を導入した結晶を励起すれば，可視光の発光も可能である．

色中心を形成する方法には，次のようなものがある．

1. 化学的な不純物を導入する．
2. アルカリ金属蒸気中で結晶を加熱し，その後急速に冷却することによって，過剰な金属イオンを導入する．
3. X線，γ線，中性子線，電子線などを照射する．
4. 電気分解．

色中心の中で，もっとも簡単なものがF中心であり，これは，陰イオンの空格子点に電子が束縛されたものである．F中心は，アルカリ金属蒸気中で結晶を加熱し，その後急速に冷却したり，X線を照射することによって形成できる．なお，Fは，ドイツ語で色を示すFarbeの頭文字である．

8.3 転位

8.3.1 塑性変形

不可逆的な**変形** (deformation)，すなわち**塑性変形** (plastic deformation) によって結晶に生じた，線状の欠陥を**転位** (dislocation) という．そして，変

形の生じている領域と変形の生じていない領域との境界線として，転位線を定義する．ある結晶面に沿って結晶が平行にすべって形成された転位には，**刃状転位** (edge dislocation) と**らせん転位** (screw dislocation) とがある．

8.3.2 刃状転位

刃状転位は，図8.2のようにすべり方向に垂直である．この図は，原子が格子定数の半分以上変位した，すべり領域 ABEF と，変位が格子定数の半分以下であって，すべりのない領域 FECD とを示している．そして，EF が刃状転位である．

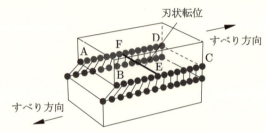

図 8.2 すべり面 ABCD 内の刃状転位 EF

8.3.3 らせん転位

らせん転位は，図8.3のように，すべり方向に平行である．すべり面の一部分 ABEF が，転位線 EF に平行な方向にすべっている．らせん転位は，格子面がらせん状に並んだものとみなすことができる．したがって，一方のすべり面を転位線の回りに1回転すると，もう一方のすべり面が得られる．

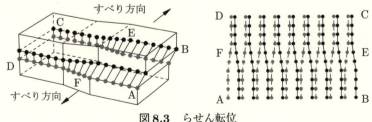

図 8.3 らせん転位

参考文献

【数学】

[1] 小平邦彦,「[軽装版] 解析入門 I」(岩波書店, 2003).
[2] 小平邦彦,「[軽装版] 解析入門 II」(岩波書店, 2003).
[3] 田島一郎,「解析入門」(岩波書店, 1981).
[4] 田島一郎, 渡部隆一, 宮崎浩,「改訂 工科の数学① 微分・積分」(培風館, 1978).
[5] 小西栄一, 深見哲造, 遠藤静男,「改訂 工科の数学② 線形代数・ベクトル解析」(培風館, 1978).
[6] 近藤次郎, 高橋磐郎, 小林竜一, 小柳佳勇, 渡辺正,「改訂 工科の数学③ 微分方程式・フーリエ解析」(培風館, 1981).
[7] 渡部隆一, 宮崎浩, 遠藤静男,「改訂 工科の数学④ 複素関数」(培風館, 1980).
[8] 矢野健太郎, 石原繁,「基礎解析学 (改訂版)」(裳華房, 1993).
[9] C. R. Wylie, Jr., "Advanced Engineering Mathematics" Third Ed. (McGraw-Hill, 1966):C・R・ワイリー,「工業数学 <上>, <下>」(ブレイン図書 19700).

【古典物理学】

[1] エリ・ランダウ, イェ・リフシッツ;広重徹, 水戸巌 訳,「力学」増訂第3版 (東京図書, 1974).
[2] エリ・ランダウ, イェ・リフシッツ;恒藤敏彦, 広重徹 訳,「場の古典論」増訂新版 (東京図書, 1964).

268　参考文献

【電磁気学】

- [1] 沼居貴陽,「大学生のためのエッセンス　電磁気学」(共立出版, 2010).
- [2] 沼居貴陽,「大学生のための電磁気学演習」(共立出版, 2011).
- [3] 太田浩一,「電磁気学の基礎 I」(シュプリンガー・ジャパン, 2007).
- [4] 太田浩一,「電磁気学の基礎 II」(シュプリンガー・ジャパン, 2007).
- [5] 太田浩一,「マクスウェル理論の基礎——相対論と電磁気学——」(東京大学出版会, 2002).
- [6] 牟田泰三,「電磁力学」(岩波書店, 2001).
- [7] J. D. Jackson, "Classical Electrodynamics, Third Ed." (John Wiley & Sons, 1999):J. D. ジャクソン;西田稔 訳,「電磁気学 <上>」(吉岡書店, 2002),「電磁気学 <下>」(吉岡書店, 2003).
- [8] 砂川重信,「理論電磁気学」第3版 (紀伊國屋書店, 1999).
- [9] 砂川重信,「電磁気学——初めて学ぶ人のために——(改訂版)」(培風館, 1997).
- [10] 砂川重信,「電磁気学の考え方」(岩波書店, 1993).
- [11] 砂川重信,「電磁気学」(岩波書店, 1987).
- [12] 砂川重信,「電磁気学演習」(岩波書店, 1987).
- [13] 霜田光一,「歴史をかえた物理実験」(丸善, 1996).
- [14] 霜田光一, 近角聰信 編,「大学演習 電磁気学 (全訂版)」(裳華房, 1980).
- [15] 藤田広一, 佐々木敬介,「続電磁気学演習ノート」(コロナ社, 1979).
- [16] 藤田広一,「続電磁気学ノート (改訂版)」(コロナ社, 1978).
- [17] 中山正敏,「物質の電磁気学」(岩波書店, 1996).
- [18] 今井功,「電磁気学を考える」(サイエンス社, 1990).
- [19] 近角聰信,「基礎電磁気学」(培風館, 1990).
- [20] V. D. Barger and M. G. Olsson, "Classical Electricity and Magnetism — A Contemporary Perspective —" (Allyn and Bacon, 1987):V. D. バーガー, M. G. オルソン;小林澈郎, 土佐幸子 共訳,「電磁気学——新しい視点にたって——I」(培風館, 1991),「電磁気学——新しい視点にたって——II」(培風館, 1992).
- [21] E. M. Purcell, "Electricity and Magnetism" Second Ed. (McGraw-Hill, 1985):E. M. パーセル;飯田修一 監訳,「電磁気学 <上> (第2版)」(丸善, 1989),「電磁気学 <下> (第2版)」(丸善, 1989).
- [22] 長岡洋介,「電磁気学 I」(岩波書店, 1982).
- [23] 長岡洋介,「電磁気学 II」(岩波書店, 1983).
- [24] ア・エス・カンパニエーツ;高見穎郎 監修, 佐野理 訳,「電磁気学 ＝物質中の電磁力学＝」(東京図書, 1981).
- [25] ア・エス・カンパニエーツ;高見穎郎 監修, 佐野理 訳,「相対論と電磁力学」

（東京図書，1980）．

[26] 熊谷寛夫，「電磁気学の基礎 — 実験室における —」（裳華房，1975）．
[27] 藤田広一，「電磁気学ノート（改訂版）」（コロナ社，1975）．
[28] 末松安晴，「電磁気学」（共立出版，1973）．
[29] 平川浩正，「電気力学」（培風館，1973）
[30] 安達三郎，曽根敏夫，米谷務，山之内和彦，「電磁気学演習」（丸善，1973）．
[31] 二村忠元，「電磁気学」（丸善，1972）．
[32] 後藤憲一，山崎修一郎，「詳解電磁気学演習」（共立出版，1970）．
[33] 熊谷寛夫，荒川泰二，「電磁気学」（朝倉書店，1965）．
[34] R. P. Feynman, R. B. Leighton, and M. Sands, "The Feynman Lectures on Physics, Volume II" (Addison-Wesley, 1964)：R. P. ファインマン，R. B. レイトン，M. サンズ；宮島龍興 訳，「ファインマン物理学III 電磁気学」（岩波書店，1969），戸田盛和 訳，「ファインマン物理学IV 電磁波と物性」（岩波書店，1971）．
[35] エリ・ランダウ，イェ・リフシッツ；井上健男，安河内昂，佐々木健 訳，「電磁気学1」（東京図書，1962）．
[36] エリ・ランダウ，イェ・リフシッツ；井上健男，安河内昂，佐々木健 訳，「電磁気学2」（東京図書，1965）．
[37] エリ・ランダウ，イェ・リフシッツ；恒藤敏彦，広重徹 訳，「場の古典論」増訂新版（東京図書，1964）．
[38] W. K. H. Panofsky and M. Phillips, "Classical Electricity and Magnetism, Second Ed." (Addison-Wesley, 1962; Dover, 2005)：W. K. H. パノフスキー，M. フィリップス；林忠四郎，西田稔共 訳，「電磁気学＜上＞（新版）」（吉岡書店，1967），林忠四郎，天野恒雄共 訳，「電磁気学＜下＞（新版）」（吉岡書店，1968）．
[39] R. Becker, "Electromagnetic Fields and Interactions" (Blaisdell, 1964; Dover, 1982).
[40] 高橋秀俊，「電磁気学」（裳華房，1959）．
[41] J. C. Slater and N. H. Frank, "Electromagnetism, Third Ed." (McGraw-Hill, 1947; Dover, 1969)：J. C. スレイター，N. H. フランク；柿内賢信 訳，「電磁気学（第3版）」（丸善，1974）．
[42] J. A. Stratton, "Electromagnetic Theory" (McGraw-Hill, 1941)：J. A. ストラットン；桜井時夫 訳，「電磁理論」（日本社，1943；生産技術センター，1976）．
[43] E. T. Whittaker, "A History of the Theories of Aether and Electricity — from the Age of Descartes to the Close of the Nineteenth Century —"

(Longmans, Green, and Co., 1910)：E.T. ホイッテーカー；霜田光一，近藤都登 訳，「エーテルと電気の歴史 <上>, <下>」（講談社,1976).

[44] J. C. Maxwell, "A Treatise on Electricity and Magnetism, Third Ed., Vol.1, Vol.2" (Clarendon Press, 1891; Dover, 1954).

[45] W. Hallwachs, "Ueber den Einfluss des Lichtes auf electrostatisch geladene Körper," *Ann. Phys.*, vol.33, 301 (1888).

[46] H. Hertz, "Ueber einen Einfluss des ultravioletten Lichtes auf die electrische Entladung," *Ann. Phys.*, vol.31, 983 (1887).

[47] 川村清，「電磁気学」（岩波書店，1994).

【熱・統計物理学】

[1] 沼居貴陽，「固体物性を理解するための統計物理入門」（森北出版，2008).

[2] 沼居貴陽，「熱物理学・統計物理学演習 — キッテルの理解を深めるために —」（丸善，2001).

[3] 久保亮五 編，「大学演習 熱学・統計力学（修訂版）」（裳華房，1998).

[4] 久保亮五，「統計力学」（共立出版，1971).

[5] G. R. Kirchhoff, "Ueber das Verhältniss zwischen dem Emissionsvermögen und dem Absorptionsvermögen der Körper für Wärme und Licht," *Poggendorf Annarlen*, 109, 275, 1860, *Gesammelte Abhandlungen*, J.A. Barth, Leipzig, pp.571-584 (1982).

[6] C. Kittel and H. Kroemer, "Thermal Physics, 2nd ed." (W. H. Freeman and Company, 1980)；山下次郎，福地充 訳，「熱物理学（第2版）」（丸善，1983).

[7] C. Kittel, "Elementary Statistical Physics" (John Wiley & Sons, 1958; Dover, 2004)；斎藤信彦，広岡一 訳，「統計物理」（サイエンス社，1977).

【量子力学】

[1] 沼居貴陽，「大学生のためのエッセンス 量子力学」（共立出版，2010).

[2] 沼居貴陽，「大学生のための量子力学演習」（共立出版，2013).

[3] 朝永振一郎；江沢洋 注，「スピンはめぐる — 成熟期の量子力学 —」新版（みすず書房，2008).

[4] 朝永振一郎，「量子力学I（第2版）」（みすず書房，1969).

[5] 朝永振一郎，「量子力学II（第2版）」（みすず書房，1997).

[6] L. D. ランダウ，E.M. リフシッツ；好村滋洋，井上健男 訳，「量子力学 — ランダウ＝リフシッツ物理学小教程 —」（筑摩書房，2008).

[7] エリ・ランダウ，イェ・リフシッツ；佐々木健，好村滋洋 訳，「量子力学1」（東京図書，1967).

[8] エリ・ランダウ, イェ・リフシッツ；好村滋洋, 井上健男 訳,「量子力学2」(東京図書, 1970).
[9] 猪木慶治, 川合光,「基礎量子力学」(講談社, 2007).
[10] 猪木慶治, 川合光,「量子力学I」(講談社, 1994).
[11] 猪木慶治, 川合光,「量子力学II」(講談社, 1994).
[12] 小川哲生,「量子力学講義」(サイエンス社, 2006).
[13] 清水明,「量子論の基礎——その本質のやさしい理解のために——(新版)」(サイエンス社, 2004).
[14] S. Gasiorowicz, "Quantum Physics, Third Ed." (John Wiley & Sons, 2003).
[15] S. Gasiorowicz, "Quantum Physics, Second Ed." (John Wiley & Sons, 1996)：S. ガシオロウィッツ；林武美, 北門新作 共訳,「量子力学I」(丸善, 1998),「量子力学II」(丸善, 1998).
[16] 江沢洋,「量子力学」(裳華房, 2002).
[17] 高林武彦,「量子論の発展史」(筑摩書房, 2002).
[18] D. K. Ferry, "Quantum Mechanics—An Introduction for Device Physicists and Electrical Engineers—, Second Ed." (Institute of Physics Publishing, 2001)：D. K. フェリー；落合勇一, 打波守, 松田和典, 石橋幸治 訳,「ナノデバイスへの量子力学」(シュプリンガー・フェアラーク東京, 2006).
[19] D. K. Ferry, "Quantum Mechanics—An Introduction for Device Physicists and Electrical Engineers—" (Institute of Physics Publishing, 1995)：D. K. フェリー；長岡洋介 監訳, 丹慶勝市, 落合勇一, 打波守, 石橋幸治 訳,「デバイス物理のための量子力学」(丸善, 1996).
[20] W. グライナー；伊藤伸泰, 早野龍五 監訳, 川島直輝, 河原林透, 野々村禎彦, 羽田野直道, 古川信夫,「量子力学概論」(シュプリンガー・フェアラーク東京, 2000).
[21] ニールス・ボーア；山本義隆 編訳,「量子力学の誕生」(岩波書店, 2000).
[22] ニールス・ボーア；山本義隆 編訳,「因果性と相補性」(岩波書店, 1999).
[23] 砂川重信,「量子力学の考え方」(岩波書店, 1993).
[24] 砂川重信,「量子力学」(岩波書店, 1991).
[25] J. J. Sakurai, "Modern Quantum Mechanics, Revised Ed." (Addison-Wesley, 1994)：J.J. Sakurai；桜井明夫 訳「現代の量子力学 <上>, <下>」(吉岡書店, 1989).
[26] 大槻義彦 監修,「演習 現代の量子力学—J. J. サクライの問題解説—」(吉岡書店, 1992).
[27] 小出昭一郎,「量子力学 I (改訂版)」(裳華房, 1990).
[28] 小出昭一郎,「量子力学 II (改訂版)」(裳華房, 1990).

[29] 小出昭一郎,「量子論」改訂版（裳華房, 1990）.
[30] 小出昭一郎, 水野幸夫,「量子力学演習」（裳華房, 1978）.
[31] 朝永振一郎；亀淵迪, 原康夫, 小寺武康 編「角運動量とスピン――『量子力学補巻』――」（みすず書房, 1989）.
[32] 日本物理学会 編,「量子力学と新技術」（培風館, 1987）.
[33] 原島鮮,「初等量子力学」改訂版（裳華房, 1986）.
[34] 後藤憲一, 西山敏之, 山本邦夫, 望月和子, 神吉健, 興地斐男,「詳解理論応用量子力学演習」（共立出版, 1982）.
[35] ア・エス・カンパニエーツ；高見穎郎 監修, 中村宏樹 訳,「量子力学1」（東京図書, 1980）.
[36] ア・エス・カンパニエーツ；高見穎郎 監修, 中村宏樹 訳,「量子力学2」（東京図書, 1980）.
[37] A. P. French and E. F. Taylor, "An Introduction to Quantum Physics" (MIT, 1978)：A. P. フレンチ, E. F. テイラー；平松惇 監訳,「量子力学入門I」（培風館, 1993）,「量子力学入門II」（培風館, 1994）.
[38] 内山龍雄, 西山敏之,「量子力学演習（改訂版）」（共立出版, 1975）.
[39] W. Pauli, 'General Principles of Quantum Mechanics" (Springer, 1980)：W. Pauli, "Die allgemeinen Prinzipien der Wellenmechanik" (Springer, 1990)：W. パウリ；川口教男, 堀節子 訳,「量子力学の一般原理」（講談社, 1975）.
[40] メシア；小出昭一郎, 田村二郎 訳,「量子力学1」（東京図書, 1971）.
[41] メシア；小出昭一郎, 田村二郎 訳,「量子力学2」（東京図書, 1972）.
[42] メシア；小出昭一郎, 田村二郎 訳,「量子力学3」（東京図書, 1972）.
[43] L. I. Schiff, "Quantum Mechanics, Third Ed." (McGraw-Hill, 1968)：L. I. シッフ；井上健 訳,「量子力学 <上>（新版）」（吉岡書店, 1970）,「量子力学 <下>（新版）」（吉岡書店, 1972）.
[44] 井上健 監修, 三枝寿勝, 瀬藤憲昭 共著,「量子力学演習――シッフの問題解説――」（吉岡書店, 1971）.
[45] E. H. Wichmann, "Quantum Physics" (McGraw-Hill, 1967)：E. H. ウィッチマン；宮澤引成 監訳,「量子物理 <上>」（丸善, 1972）,「量子物理 <下>」（丸善, 1972）,「量子物理 <上>」第2版（丸善, 1975）,「量子物理 <下>」第2版（丸善, 1975）.
[46] R. P. Feynman, R. B. Leighton, and M. Sands, "The Feynman Lectures on Physics, Volume III" (Addison-Wesley, 1965)：R. P. ファインマン, R. B. レイトン, M. サンズ；砂川重信 訳,「ファインマン物理学V　量子力学」（岩波書店, 1979）.

[47] P. A. M. Dirac, "The Principles of Quantum Mechanics, Fourth Ed." (Oxford University Press, 1958) : P. A. M. ディラック, 「リプリント 量子力学」 第 4 版 (みすず書房, 1963), P. A. M. ディラック; 朝永振一郎, 玉木英彦, 木庭二郎, 大塚益比古, 伊藤大介 共譯, 「量子力學」原書第 4 版 (岩波書店, 1968).

[48] P. A. M. Dirac, "The Quantum Theory of the Electron," *Proc. R. Soc. London*, vol.117, 610 (1928).

[49] P. A. M. Dirac, "The Quantum Theory of the Electron. Part II," *Proc. R. Soc. London*, vol.118, 351 (1928).

[50] W. Pauli, "Zur Quantenmechanik des magnetischen Elektrons," *Z. Phys.*, vol.43, 601 (1927).

[51] 小谷正雄, 梅沢博臣 編, 「大学演習 量子力学」(裳華房, 1959).

[52] D. Bohm, "Quantum Theory" (Prentice-Hall, 1951; Dover, 1989) : D. ボーム; 高林武彦, 後藤邦夫, 河辺六男, 井上健 訳, 「量子論」(みすず書房, 1964).

[53] W. Heisenberg, "Die physikalischen Prinzipien der Quantentheorie" (Verlag von S. Hirzel, 1930) : W. ハイゼンベルク; 玉木英彦, 遠藤真二, 小出昭一郎 共訳「量子論の物理的基礎」(みすず書房, 1954).

[54] W. Heisenberg, "Über quantentheoretische Umdeutung kinematischer und mechanischer Beziehungen," *Z. Phys.*, vol.33, 879 (1925).

[55] E. Schrödinger, "Quantisierung als Eigenwertproblem (Erste Mitteilung.)," *Ann. Phys.*, vol.79, 361 (1926).

[56] E. Schrödinger, "Quantisierung als Eigenwertproblem(Zweite Mitteilung.)," *Ann. Phys.*, vol.79, 489 (1926).

[57] E. Schrödinger, "Über das Verhältnis der Heisenberg-Born-Jordanschen Quantenmechanik zu der meinem," *Ann. Phys.*, vol.79, 734 (1926).

[58] E. Schrödinger, "Quantisierung als Eigenwertproblem (Dritte Mitteilung.)," *Ann. Phys.*, vol.80, 437 (1926).

[59] E. Schrödinger, "Quantisierung als Eigenwertproblem (Vierte Mitteilung.)," *Ann. Phys.*, vol.81, 109 (1926).

[60] M. Born, "Quantenmechanik der Stoßvorgänge," *Z. Phys.*, vol.38, 803 (1926).

[61] M. Born, "Zur Quantenmechanik der Stoßvorgänge," *Z. Phys.*, vol.37, 863 (1926).

[62] M. Born, W. Heisenberg, and P. Jordan, "Zur Quantenmechanik. II," *Z. Phys.*, vol.35, 557 (1926).

[63] M. Born and P. Jordan, "Zur Quantenmechanik," *Z. Phys.*, vol.34, 858

(1925).

[64] N. Bohr, "On the Constitution of Atoms and Molecules I," *Philos. Mag.*, vol.26, 1 (1913).

[65] N. Bohr, "On the Constitution of Atoms and Molecules II," *Philos. Mag.*, vol.26, 476 (1913).

[66] N. Bohr, "On the Constitution of Atoms and Molecules III," *Philos. Mag.*, vol.26, 857 (1913).

[67] L. de Broglie, "Recherches sur la théorie des quanta (Researches on the quantum theory)," *Thesis, Paris* (1924).

[68] A. H. Compton, "A Quantum Theory of the Scattering of X-rays by Light Elements," *Phys. Rev.*, vol.21, 483 (1923).

[69] A. Einstein, "Über einen die Erzeugung und Verwandlung des Lichtes betreffenden heuristischen Gesichtspunkt," *Ann. Phys.*, vol.17, 132 (1905).

[70] P. Lenard, "Ueber die lichtelektrische Wirkung," *Ann. Phys.*, vol.8, 149 (1902).

[71] M. Planck, "Über das Gesetz der Energieverteilung im Normalspektrum," *Ann. Phys.*, vol.4, 553 (1901).

[72] M. Planck, "Zur Theorie des Gestzes der Energieverteilung im Normalspektrum," *Verh. Dt. Phys. Ges.*, vol.2, 237 (1900).

[73] M. Planck, "Über eine Verbesserung der Wienschen Spektralgleichung," *Verh. Dt. Phys. Ges.*, vol.2, 202 (1900).

【原子物理学】

[1] E. V. シュポルスキー；玉木英彦，細谷資明，井田幸次郎，松平升 訳，「原子物理学Ⅰ（増訂新版）」（東京図書，1966）．

[2] E. V. シュポルスキー；玉木英彦，細谷資明，井田幸次郎，松平升 訳，「原子物理学Ⅱ」（東京図書，1956）．

[3] G. Herzberg, "Atomic Spectra and Atomic Structure" (Prentice-Hall, 1934; Dover, 1944)：G. ヘルベルグ；堀健夫 訳，「原子スペクトルと原子構造」（丸善，1964）．

[4] 野上茂吉郎，「原子物理学」（サイエンス社，1980）．

[5] 村井友和，「原子・分子の物理学」（共立出版，1972）．

【固体物理学】

[1] 沼居貴陽 編著，「固体物性工学」（オーム社，2012）．

[2] 沼居貴陽，「固体物性入門 ─ 例題・演習と詳しい解答で理解する ─」（森北出版，2007）．

[3] 沼居貴陽,「改訂版　固体物理学演習 ― キッテルの理解を深めるために ―」(丸善, 2005).

[4] C. Kittel, "Quantum Theory of Solids, 2nd ed." (John Wiley & Sons, 1987).

[5] 沼居貴陽,「固体物理学演習 ― キッテルの理解を深めるために ―」(丸善, 2000).

[6] C. Kittel, "Introduction to Solid State Physics, 8th ed." (John Wiley & Sons, 2005); 宇野良清, 津屋 昇, 森田 章, 山下次郎 共訳,「固体物理学入門 <上>, <下>（第8版)」(丸善, 2005).

[7] L. Mihály and M. C. Martin, "Solid State Physics Problems and Solutions" (John Wiley & Sons, 1996).

[8] 坂田 亮,「理工学基礎 物性科学」(培風館, 1995).

[9] 上村 洸, 中尾憲司,「電子物性論＝物性物理・物質科学のための」(培風館, 1995).

[10] 花村榮一,「固体物理学」(裳華房, 1986).

[11] 花村榮一,「基礎物理学演習シリーズ 固体物理学」(裳華房, 1986).

[12] 佐々木昭夫,「現代電子物性論」(オーム社, 1981).

[13] W. A. Harrison, "Electronic Structure and the Properties of Solids" (Dover, 1980); 小島忠宣, 小島和子, 山田栄三郎 訳,「固体の電子構造と物性 ― 化学結合の物理 ― <上>, <下>」(現代工学社, 1983).

[14] 浜口智尋,「電子物性入門」(丸善, 1979).

[15] W. A. Harrison, "Solid State Theory" (Dover, 1979).

[16] N. W. Ashcroft and N. D. Mermin, "Solid State Physics" (Holt-Saunders, 1976); 松原武生, 町田一成 訳,「固体物理の基礎 <上・I>, <上・II>, <下・I>, <下・II>」(吉岡書店, 1981, 1982).

[17] J. M. Ziman, "Principles of the Theory of Solids" (Cambridge, 1972); 山下次郎, 長谷川 彰 訳,「固体物性論の基礎」第2版（丸善, 1976)

[18] 黒沢達美,「物性論 ― 固体を中心とした ―」(裳華房, 1970).

[19] 青木昌治,「電子物性工学」(コロナ社, 1964).

[20] 川村肇,「固体物理学」(共立出版, 1968).

[21] N. F. Mott and H. Jones, "The Properties of Metals and Alloys" (Dover, 1958); 吉岡正三, 横家恭介 訳「金属物性論 <上>, <下>」(内田老鶴圃, 1988).

[22] F. Bloch, "Über die Quantenmechanik der Elektronen in Kristallgittern," *Zeitschrift fur Physik*, Vol. 52, Issue 7-8, pp 555-600, (1929).

[23] 近角聰信,「強磁性体の物理 <上>」(裳華房, 1978).

[24] 近角聰信,「強磁性体の物理 <下>」(裳華房, 1984).

【光学・半導体物理学】

[1] 伊賀健一, 「面発光レーザーが輝く VCSEL オデッセイ」(オプトロニクス社, 2018)

[2] T. Numai, "Fundamentals of Semiconductor Lasers, 2nd Ed." (Springer-Verlag, 2015).

[3] T. Numai, "Laser Diodes and Their Applications to Communications and Information Processing" (John Wiley & Sons, 2010).

[4] 沼居貴陽, 「例題で学ぶ半導体デバイス」(森北出版, 2006).

[5] T. Numai, "Fundamentals of Semiconductor Lasers" (Springer-Verlag, 2004).

[6] 沼居貴陽, 「半導体レーザー工学の基礎」(丸善, 1996).

[7] J. H. Davies, "The Physics of Low-Dimensional Semiconductors" (Cambridge University Press, 1998);樺沢宇紀 訳, 「低次元半導体の物理」(シュプリンガーフェアラーク東京, 2004).

[8] 高橋清, 「半導体工学(第2版)」(森北出版, 1993).

[9] 御子柴宣夫, 「半導体の物理」改訂版(培風館, 1991).

[10] 霜田光一, 桜井捷海, 「エレクトロニクスの基礎(新版)」(裳華房, 1983).

[11] 川村肇, 「半導体の物理(第2版)」(槙書店, 1971).

【国際単位系】

[1] "The Ninth SI Brochure" (2019).

索 引

───── あ行 ─────

アインシュタインの関係　109
アクセプター　96
アクセプター準位　100
アバランシェフォトダイオード　237

イオン化率　193
1次の相転移　16
移動度　62, 106, 109
色中心　265
インパットダイオード　229

エネルギー　120
エネルギー固有値　120
エネルギー準位　119
エネルギー障壁　143, 242
エネルギーバンド　119
エミッタ　196
LS 結合　133
エンハンスメント型　213

応答関数　23
オーミック接触　170
オームの法則　62

重い正孔　92, 138

───── か行 ─────

外因性半導体　96
界面層　253
拡散　108
拡散係数　109
拡散長　185
拡散電位　161, 173
化合物半導体　85
軽い正孔　92, 138
ガン効果　228
間接遷移　116, 139
完全反磁性　53
ガンダイオード　228
緩和　233, 250

軌道角運動量　30
擬フェルミ準位　109
逆有効質量テンソル　124
キャリア　1, 86
キャリア濃度　240
吸収　118, 232

キュリー温度　18, 41
キュリー定数　41
キュリーの法則　41
キュリー–ワイスの法則　42
強磁性体　40
強磁性状態　41
強誘電状態　15
強誘電性結晶　16
強誘電体　15
局所電界　14
空間電荷層　172
空格子点　259
空乏層　172
空乏層容量　178
屈折率　20
　　　複素—　22
クーパー対　57
クラマース–クローニッヒの関係　25
$k \cdot p$ 摂動法　119
欠陥　259
結晶表面　249
ゲート　199, 254
ケット・ベクトル　123
原子層　249
光学遷移　231
光学遷移過程　118
交換磁界　41
合金　76
格子位置　259
格子間位置　259
光子寿命　240
格子定数　143
光子濃度　240
降伏　193

交流ジョゼフソン効果　57
コレクタ　196
混合のエントロピー　81
混成軌道　124

——————— さ行 ———————

サイクロトロン運動　65
サイクロトロン角周波数　64, 97
サイクロトロン共鳴　65, 139
歳差運動　37
サイリスタ　220
g 因子　31
jj 結合　134
磁化　27
磁荷　28
磁化率　29
磁気角運動量比　30
磁気双極子モーメント　27
磁気分極　28
磁気モーメント　27
仕事関数　159
磁性体　27
自然放出　233
自発磁化　41
自発的磁気双極子モーメント　40
自発分極　15
しゃへいされたクーロン・ポテンシャル　73
自由電子気体　66
縮退　124
主値　24
シュレーディンガー方程式　120
常磁性体　29
常磁性状態　41
消衰係数　20, 68

索引　279

状態密度　146
　　有効—　87
状態密度有効質量　89
障壁層　143
常誘電状態　15
ジョゼフソン効果　57
　　交流—　57
　　直流—　57
ショックレーダイオード　220
ショットキー欠陥　259
ショットキー障壁　161
ショットキー接触　168
ショットキーダイオード　170
真空準位　159, 160
真性キャリア濃度　93
真性半導体　86
真性フェルミ準位　94, 172
振幅反射率　20

スターリングの公式　260
スピン　86, 131
スピン角運動量　30, 131
スピン–軌道相互作用　135
スピン格子緩和時間　46
スピン量子数　133
スプリット・オフエネルギー　138
スプリット・オフバンド　138

正孔　86
静電しゃへい　70
絶縁体　1
接合容量　178
摂動パラメータ　120
摂動法　119
摂動論
　　1次の—　123
　　2次の—　123

閃亜鉛鉱構造　124
遷移　118
全角運動量　30

相対論的量子力学　127
相転移　15
　　1次の—　16
　　2次の—　16
ソース　199, 254
塑性変形　265
ソーラーセル　237

──────── た行 ────────

第Ⅰ種超伝導体　54
第Ⅱ種超伝導体　54
ダイヤモンド構造　124
多重量子井戸　247
縦緩和時間　46
縦有効質量　90
ダブルヘテロ構造　153, 242
単一量子井戸　247
短距離的秩序　76
単結晶　120
単元素半導体　85
弾性歪　154

秩序状態　76
チャネル　199, 254
長距離的秩序　76
超格子　151
超伝導状態　52
超伝導体　54
　　第Ⅰ種—　54
　　第Ⅱ種—　54
直接遷移　116, 139
直流ジョゼフソン効果　57

ツェナー降伏　193

抵抗率　62
ディプレッション型　213
ディラック方程式　130
転位　154, 265
転移温度　16
電界効果トランジスタ　199
電気感受率　13
　　比—　13
電気双極子モーメント　3
電気素量　97
電気抵抗　63
電気伝導率　62, 106
電子親和力　160
電子なだれ降伏　193
伝導電子　61, 86
　　—濃度　62
伝導率有効質量　105
電流増倍係数　193

特性因子　191
ドナー　96
ドナー準位　98
ドーピング　96
ドリフト速度　62
ドリフト電流　106
ドレイン　199, 254
トンネリング　57

——————— な行 ———————

2次の相転移　16

——————— は行 ———————

バイポーラトランジスタ　196
スピン行列　129

パウリのスピン磁化　36
パウリの排他律　119
箱型ポテンシャル井戸　144
刃状転位　266
波数ベクトル　120
発光　118
発光再結合寿命　240
発光ダイオード　239
波動関数　120
バルク構造　141
パワー反射率　22
反強磁性相互作用　42
反磁界　29
反磁化磁界　29
反磁性
　　完全—　53
反磁性体　29
反転分布　234
半導体　85
　　化合物—　85
　　単元素—　85
半導体レーザー　242
バンド・オフセット　143
バンド構造エンジニアリング　154
反分極因子　8
反分極電界　2, 8

pn接合　172
　　階段状—　173
　　傾斜状—　180
pn接合ダイオード　172
光導電セル　234
歪量子井戸　154
比電気感受率　13
非発光遷移過程　118
比誘電率　2, 66

表面再構成　250
ビルトイン電位　173
ピンチオフ電圧　212

フェリ磁性体　42
フェルミ準位
　　　真性—　94
フェルミ粒子　86
フォトダイオード　237
フォノン　116
複素屈折率　22
複素誘電率　22
不純物半導体　96
フラットバンド電圧　209
ブラ・ベクトル　123
ブリルアン帯域　119
フレンケル欠陥　260
フレンケル励起子　154, 156
ブロッホ方程式　46
ブロッホ関数　120
ブロッホの定理　120
分極　2
　　　自発—　15
　　　平衡—　16
　　　飽和—　16
分極率　15
分光学的分裂因子　31
分散関係　20
分布　34

平均場の近似　41
平衡分極　16
並進ベクトル　120
ベース　196
ベース関数　144
ベース接地　197
ヘテロ構造　153

ヘテロ接合　242
ヘルムホルツの自由エネルギー　261
変形　265
　　　塑性—　265

ボーア磁子　31
ポアソン方程式　70, 174
方位量子数　33
包絡線関数　144
飽和電流密度　186
飽和分極　16
ポテンシャル　120
ポテンシャル井戸　242
ホール係数　65, 98
ホール効果　65

──────── ま行 ────────

マイスナー効果　53
マクスウェル方程式　2

無秩序状態　76

メッシュ　250

モット–ワニエ励起子　154

──────── や行 ────────

有効質量　118, 144
　　　状態密度—　89
　　　縦—　90
　　　伝導率—　105
　　　横—　90
有効質量近似　124, 144
有効寿命　188
有効状態密度　87
有効リチャードソン定数　171
誘電関数　66

誘電体　1
誘電率　2
　　比—　2
誘導吸収　233
誘導放出　233
ユニポーラトランジスタ　199

横緩和時間　46
横有効質量　90

レート方程式　240

ローレンツ電界　14
ローレンツの関係　15
ロンドンの侵入深さ　56
ロンドン方程式　55

──────── ら行 ────────

らせん転位　266
ラッセル–ソーンダース結合　133
ラーモアの歳差運動　37
ラーモアの理論　37
ランダウの自由エネルギー　16
ランデの方程式　31

離散的　119
量子井戸　143
　　1次元—　144
　　3次元—　149
　　—層　143
　　2次元—　147
量子井戸LD　247
量子効果　141
量子構造　141
量子細線　147
量子数　120
量子箱　149
臨界膜厚　154

励起　232
励起子　154
　　フレンケル—　154
　　モット–ワニエ—　154
レーザー　234

Memorandum

Memorandum

著者紹介

沼　居　貴　陽
（ぬま　い　たか　ひろ）

慶應義塾大学工学部電気工学科卒．
同大学院修士課程修了後，日本電気株式会社光エレクトロニクス研究所，北海道大学助教授，キヤノン株式会社中央研究所を経て，現在，立命館大学教授．工学博士．

著　書　「半導体レーザー工学の基礎」（丸善）
　　　　「固体物理学演習」（丸善）
　　　　「熱物理学・統計物理学演習」（丸善）
　　　　「論理回路入門」（丸善）
　　　　「改訂版　固体物理学演習」（丸善）
　　　　「固体物性工学」（オーム社）
　　　　「例題で学ぶ半導体デバイス」（森北出版）
　　　　「固体物性入門」（森北出版）
　　　　「固体物性を理解するための統計物理入門」（森北出版）
　　　　「大学生のためのエッセンス　電磁気学」（共立出版）
　　　　「大学生のためのエッセンス　量子力学」（共立出版）
　　　　「大学生のための電磁気学演習」（共立出版）
　　　　「大学生のための量子力学演習」（共立出版）
　　　　「固体物性の基礎」（共立出版）
　　　　"Fundamentals of Semiconductor Lasers" (Springer Verlag)
　　　　"Fundamentals of Semiconductor Lasers, Second Edition" (Springer Verlag)
　　　　"Laser Diodes and Their Applications to Communications and Informaton Processing" (John Wiley & Sons)

材料物性の基礎　　著　者　沼居貴陽　© 2019
Fundamentals of Materials Science

　　　　　　　　　発行者　南條光章

　　　　　　　　　発行所　共立出版株式会社
　　　　　　　　　　　　　東京都文京区小日向4-6-19
2019年8月25日　初版1刷発行　　　電話　03-3947-2511（代表）
　　　　　　　　　　　　　〒112-0006／振替口座 00110-2-57035
　　　　　　　　　　　　　www.kyoritsu-pub.co.jp

　　　　　　　　　印　刷　啓文堂
　　　　　　　　　製　本　協栄製本

検印廃止　　　　　　　　　　一般社団法人
NDC 428.8, 428.9　　　　　　自然科学書協会
ISBN 978-4-320-03610-9　　　会員

　　　　　　　　　　　　　Printed in Japan

JCOPY ＜出版者著作権管理機構委託出版物＞

本書の無断複製は著作権法上での例外を除き禁じられています．複製される場合は，そのつど事前に，出版者著作権管理機構（TEL：03-5244-5088，FAX：03-5244-5089，e-mail：info@jcopy.or.jp）の許諾を得てください．

酒井聡樹 著

これから論文を書く若者のために
【究極の大改訂版】

「これ論」!!

- 論文を書くにあたっての決意・心構えにはじまり、論文の書き方、文献の収集方法、投稿のしかた、審査過程についてなど、論文執筆のための技術・本質を余すところなく伝授している。
- 「大改訂増補版」のほぼすべての章を書きかえ、生態学偏重だった実例は新聞の科学欄に載るような例に置きかえ、本文中の随所に配置。
- 各章の冒頭には要点ボックスを加えるなど、どの分野の読者にとっても馴染みやすく、よりわかりやすいものとした。
- 本書は、論文執筆という長く険しい闘いを勝ち抜こうとする若者のための必携のバイブルである。

A5判・並製・326頁・定価(本体2,700円+税)・ISBN978-4-320-00595-2

これからレポート・卒論を書く若者のために
【第2版】

「これレポ」!!

- これからレポート・卒論を書く若者全員へ贈る必読書である。理系・文系は問わず、どんな分野にも通じるよう、レポート・卒論を書くために必要なことはすべて網羅した本である。
- 第2版ではレポートに関する説明を充実させ、"大学で書くであろうあらゆるレポートに役立つ"ものとなった。
- ほとんどの章の冒頭に要点をまとめたボックスを置き、大切な部分がすぐに理解できるようにした。問題点を明確にした例も併せて表示。
- 学生だけではなく、社会人となってビジネスレポートを書こうとしている若者や、指導・教える側の人々にも役立つ内容となっている。

A5判・並製・264頁・定価(本体1,800円+税)・ISBN978-4-320-00598-3

これから学会発表する若者のために
―ポスターと口頭のプレゼン技術―【第2版】

「これ学」!!

- 学会発表をしたことがない若者や、経験はあるものの学会発表に未だ自信を持てない若者のための入門書がさらにパワーアップ!
- 理系・文系を問わず、どんな分野にも通じる心構えを説き、真に若者へ元気と勇気を与える内容となっている。
- 3部構成から成り立っており、学会発表前に知っておきたいこと、発表内容の練り方、学会発表のためのプレゼン技術を解説する。
- 第2版では各章の冒頭に要点がおかれ、ポイントがおさえやすくなった。良い例と悪い例を対で明示することで、良い点と悪い点が明確になった。説明の見直しなどにより、よりわかりやすくなった。

B5判・並製・206頁・定価(本体2,700円+税)・ISBN978-4-320-00610-2

https://www.kyoritsu-pub.co.jp/ 　共立出版　(価格は変更される場合がございます)